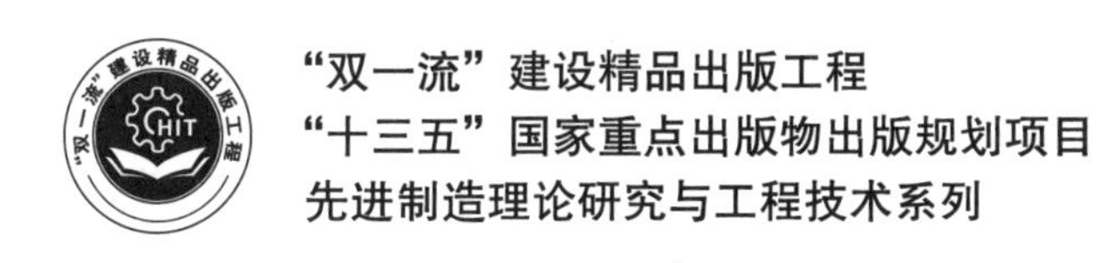

液化天然气汽化器设计与冷能利用

DESIGN AND COLD ENERGY UTILIZATION OF LNG VAPORIZER

刘纪福　兰凤江　宋　坤　裘　栋　祝文波　编著

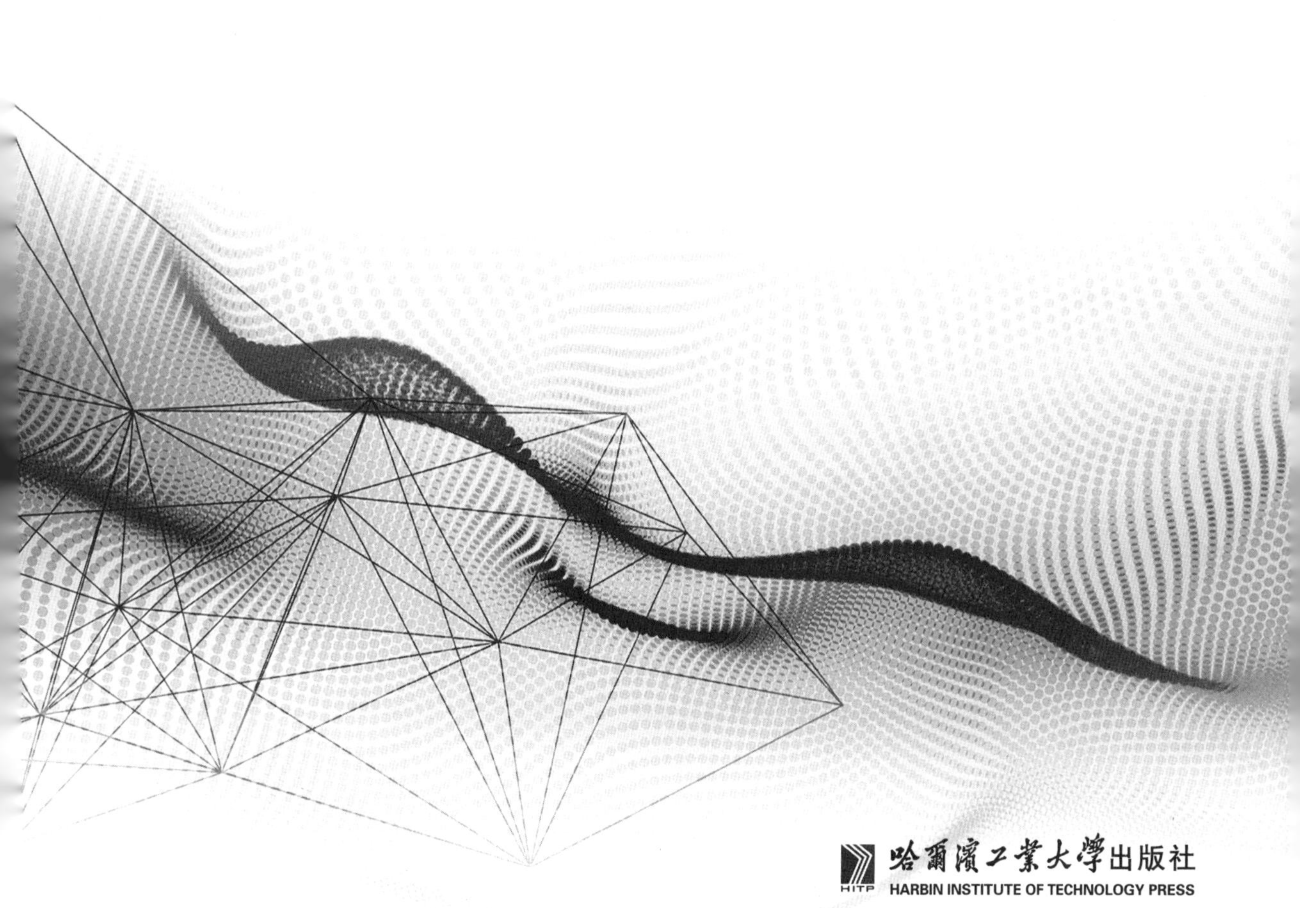

哈爾濱工業大學出版社
HARBIN INSTITUTE OF TECHNOLOGY PRESS

内 容 简 介

本书是哈尔滨工业大学能源学院与航天科工哈尔滨风华有限公司合作研发的成果。本书重点介绍LNG的汽化设计原理、大型IFV汽化器的设计、不同热源的直接加热型汽化器的设计、汽化器的变工况计算、LNG汽化器的冷能利用；还简要地介绍了LNG汽化过程、流动阻力与壁面最低温度的计算、冷能发电的工艺流程和相关设备以及IFV的制造工艺与现场试验。本书在撰写中还得到了中海油的大力支持，在其所属某大型LNG接收站中，IFV得到了成功的国产化及生产实际应用，获得了宝贵的运行参数，为理论设计提供了数据支持，为优化、完善设计工作提供了可靠的依据。

本书可作为普通高等学校能源与动力工程、工程热物理、制冷及低温工程等专业本科生相关课程的教材，也可供相关专业研究生以及从事热能技术相关工作的科研人员和工程技术人员阅读参考。

图书在版编目(CIP)数据

液化天然气汽化器设计与冷能利用/刘纪福等编著.
—哈尔滨:哈尔滨工业大学出版社,2020.5
ISBN 978－7－5603－8237－1

Ⅰ.①液…　Ⅱ.①刘…　Ⅲ.①液化天然气－蒸发器－设计 ②液化天然气－蒸发器－能量利用　Ⅳ.①TQ051.6

中国版本图书馆CIP数据核字(2019)第094840号

策划编辑　王桂芝
责任编辑　李春光　张　颖
出版发行　哈尔滨工业大学出版社
社　　址　哈尔滨市南岗区复华四道街10号　邮编150006
传　　真　0451－86414749
网　　址　http://hitpress.hit.edu.cn
印　　刷　哈尔滨市工大节能印刷厂
开　　本　787mm×1092mm　1/16　印张15.25　字数362千字
版　　次　2020年5月第1版　2020年5月第1次印刷
书　　号　ISBN 978－7－5603－8237－1
定　　价　68.00元

前　言

液化天然气汽化器的设计和冷能利用是天然气应用领域中的一个重要研究和开发课题。液化天然气在投入应用之前必须在特定的汽化器中从外界吸收足够的热量，使液态天然气汽化，汽化过程是一个在超低温（−160 ℃左右）和超高压（8 MPa 左右）条件下的特殊的传热过程。汽化器的设计和制造需克服一系列技术难题，是清洁能源利用中的一个重要课题。本书作者多年来专注该课题的开发和研究，参与了多个大型汽化器的设计、制造和试验项目，积累了较丰富的实际经验，掌握了一系列设计理论，开发出下列多项汽化器的设计和冷能利用的新方案：

（1）根据液化天然气在汽化过程中的状态变化，将汽化器的设计过程进行了划分：在临界压力以上，分为液态段和汽态段两个汽化过程；在临界压力以下，分为液态段、饱和段和汽态段 3 个汽化过程。对汽化器的设计分段进行，明确了设计的理论依据，增强了对汽化过程的了解。

（2）除了以海水作为热源，以丙烷作为中间介质的大型汽化器的设计之外，作者还特别开发了以水作为热源的直接加热型小型汽化器和以工业余热为热源的中型汽化器，并提供了设计实例，为液化天然气的推广应用提供了技术方案。

（3）提出了液化天然气汽化器的变工况计算方法。当汽化器在运行过程中入口参数发生变化时，应用变工况计算法可以推导出变工况以后的出口参数和运行结果。

（4）对液化天然气在汽化过程中的冷能利用，重点讲述了冷能发电的原理和设计方法，并开发出一种具有更大发电能力的新型冷能发电专利技术。

（5）参与了大型汽化器的多项现场实验，为实验数据的可靠性和合理性提出了分析方法和判别标准。

（6）提供了液化天然气（主要成分甲烷）从 10 MPa 至 1.0 MPa，在不同汽化温度下的热力学物性参数，为汽化器的设计提供了可靠依据。

由于液化天然气汽化器的设计和冷能利用还处于发展和推广阶段，因而本书所涉及的内容还需要不断地完善和充实，作者期望能继续与有关单位合作，参与该领域的研究和开发，继续为液化天然气这一清洁能源的推广应用做出贡献。

作　者

2019 年 12 月

目　　录

第1章　LNG汽化器的设计原理

1.1　LNG的汽化过程和热力学分析

天然气(Natural Gas)作为一种热值高、对环境污染小的清洁能源,日益被推广使用。天然气是由多种成分组成的混合气体,根据组分的差别,可将天然气分为贫气和富气。一组天然气的组成和各组分的比见表1.1。由表可见,天然气的主要成分是甲烷,其占总摩尔成分的90%左右。由于含硫量低,每标准立方米的含硫量小于33 mg,因而其燃烧产物中SO_2的含量很低,可大大减轻对环境的污染。

表1.1　天然气的组成和各组分的比

序号	组分	单位	贫气	富气
1	氮	%(mol)	0.2	0.1
2	甲烷	%(mol)	99.61	85
3	乙烷	%(mol)	0.1	10
4	丙烷	%(mol)	0.07	2.79
5	异丁烷	%(mol)	0.01	1.5
6	正丁烷	%(mol)	0.01	0.61
7	碳五以上组分	%(mol)	0	0
8	二氧化碳	%(mol)	0	0
9	硫化氢	mg/NCM	<7.2	
10	总含硫	mg/NCM	<33	
11	汞	mg/SCM	<10	

从天然气的产地至天然气的用户之间的运输基本有两种形式:一种是将汽态天然气经过净化、加压后通过专用的天然气管道直接输送至用户;另一种是在天然气产地将天然气净化、加压、冷却处理,使汽态的天然气变为液化天然气(Liquefied Natural Gas),即LNG,由于液化天然气的体积仅为同质量汽态天然气的1/600,体积大大缩小,可通过专用的液化天然气船或液化天然气罐车运至用户附近的接收站,再通过专用的汽化器将液化天然气汽化,转化为汽态天然气输送至用户。

液化天然气的制作过程是在特殊条件下的压缩和放热过程:需要先将气田生产的天然气进行净化处理;然后经过多道压缩和冷却过程;最后,在－160 ℃左右的低温和8 MPa左右的高压下,将汽态天然气转化为液态天然气。

在LNG终端港口或接收站,需要再将液化天然气加热汽化,成为天然气气体,将液化天然气变为汽态天然气的装置称为液化天然气汽化器(LNG Vaporizer)。在将汽态天然气变成液化天然气的过程中,需放出大量的汽化潜热,是一个放热过程;反之,将液化天然气变为汽态天然气,则需要吸收大量的汽化潜热,是一个吸热过程。所以,液化天然气汽化器是一个吸收热量的装置,因而需要寻找合适的供热热源和合适的加热方式。

目前,在液化天然气的汽化系统中,广泛应用的热源和加热方式主要有两种。

(1)应用海水作为热源:选用中间介质汽化器(Intermediate Fluid Vaporizer,IFV)作为汽化设备,主要应用于建设在海边的大型汽化站。

(2)应用地下水和工业余热循环水作为热源:在防止冻结的技术条件下,选用循环水直接加热型汽化器,主要应用于远离海边而靠近用户的中小型汽化器。

作为液化天然气接收终端的海港,海水将是首选的取之不尽的热源。考虑到液化天然气的汽化初始温度为－160 ℃左右,汽化后的输出温度在0 ℃以上,因而常温下的海水具有足够高的温度向汽化器供热。

为了避免海水在极低的LNG换热表面上冻结而影响加热过程,一般不直接用海水加热,而选取某一中间介质(Intermediate Fluid)来完成从海水到LNG的传热过程。应用中间介质的汽化器可简称为IFV。中间介质汽化器的传热原理是:中间介质首先在蒸发器中从海水中吸收热量,吸热的方式是在海水流过的管面上沸腾蒸发,是一个蒸发吸热的相变过程,中间介质由液态变为汽态。之后,中间介质蒸汽携带汽化潜热流动到上部的凝结器中,遇到低温的LNG管束表面,中间介质蒸汽会在低温管面上凝结成液体,同时放出汽化潜热并实现对管内液化天然气的加热。

中间介质凝结下来的液体会在重力的作用下自动回流到蒸发器的液池中,使中间介质的这种蒸发吸热和凝结放热的过程得以连续并循环进行。中间介质在海水(热源)和液化天然气(冷源)之间的传热特点如图1.1所示。由图可以看出,这是一种特殊的低温相变传热过程。

选择合适的中间介质是该系统的关键技术之一,推荐的并已成功运行的中间介质是丙烷(Propane),其分子式为C_3H_8。丙烷作为中间介质有以下优点。

(1)丙烷熔点或冰点为－187 ℃,远远低于液化天然气的最低温度(－162 ℃),因而保证了丙烷凝结液不会在液化天然气的管面上冻结。

(2)丙烷的临界压力为42.42 bar(1 bar＝0.1 MPa),临界温度为96.8 ℃,由于临界温度远高于热源(海水)的温度,也高于冷源(LNG)的温度,这就保证了中间介质汽、液两相同时存在的条件,即保证了蒸发、凝结相变过程存在的条件。

(3)中间介质丙烷的实际运行温度取决于海水和LNG的温度水平和换热条件,会自动稳定在海水温度和LNG温度之间的某一温度值上。

(4)由于丙烷的运行温度较低,对应的饱和压力也较低,这就降低了对壳体的承压能力的要求,对提高设备的安全性和降低成本是有利的。

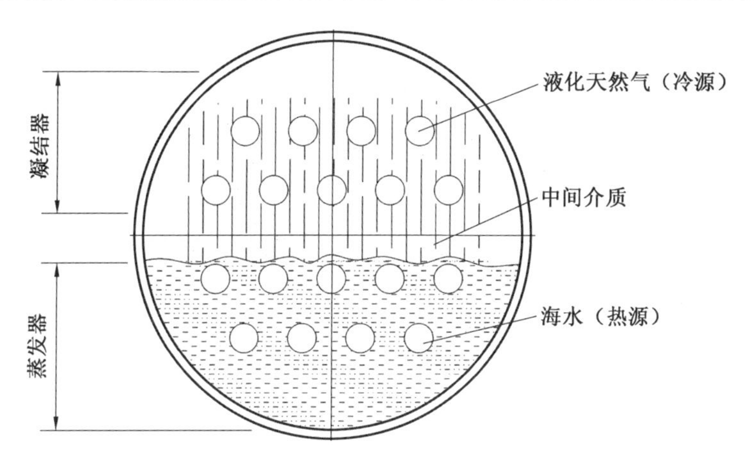

图1.1　中间介质的相变传热过程

(5)丙烷的汽化潜热较低，仅为水的汽化潜热的1/8～1/6，在传递同样的热量时，介质的流量较大；同时，由于汽化潜热较低，因此相变换热系数较小，其换热系数大约为水相变换热系数的1/10，所以需要的传热面积较大。

实际的IFV是由三个换热部件组成的，除了上述中间介质蒸发器和中间介质凝结器之外，在海水的进口处，还设置一个调温器。当LNG在凝结器中变为汽态天然气(NG)，并达到较高的温度后，就可以在调温器中用海水直接加热已经汽化的天然气，使其达到一定的出口温度。大型IFV的整体结构如图1.2～1.4所示。

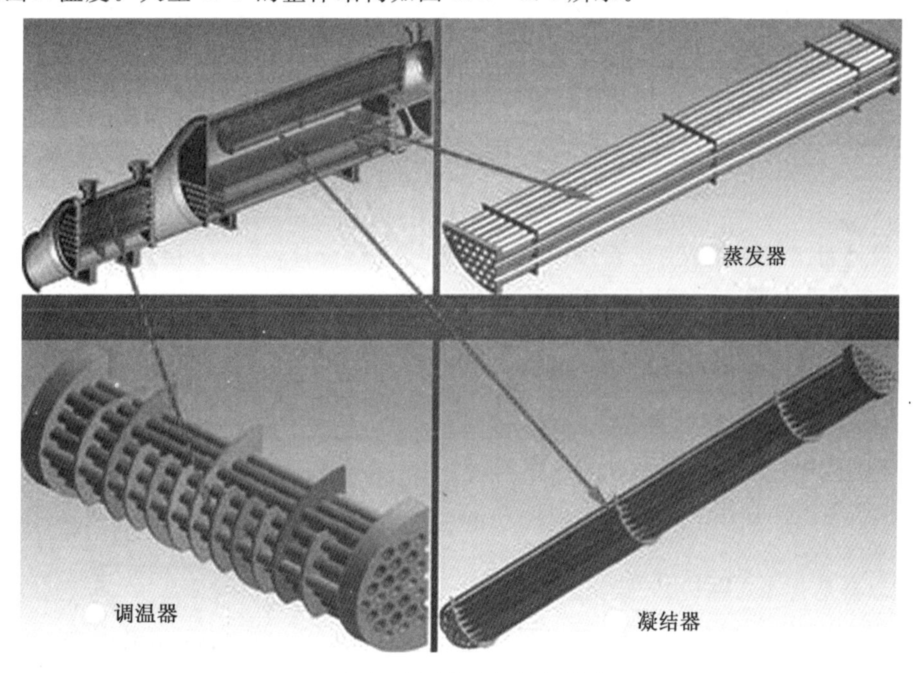

图1.2　IFV的整体结构组成

实际上，在海水进口处的调温器是一种特殊类型的管壳式换热器，不需要中间介质，管内为海水，管外为已汽化的天然气，用于实现在流出系统前的最后一段加热过程。

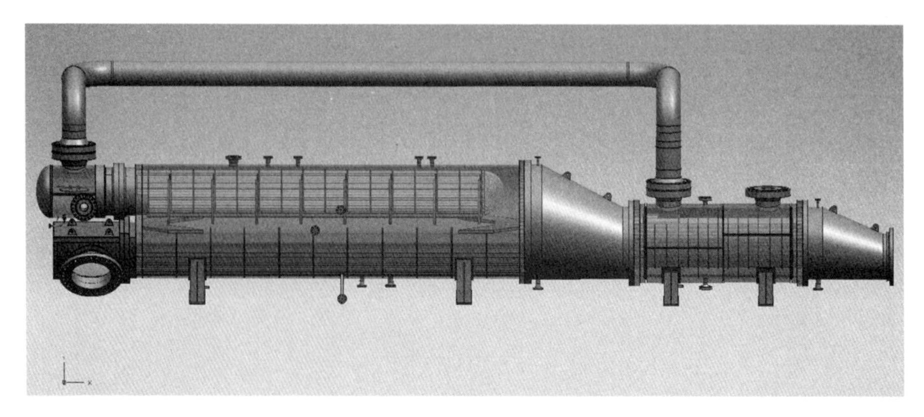

图 1.3　IFV 的整体结构设计

图 1.4　IFV 的现场照片

在设计计算中，需分别对系统中三个换热器进行设计，将三个换热器分别命名为：E_1，中间介质蒸发器；E_2，中间介质凝结器；E_3，调温器。

如图 1.2 所示，E_1 和 E_2 的管束被包含在同一个压力容器（汽包）中，蒸发器内是直管管束，安装在下部，管内为海水；凝结器内是 U 形管管束，安装在汽包上部，管内为 LNG 或天然气。E_1 和 E_2 在容器内的横断面结构如图 1.5 所示。

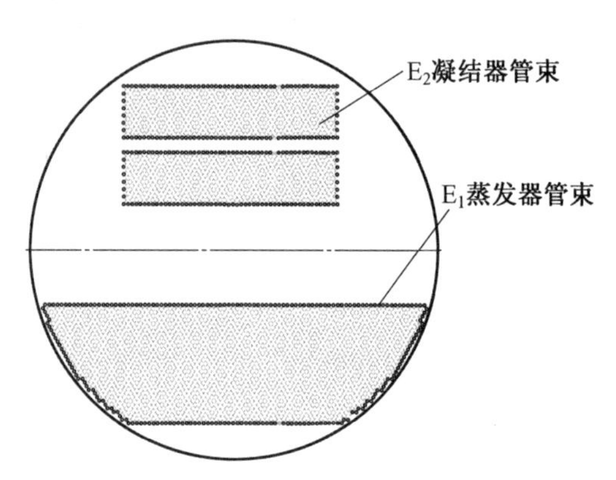

图 1.5　IFV 中蒸发器和凝结器的横断面结构

调温器是管壳式结构，天然气走壳程，海水走管程，因为压力较大，壳体一般选用较厚的压力容器（汽包），调温器的横断面结构如图 1.6 所示。图中标注的尺寸仅供参考，其中，D_1 为容器内径，N 为管子根数。

因为天然气的主要成分是甲烷，液化天然气在汽化器中的汽化过程可以用甲烷的热力学压力－比焓图（$P-h$ 图）来说明，如图 1.7 所示。图中向下弯曲的曲线所包围的区域为汽/液相变区，即蒸汽和液体可以共存的区域，其左侧为液态区，右侧为汽态区。在汽/液相变区的顶点是临界点，其对应的压力 P_c 为临界压力，对应的温度为临界温度 T_c。临界点对应的临界压力 $P_c=4.595$ MPa，对应的临界温度 $T_c=190.555$ K（-82.59 ℃）。图中 P_1 和 P_2 之间的压力范围是 LNG 汽化过程常用的压力区间，为 6.0 MPa 至 10.0 MPa，大多数情况 LNG 进入汽化器的压力为 7.0 MPa 至 8.0 MPa。LNG 在汽化过程中会有一定的压力损失，但压力损失很小，在热力学上可以当作等压过程处理，即在 P_1、P_2 之间。LNG 的汽化过程沿某条水平线向比焓增加的方向移动。因为 LNG 的汽化过程是一个吸热过程，其焓值要逐渐增加，温度逐渐升高。当 LNG 的温度增加至临界温度 T_c 时，天然气会从液态瞬间变为汽态，这时，临界温度 T_c 形成了一个“汽/液分界线”，其左侧为液态，右侧为汽态。

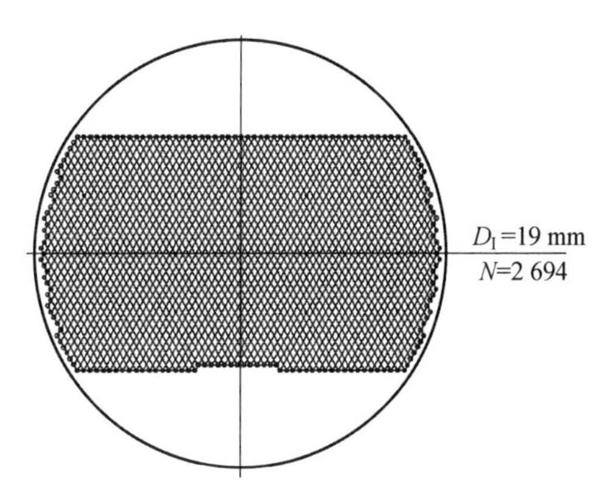

图 1.6　调温器的横断面结构

应当指出，由于 LNG 的运行压力超过了临界压力，所以 LNG 在汽化器中的汽化过程是一个“超临界过程”，在温度达到临界温度之后，其温度水平也是超临界的，这时，温度和压力都在临界点之上，可称之为“双超”过程或“双超”状态。

由于在汽化过程中，天然气存在液态和汽态两种流动状态，因而在汽化器的设计中要考虑两种流态的差别。

中间介质丙烷的 $P-h$ 图如图 1.8 所示。和甲烷的 $P-h$ 图类似，图中向下弯曲的曲线所包围的区域为汽/液相变区，即蒸汽和液体可以共存的区域，其左侧为液态区，右侧为汽态区。在汽/液相变区的顶点是临界点，其对应的压力 P_c 为临界压力，对应的温度为临界温度 T_c。对丙烷而言，临界压力 $P_c=4.242$ MPa，对应的临界温度 $T_c=369.8$ K（96.8℃）。和甲烷的运行区间不同的是，丙烷的相变换热过程发生在临界压力之下的

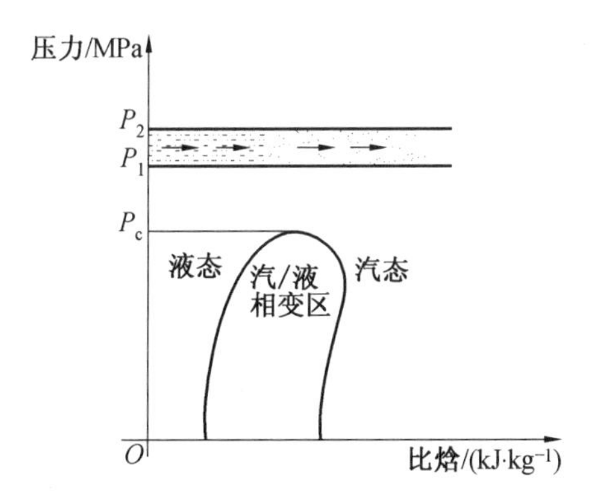

图 1.7　甲烷 $P-h$ 图

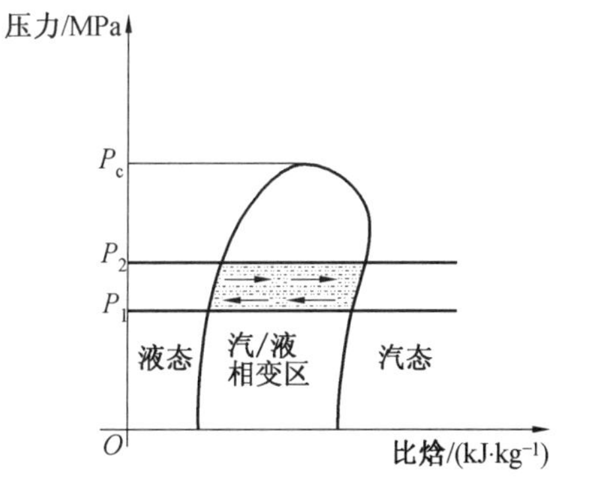

图 1.8　丙烷 $P-h$ 图

汽/液相变区内。图中 P_1 和 P_2 之间的压力范围代表丙烷的相变过程常用的压力区间，从 0.2 MPa 至 1.3 MPa，对应的饱和温度为 248 K(−25 ℃)至 312 K(39 ℃)。如图 1.8 所示，丙烷从液态区进入相变区的界面，即代表沸腾蒸发过程的开始，在进入相变区之后，随着焓值的增加，汽态成分逐渐增加，液态成分逐渐减少，在到达相变区的右侧界面时，相变过程完成，液相全部变为汽相。这一过程对应图 1.1 中蒸发器表面所发生的过程。

丙烷在蒸发器中完全汽化后，到达了图 1.1 所示的凝结器中，遇到冷的表面，逐渐凝结下来，同时将热量传输给 LNG。这一过程在图 1.8 中相变区，对应从汽态向液态的相变过程。图中，用两个方向相反的箭头代表两种不同的相变过程：箭头从液态到汽态代表在蒸发器表面发生的汽化过程，而箭头从汽态到液态代表在凝结器中发生的过程。

1.2 基本参数和热负荷计算

1.2.1 基本参数

为了进行汽化器的设计，首先需要确定设计需要的基本参数和热负荷计算方法。为此，用户除了给出 LNG 的成分之外，还要给出下列基本参数。

(1)LNG 的质量流量：t/h，需换算成 kg/s；

(2)LNG 的进口温度和汽化后 NG 的出口温度；

(3)LNG 的进口压力：MPa；

(4)用于加热的流体(如海水)，要给出进口温度，有时要给定流量(t/h)。

如果以海水作为热源，一般要保证海水的进出口温差不大于 4.8 ℃，在海水的进出口温度确定之后，计算出所需的海水流量。

在尊重用户给出的基本参数的基础上，可以对某些参数进行适当修改、补充和完善，使设计结果更具有安全性和实用性。

1.2.2 热负荷计算

根据给出的设计条件，设计中首先需要计算汽化器系统或各换热设备的热负荷，计算热负荷的重要原则是热平衡。基于热力学第一定律，热平衡就是能量守恒，在汽化器的传热系统中，热量从何处来，又向何处去，不论经过何种路径和何种方式，其能量的总数是守恒的。涉及的热平衡关系如下。

(1)LNG 在 E_2 中的吸热量＝海水在 E_1 中的放热量；

(2)LNG 的总热负荷＝LNG 在 E_2 中的吸热量＋NG 在 E_3 中的吸热量；

(3)LNG 的总吸热量＝海水在 E_3 和 E_1 中的放热量；

(4)丙烷介质从 E_1 中的蒸发吸热量＝丙烷介质从 E_2 中的凝结放热量。

应当指出，由于天然气的主要成分是甲烷，其物性值可以按甲烷的物性(物理性质)代替。计算甲烷或丙烷等介质的热负荷时，需要从物性表中查取重要的物性焓值(比焓)，一般用 h 或 i 表示。比焓的单位为 kJ/kg，代表在每千克介质中所含有的热量。天然气的质量流量一般用 M 或 G 表示，其单位为 kg/s。对于天然气气体，有时也用标准状态下的体积流量表示：Nm^3/h 或 Nm^3/s。所谓标准立方米（Nm^3）是指在0.1 MPa、0 ℃下的天然气体积。在热平衡计算中，需要将体积流量换算成质量流量。

假定天然气的流量为 M(kg/s)，在某一参数下其焓值为 h(kJ/kg)，则单位时间内天然气带入或带出的热量为

$$Q(\mathrm{kg/s}) = M(\mathrm{kg/s}) \times h(\mathrm{kJ/kg}) \tag{1.1}$$

【例1.1】 一台大型汽化器的基本参数和热平衡计算。

1. LNG的基本参数和所需供热量

(1)基本参数。

LNG流量：240 000 kg/h；

LNG在凝结器 E_2 的进口温度：−162 ℃(111 K)，液态；

LNG在凝结器 E_2 的出口温度：−30 ℃(243 K)，汽态；

LNG的进口压力：8.0 MPa；

LNG在凝结器中的允许压降：0.05 MPa；

NG在调温器 E_3 的出口温度：0 ℃。

根据附录2甲烷的热物理性质中的"甲烷——8.0 MPa"数据表查得：

①LNG进口−162 ℃的焓值为 $i_1=10.28$ kJ/kg；

②NG在−30 ℃时的焓值为 $i_2=654.3$ kJ/kg；

③NG在0 ℃时的焓值为 $i_3=757$ kJ/kg。

(2)热平衡计算。

LNG的质量流量：$G=240\ 000$ kg/h $=66.67$ kg/s；

LNG在凝结器 E_2 中吸收的热量：

$Q_1=(i_2-i_1)G=(654.3-10.28)\times 66.67=42\ 936.8$(kW)；

NG在调温器 E_3 中的吸热量：

$Q_2=(i_3-i_2)G=(757-654.3)\times 66.67=6\ 847.0$(kW)；

总热负荷：

$Q=Q_1+Q_2=42\ 936.8+6\ 847.0=49\ 784$(kW)①；

考虑到LNG由多种成分组成，取设计安全系数为1.05，则

总设计热负荷：$Q=49\ 784\times 1.05=52\ 273.2$(kW)；

E_2 设计热负荷：$Q_1=42\ 936.8\times 1.05=45\ 083.6$ (kW)；

E_3 设计热负荷：$Q_2=6\ 847.0\times 1.05=7\ 189.4$ (kW)。

2. 水流量和相关参数

在以海水作为加热热源的情况下，相关的技术参数如下。

(1)海水进口温度。

根据当地海水水温气象资料，选择冬季较低的海水温度作为进口的设计温度，将使设计偏于安全。例如，若海水的温度变化范围为5～30℃，可选取海水设计进口温度为

注：①书中多处数据为后面计算方便而取整，统一未用约等于号。

$T_{w1}=8.0$ ℃；

(2)海水出口温度。

海水是汽化器系统的热源，希望海水有平和的放热效果，同时为了保证海水的出口温度不会对海洋生物的生存环境造成较大的影响，因而海水的进出口温差不应超过 5.0 ℃。例如，可选取海水进出口温差 $\Delta T_w=4.4$ ℃，则海水出口温度为 $T_{w3}=8.0$ ℃ -4.4 ℃ $=$ 3.6 ℃；

(3)海水流量。

根据热平衡原则，根据本例题，海水总放热量应等于 LNG 汽化所需总热量，即

$$Q=Q_1+Q_2=52\ 273\ \text{kW}$$

海水比热容根据附录 1 饱和水的热物理性质，按海水的平均温度选取：查得 $c_p=$ 3.98 kJ/(kg·℃)。

所需海水流量为

$$G_w=\frac{Q}{c_p\Delta T_w}=\frac{52\ 273}{3.98\times 4.4}=2\ 985(\text{kg/s})$$

则每小时海水流量为

$$2\ 985\times 3\ 600/1\ 000=10\ 746(\text{t/h})$$

(4)海水在调温器中的温降。

因为调温器的出口温度就是蒸发器的进口温度，故推算出海水在调温器中的温降和出口温度是必要的。海水在调温器中的温降由调温器的热负荷推出。

根据上述设定参数为

$$\Delta T_{w1}=\frac{Q_2}{c_pG_w}=\frac{7\ 189.4}{3.98\times 2\ 985}=0.6\ (℃)$$

海水在调温器中的出口温度为

$$T_{w2}=8.0-0.6=7.4\ (℃)$$

海水在 E_1 中的出口温度为

$$T_{w3}=8.0-4.4=3.6\ (℃)$$

海水在 E_1 中的温降为

$$7.4-3.6=3.8\ (℃)$$

3. **中间介质的参数选择**

中间介质丙烷的应用是 IFV 的主要特点。本章 1.1 节中已经指出：中间介质丙烷的临界压力为 42.42 bar，临界温度为 96.8 ℃，由于临界温度远高于热源(海水)的温度，也高于冷源(LNG)的温度，这就保证了中间介质汽、液两相同时存在的条件，即保证了蒸发、凝结相变过程存在的条件。

在汽化器的设计过程中，要根据 LNG 和海水的温度条件和丙烷的物性参数，选择合适的丙烷的运行温度。所选择的丙烷运行温度应当高于 NG 在 E_2 中的出口温度，低于海水在 E_1 中的出口温度。例如，假定 NG 在 E_2 中的出口温度为 -30 ℃，海水在 E_1 中的出口温度为 3.6 ℃，丙烷的运行温度可选择为 -10 ℃(263 K)，该运行温度比 NG 在 E_2 中的出口温度高 20 ℃，比海水在 E_1 中的出口温度低 13.6 ℃，可以满足 E_1 中的蒸发过程和

E_2 中的凝结过程的换热条件。当然，丙烷设计温度的选择有一定的灵活性和任意性，例如，在上述条件下，某设计者选择丙烷的运行温度为 −8 ℃或 −12 ℃也是可以的，但是 E_2 和 E_1 的设计面积会有所不同。因为，丙烷的运行温度不但影响 E_1、E_2 换热器的传热温差，也会影响换热器的传热系数，从而影响换热器的传热面积的大小。所以，不同的设计者，由于选取了不同的丙烷运行温度，设计出来的传热面积是不同的。

应当着重指出，虽然在最初设计中选择了一个固定的丙烷温度，但在汽化器投入运行后，由于运行参数的变化，丙烷的运行温度也会发生变化。例如：海水进口温度、LNG 流量或者进口温度发生变化，实际的丙烷运行温度也是随之变化的，其变化的原则就是 E_1 和 E_2 之间的热平衡，即 E_1 放出的热量应随时等于 E_2 吸收的热量。在第 3 章关于变工况计算的章节中，将通过多个计算实例说明丙烷温度的变化规律。

此外，还应当指出，由于丙烷的汽化潜热较低，因此丙烷在相变换热过程中，蒸发量和凝结量较大，从而对蒸发和凝结换热系数产生较大的影响。举例说明如下：在上述设计参数下，凝结器和蒸发器的热负荷为 45 083.6 kW，丙烷的汽化潜热为 390 kJ/kg，丙烷的蒸发量或凝结量为 45 083.6/390＝115.6(kg/s)(416.16 t/h)。由此可见，丙烷在换热过程中的流量远远超过 LNG/NG 的流量(66.67 kg/s)，过大的流量输送必然会对相变换热过程产生一定的影响。

此外，在 −10 ℃下丙烷饱和蒸汽的密度为 7.61 kg/m^3，蒸汽的体积流量为丙烷蒸发量或凝结量与丙烷饱和蒸汽密度的商，即 115.6/7.61＝15.19(m^3/s)。这样大的流量和流速必然会对 E_1 和 E_2 中的蒸发和凝结换热产生一定的影响。

综合上述计算和选择，LNG 汽化器的设计参数如图 1.9 所示。

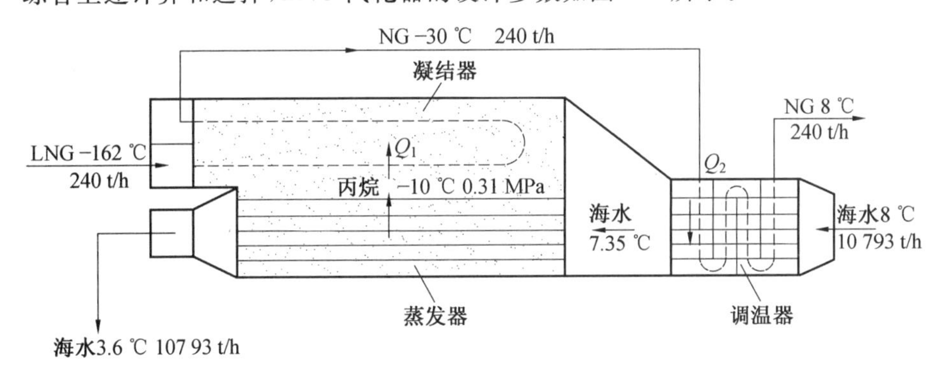

图 1.9　LNG 汽化器的设计参数

1.3　中间介质凝结器的传热设计

1.3.1　换热过程的划分和热负荷计算

LNG 在管内流动，如图 1.7 所示，当 LNG 的进口压力超过临界压力 4.595 MPa 时，LNG 处于超临界状态。其特点是，在 LNG 被加热过程中，在达到临界温度之前，一直处于液体状态，在达到临界温度时，再继续加热，瞬间，液态会全部变为汽态，即汽化过程是在瞬间完成的，如图 1.8 所示。其相变温度即 LNG 的临界温度，为 $T_c=190.555$ K（-82.59 ℃）。

根据 LNG 在管内换热的特点，在凝结器中的换热过程分为两个阶段进行。

第一阶段：液态换热段，从进口温度至临界温度；

第二阶段：汽态换热段，从临界温度至出口温度。

由于液态段和汽态段的物性存在较大的差别，因此传热温差和传热系数存在一定差异，因而对液态段和汽态段应分别进行计算。

计算方法：根据甲烷物性表，查出在运行压力下甲烷在进口温度下的焓值，临界温度下的焓值，以及出口温度下的焓值，并根据 LNG 的质量流量分别计算出两段的热负荷：

$$Q=G\times\Delta i \tag{1.2}$$

式中 Q —— 每段的热负荷，kJ/s(kW)；

G —— LNG 或 NG 的质量流量，kg/s；

Δi —— 每一段的进出口焓差，kJ/kg。

【例 1.2】 根据 1.2 节例 1.1 中的相关参数进行各段热负荷计算：

LNG 在 E_2 进口处-162 ℃的焓值为 $i_1=10.28$ kJ/kg；

在临界温度-82.59 ℃下的焓值为 $i_0=319.82$ kJ/kg；

NG 在 E_2 出口处-30 ℃时的焓值为 $i_2=654.3$ kJ/kg；

LNG 的质量流量：$G=66.67$ kg/s；

LNG 在凝结器 E_2 中吸收的热量：

$$Q_1=(i_2-i_1)G=(654.3-10.28)\times 66.67=42\ 936.8\ (\text{kW})$$

E_2设计热负荷：$Q_1=42\ 936.8\times 1.05=45\ 083.6$ (kW)；

液态段换热量：$(319.82-10.28)\times 66.67=20\ 637$ (kW)；

汽态段换热量：$(654.3-319.82)\times 66.67=22\ 300$ (kW)；

总换热量：$20\ 637+22\ 300=42\ 937$ (kW)。

计算表明，在上述进出口参数下，在凝结器中约有 48%的热负荷是由管内液态换热完成的，约有 52%的热负荷是由管内汽态换热完成的。两部分的设计换热量如下。

液态段设计换热量：$20\ 637\times 1.05=21\ 668.8$ (kW)；

汽态段设计换热量：$22\ 300\times 1.05=23\ 415$ (kW)；

总设计换热量：$Q=45\ 083.8$ kW。

1.3.2 管内换热系数的计算

LNG 在被加热过程中，不论是液态或汽态，管内换热的特点都是管内液体的单相对流换热，可以按文献[6]中的试验关联式计算管内换热系数，即

$$h_i=0.023\left(\frac{\lambda}{d_i}\right)(Re)^{0.8}\ (Pr)^{0.4} \tag{1.3}$$

式中 h_i —— 管内换热系数，W/(m^2·s)；

Re —— 雷诺数，$Re=\dfrac{d_i\times G_m}{\mu}$；

G_m —— 管内流体的质量流速，$G_m=v\times\rho$，kg/(m^2·s)；

v—— 管内流速，m/s；

ρ—— 流体密度，kg/m^3；

μ—— 管内流体的黏度，kg/(m·s)；

λ—— 管内流体的导热系数，W/(m·℃)；

d_i—— 管子内径，m；

Pr—— 管内流体的普朗特数。

应当注意的是：

(1) 式(1.3)的应用范围为 $Re > 10^4$，即为紊流状态；

(2) 所有物性值都要按流体的平均温度选取；

(3) 因为在凝结器 E_2 的管内存在两种流动状态(液态和汽态)，因而管内换热系数应分别计算；

(4) 在设计初期，传热管的外径和内径及材质是未知的，应参考已有的设计资料和强度计算结果初步选定；

(5) 在设计初期，LNG的管内流速 v(m/s) 要初步选定，应考虑的主要因素是流速大，管子根数减少，管内换热系数增大，传热面积减少；流速小，管子根数多，管内换热系数减小，传热面积增大。一般选取LNG的进口流速在1.0 m/s左右。但是，在直接加热型汽化器的设计中，为了降低管壁温度，防止水在直接加热过程中的冻结，LNG的进口流速要选取很低的数值。

1.3.3　管外凝结换热系数的计算

在IFV中，E_2 中的传热管件一般呈U形管束水平放置，如图1.2所示。中间介质丙烷蒸气在管外的凝结过程属于饱和蒸汽在水平管束外表面的凝结，如图1.10所示。

对于水平管束外部的凝结换热，有如下两种推荐公式。

(1) 理论分析式。

对于水平管束外的凝结换热，文献[6]推荐的理论分析式为

$$h_o = 0.729\left[\frac{\lambda_l^3 \cdot \rho_l^2 \cdot r \cdot g}{\mu_l (T_s - T_w) ND}\right]^{\frac{1}{4}} \tag{1.4}$$

式中　h_o—— 凝结换热系数，W/(m^2·℃)；

λ_l—— 液膜的导热系数，W/(m·℃)；

ρ_l—— 液膜的密度，kg/m^3；

r—— 汽化潜热，J/kg；

g—— 重力加速度，m/s^2；

μ_l—— 液膜的黏度，kg/(m·s)；

$(T_s - T_w)$—— 饱和温度与壁面温度之差，℃；

N—— 纵向管排数；

D—— 管外径，m。

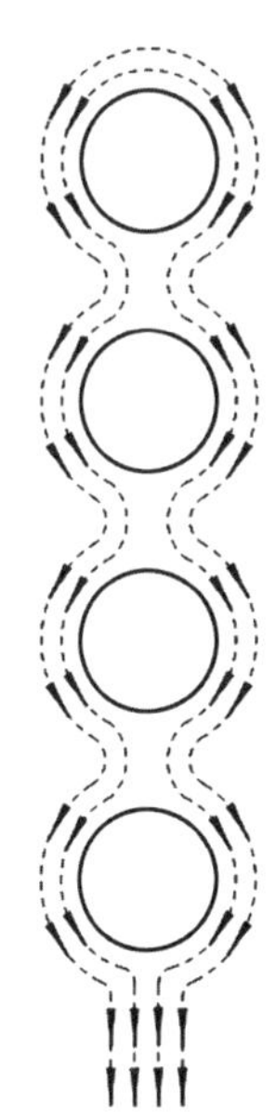

图1.10　丙烷的管外凝结

由于纵向管排数 N 未知，N 越大，换热系数下降越快；又考虑到丙烷蒸气的流量很大，会对凝结液膜有一定的冲刷作用，使

换热系数增加。两个因素有互相抵消的作用，为了方便计算，对两个影响因素都不加考虑，即按管排数 $N=1$ 计算。

由于管壁温度 T_w 未知，将式(1.4)中的温差(T_s-T_w)用 $(T_s-T_w)=\frac{q}{h_o}$ 替代，其中 q 为热流密度(W/m^2)，式(1.4)可转化为

$$h_o=0.657\left(\frac{\lambda_l^3\cdot\rho_l^2\cdot r\cdot g}{\mu_l\cdot qD}\right)^{1/3} \tag{1.5}$$

【例1.3】 传热面积 $A=506.4\ m^2$，总换热量 $Q=44\ 802\ kW$，计算换热系数。

热流密度为

$$q=\frac{Q}{A}=\frac{44\ 802}{506.4}=88.47(kW/m^2)$$

丙烷饱和温度为 -10 ℃，根据附录3丙烷饱和状态物性，查询在此温度下相关物性，假定液态段和汽态段有相同的管外凝结换热系数，计算结果如下：

$$h_o=0.657\left(\frac{\lambda_f^3\cdot\rho_l^2\cdot r\cdot g}{\mu_f\cdot q\cdot D}\right)^{1/3}$$

$$=0.657\left(\frac{0.111\ 2^3\times542^2\times388\ 300\times9.8}{1.397\times10^{-4}\times88\ 470\times0.02}\right)^{1/3}=1\ 199\ [W/(m^2\cdot ℃)]$$

由式(1.5)可以看出，随着热流密度 q 的增加，凝结换热系数下降。其原因在于热流密度增加后，凝结液量增加，凝结液膜的厚度增加，导致液膜的热阻增加。

(2) 试验关联式。

文献[3]推荐，当液膜 $Re>2\ 100$，凝结液膜为紊流状态，管外水平管束凝结换热系数计算式为

$$h=0.007\ 7\times\left(\frac{\lambda_l^3\rho_l^2 g}{\mu_l^2}\right)^{1/3}(Re)^{0.4} \tag{1.6}$$

式中 Re—— 雷诺数，$Re=\frac{4G}{\mu_l}$；

G—— 单位宽度上的冷凝液量，$G=\frac{m}{L\times n_s}$；

m—— 总凝结液量，kg/s；

L—— 水平管长，m；

n_s—— 凝结液流的股数，对于三角形错列管束，$n_s=2.08N^{0.495}$，其中 N 为总管数；

λ_l—— 凝液导热系数，W/(m·℃)；

ρ_l—— 凝液密度，kg/m^3；

μ_l—— 凝液黏度，kg/(m·s)；

g—— 重力加速度，m/s^2。

【例1.4】 计算条件与例1.3相同，水平管长 $L=9.5$ m，设总管数 $N=1\ 600$ 根，计算凝结换热系数。

总凝结量为

$$m=Q/r=44\ 802/388.3=115.4\ (kg/s)$$

$$n_s=2.08N^{0.495}=2.08\times(1\ 600)^{0.495}=80$$

$$G=\frac{m}{L\times n_s}=\frac{115.4}{9.5\times 80}=0.152\ [\mathrm{kg/(m\cdot s)}]$$

$$Re=\frac{4G}{\mu_l}=\frac{4\times 0.148}{1.397\times 10^{-4}}=4\ 352$$

查询附录 3 丙烷饱和状态物性，代入式(1.6)，计算结果为

$$h=0.007\ 7\times\left(\frac{\lambda_l^3\rho_l^2 g}{\mu_l^2}\right)^{1/3}\left(\frac{4G}{\mu_l}\right)^{0.4}$$

$$=0.007\ 7\times\left[\frac{0.111\ 2^3\times 542^2\times 9.8}{(1.397\times 10^{-4})^2}\right]^{1/3}\times(4\ 352)^{0.4}=1\ 291.5\ [\mathrm{W/(m^2\cdot ℃)}]$$

比较表面：理论分析式(1.5)与试验关联式(1.6)计算结果接近，但试验关联式考虑的因素更多，更接近实际条件，因而建议采用试验关联式(1.6)进行丙烷凝结换热系数的计算。

当丙烷蒸气流从上部流入时，考虑到蒸气流对凝结液膜的扰动，换热系数会有所增加，可以将由式(1.6)计算出来的结果乘以 1.1% 的修正系数。

1.3.4　传热热阻和传热系数

在凝结器中，热量从管外丙烷蒸气传至管内 LNG 的过程是一个传热过程。传热过程的总热阻由多项热阻组成。热阻单位为$(\mathrm{m^2\cdot ℃})/\mathrm{W}$。

以管子外表面为基准的各项热阻的计算式如下。

(1) 管外换热热阻。

$$R_o=1/h_o \tag{1.7}$$

式中　h_o—— 丙烷蒸气管外凝结换热系数，$\mathrm{W/(m^2\cdot ℃)}$。

(2) 管内换热热阻。

$$R_i=\frac{D_o}{D_i}\times\frac{1}{h_i} \tag{1.8}$$

式中　h_i——LNG 或 NG 的管内换热系数，$\mathrm{W/(m^2\cdot ℃)}$；

D_o，D_i—— 管子的外径和内径，m。

(3) 管壁导热热阻。

$$R_w=\frac{D_o}{2k}\times\ln\left(\frac{D_o}{D_i}\right) \tag{1.9}$$

式中　k—— 管子的导热系数，单位为 $\mathrm{W/(m\cdot ℃)}$，可由管子材料的物性表查取。

(4) 管内管外污垢热阻。

根据文献[8]推荐的经验值选取，对于凝结器，管内为 LNG 或 NG，可不考虑污垢热阻，管外是丙烷蒸气的凝结，可考虑较小的污垢热阻 R_{fi}。

传热过程总热阻为

$$R=R_o+R_i+R_w+R_{fi} \tag{1.10}$$

传热系数为 $U_o=\dfrac{1}{R}$，$\mathrm{W/(m^2\cdot ℃)}$。　(1.11)

1.3.5　传热温差的计算

传热温差是指凝结器中冷热流体之间的温度差，即管外热流体丙烷与管内冷流体

LNG/NG之间的温度差。因为管外为相变换热,传热温差等于冷热流体的对数平均温差。

以上述例题为例,计算方法为

	液态段		汽态段
热流体温度 /℃:	−10	−10	−10
冷流体温度 /℃:	−162	−82.5	−30
端部温差 /℃:	152	72.5	20

对数平均温差 /℃:

液态段: $\Delta T_{\ln}=(152-72.5)/\ln(152/72.5)=107.4$ (℃)

汽态段: $\Delta T_{\ln}=(72.5-20)/\ln(72.5/20)=40.8$(℃)

1.3.6 传热面积的确定

传热面积的基本计算式为

$$A=\frac{Q}{U_{\mathrm{o}}\Delta T} \tag{1.12}$$

式中 Q —— 设计热负荷,W;

U_{o}—— 以光管外表面积为基准的传热系数,$W/(m^2 \cdot s)$;

ΔT—— 传热温差,℃;

A—— 以光管外表面积为基准的传热面积,m^2。

应当指出的是:

(1) 在设计初期,为了计算的需要(如需要确定热流密度),或为了总体的结构考虑,往往需要先设定一个传热面积,可称为初设面积。由上述设计步骤计算出来的面积可称为设计面积。初设面积应大于设计面积,最好大于5%左右。如果初设面积小于设计面积,或初设面积过大,则应修改相关参数,重新进行设计。

(2) 在没有初设面积的情况下,计算出来的设计面积应加上5%左右的设计余量。因为在设计计算中,包括所选用的计算公式,都会有一定的误差。为了运行安全,有一定的安全余量是必要的。

1.4 中间介质蒸发器的传热设计

丙烷蒸发器的换热特点是:海水在水平管内流动,进行的是单相流体(海水)的强制对流换热;管外是中间介质丙烷的沸腾(汽化),进行的是丙烷介质的相变换热。为了进行蒸发器的传热设计,需要分别计算管内、管外的换热系数和各项传热热阻。

1. 管内海水对流换热系数计算

管内海水对流换热系数计算可根据式(1.3)计算。应当指出的是,由于水和甲烷的物性差异,尤其是水的导热系数远远大于甲烷的导热系数,在相同的管内流速下,由式(1.3)计算出来的管内水的换热系数要远远大于甲烷的管内换热系数。计算表明,当蒸发器的管内海水流速为 1.0 ～ 4.0 m/s 时，其换热系数值一般为 5 000 ～ 10 000 W/(m^2 · ℃)。

2. 管外丙烷沸腾换热系数计算

丙烷在水平管束外部的沸腾属于大容积中的泡态沸腾，由于影响沸腾的因素很多，因此给理论和试验研究带来很多困难。目前尚没有纯理论的求解沸腾换热系数的公式，多数是试验关联式或半经验公式，且精度都不够理想。推荐如下两个大容积泡态沸腾的试验关联式。

(1) 罗斯诺(Rohsenow) 式。

文献[9] 推荐的计算式为

$$\frac{c_l \Delta T}{r\,Pr_l s} = C_{wl}\left[\frac{q}{\mu_l r}\sqrt{\frac{\sigma}{g(\rho_l - \rho_v)}}\right]^{0.33} \tag{1.13}$$

式中　c_l—— 饱和液体的比定压热容，J/(kg · ℃)；

ΔT—— 壁面温度和饱和温度之差，$\Delta T = T_w - T_s$；

r—— 汽化潜热，J/kg；

$Pr_l s$—— 饱和液态的 Pr 数；当液体为水时，$s = 1$；对其他流体时，$s = 1.7$；

C_{wl}—— 取决于加热表面 / 液体组合情况的经验系数，对于液体为水，加热面为碳钢、不锈钢和铜时，$C_{wl} = 0.013$；

q—— 热流密度，W/m^2；

μ_l—— 饱和液体的动力黏度，kg/(m · s)；

σ—— 液体 / 蒸气界面的表面张力，N/m(kg/s^2)；

g—— 重力加速度，m/s^2；

ρ_l、ρ_v—— 分别是饱和液体和饱和蒸汽的密度，kg/m^3；

为了式(1.13) 应用起来更方便，将式中的 ΔT 转换为 $\Delta T = \frac{q}{h}$，h 为沸腾换热系数，当沸腾液体为水时，式(1.13) 可转换为

$$h = C \cdot q^{\frac{2}{3}} \tag{1.14}$$

$$C = 76.9\,\frac{c_l \mu_l^{\frac{1}{3}}}{r^{\frac{2}{3}} Pr_l} \times \left[\frac{g(\rho_l - \rho_v)}{\sigma}\right]^{\frac{1}{6}} \tag{1.15}$$

将式(1.13)、式(1.14) 和式(1.15) 中的各物理量的单位代入，可以确认 h 的单位为 W/(m^2 · ℃)。

(2) 引入对比压力的试验关联式。

文献[8] 中莫斯廷基斯(Mostinsk) 在综合大量试验数据的基础上推出的计算沸腾换热系数的关联式为

$$h = 0.106 P_c^{0.69} (1.8R^{0.17} + 4R^{1.2} + 10R^{10}) \times q^{0.7} \tag{1.16}$$

式中　P_c—— 沸腾液体的热力学临界压力，bar；

R—— 对比压力，即沸腾液体的饱和压力与临界压力之比，$R = \frac{P}{P_c}$；

q—— 加热面的热流密度，W/m^2。

关联式(1.16)形式简单,应用方便,当引入了对比压力 R 之后,关联式中没有再出现沸腾液体的物性,这是因为沸腾液体的一些重要物性(如表面张力、汽化潜热等)都是对比压力的函数。式(1.13)是试验关联式,关联的介质包括:水、氨、CCl_4、甲醇、异丙醇、异丁醇、CH_4Cl_2、丙酮、甲苯、乙醇、苯。90% 的数据偏差在 ±30% 以内。

事实上,莫斯廷基斯的式(1.16)与罗斯诺的简化式(1.14)有共同之处,两式中 h 分别与 $q^{0.7}$ 和 $q^{\frac{2}{3}}$ 成正比,二者指数相近;式(1.14)中的系数 C 对应式(1.16)中与 P_c、R 有关的表达式。

【例 1.5】 根据一组蒸发器的设计参数计算换热系数。

饱和丙烷的运行温度和压力:$T=-10$ ℃,$p=3.444$ bar;

丙烷的临界压力:$P_c=42.42$ bar;

对比压力:$R=\dfrac{P}{P_c}=\dfrac{3.444}{42.42}=0.081$;

热流密度:$q=\dfrac{Q}{A}=\dfrac{44\ 902\ 000}{2\ 248}=19\ 974\ (\mathrm{W/m^2})$。

其中,$Q=44\ 902\ 000$ W 为蒸发器热负荷,$A=2\ 248\ \mathrm{m^2}$ 为初选传热面积。

将上述各数值代入关联式(1.16),则

$$h=0.106\ P_c^{0.69}(1.8R^{0.17}+4R^{1.2}+10R^{10})\times q^{0.7}$$
$$=1.927\ 9\times q^{0.7}=1\ 974\ [\mathrm{W/(m^2\cdot ℃)}]$$

应当指出,蒸发器 E_1 和凝结器 E_2 虽然换热原理不同,但属于同一个换热设备,其中丙烷介质的运行温度和运行压力由 E_1 和 E_2 的运行参数和传热面积决定。虽然在设计中初步选取丙烷的运行温度,由于 E_1 和 E_2 的设计面积具有较大的安全余量和设计误差,因而在实际运行中,丙烷的运行温度和压力会有所变动,变动的原则是保证 E_1 和 E_2 的换热量相等。

丙烷相关物性和沸腾换热系数的计算见表 1.2,由表中数据可以看出:随着丙烷饱和温度和饱和压力的升高,其沸腾换热系数是逐渐增加的。

将关联式(1.16)改写为

$$h=K\times q^{0.7} \tag{1.17}$$

$$K=0.106\ P_c^{0.69}(1.8R^{0.17}+4R^{1.2}+10R^{10}) \tag{1.18}$$

在不同丙烷饱和温度和压力下的 K 值计算结果见表 1.2。

表 1.2 丙烷相关物性和沸腾换热系数的计算及不同丙烷饱和温度和压力下的 K 值

饱和温度 /℃	饱和压力 /MPa	液体密度 / $(\mathrm{kg\cdot m^{-3}})$	液体比焓 / $(\mathrm{kJ\cdot kg^{-1}})$	蒸汽比焓 / $(\mathrm{kJ\cdot kg^{-1}})$	汽化潜热 / $(\mathrm{kJ\cdot kg^{-1}})$	$R=P/P_c$	K
−13	0.311 18	545.62	489.70	883.62	393.92	0.073 356 9	1.581 0
−9	0.355 89	540.48	499.52	888.22	388.70	0.083 896 7	1.949 7
−5	0.404 82	535.25	509.45	892.77	383.32	0.095 431 4	2.034 6
2	0.502 76	525.87	527.07	900.58	373.51	0.118 519 5	2.198 0
7	0.582 78	518.97	539.88	906.03	366.15	0.137 378 6	2.327 2

续表 1.2

饱和温度/℃	饱和压力/MPa	液体密度/(kg·m^{-3})	液体比焓/(kJ·kg^{-1})	蒸汽比焓/(kJ·kg^{-1})	汽化潜热/(kJ·kg^{-1})	$R=P/P_c$	K
12	0.671 86	511.88	552.87	911.36	358.49	0.158 382 8	2.468
17	0.770 63	504.58	566.06	916.54	350.38	0.181 666 6	2.622
96.8 (临界温度)	4.242 (P_c) 临界压力	219	879.2	879.2	0		

此外，应当注意的是：从式(1.16)可以看出，在蒸发器中丙烷的沸腾换热系数与热流密度 $q^{0.7}$ 成正比。而根据式(1.5)，在凝结器中丙烷在管外的凝结换热系数与热流密度 $q^{-1/3}$ 成正比。

(3) 传热热阻、传热系数、传热温差及传热面积。

计算公式和计算方法与 1.3 节相同。

1.5　调温器的传热设计

在凝结器 E_2 中，当汽化后的 NG 温度上升至 −30 ℃ 左右后，就可以与海水直接换热，而不需要中间介质了。这种与海水直接换热的 NG 加热器又称为调温器。在调温器中天然气一直被加热到 0 ℃ 左右的最终温度，才算完成了汽化器的整个汽化过程。调温器的结构特点如图 1.9 中的调温器(E_3)所示，是一种天然气与海水之间的管壳式换热器，管程走海水，壳程走天然气。

管内海水换热系数的计算公式可按照式(1.3)计算，壳程 NG 对流换热的特点是多壳程横向冲刷管束，是管壳式换热器常用的换热方式。因为是多壳程，在管束外面需要设置多个折流板，并确定折流板的宽度。调温器的外壳是一个圆形的压力容器，管束布置在压力容器中，如图 1.6 所示，其管束排列如图 1.11 所示。

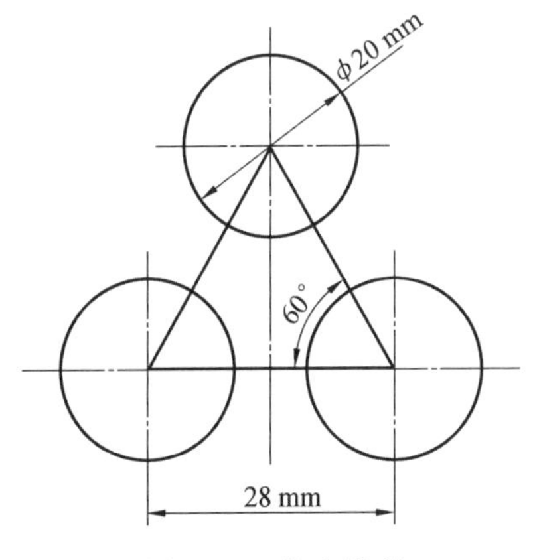

图 1.11　管束排列

对这种特殊形式的管壳式换热，可采用文献[7]推荐的 Kern 计算式，当换热器内装圆缺形折流板，通常缺口面积约为25%的壳体内截面积，壳程流体的换热系数计算式(经简化后)为

$$h_o = 0.36\left(\frac{\lambda}{d_e}\right)\left(\frac{d_e G_m}{\mu}\right)^{0.55} Pr^{1/3} \tag{1.19}$$

式中 d_e—— 当量直径，$d_e = \dfrac{1.10p_t^2}{d_o} - d_o$；

p_t—— 管间距；

d_o—— 管外径；

G_m—— 最窄面质量流速，$G_m = \dfrac{m}{A_s}$，kg/(m² · s)；

m——NG 的质量流量，kg/s；

A_s—— 最窄面流通面积，$A_s = l_b D_1(1 - \dfrac{d_o}{p_t})$；

l_b—— 折流板间距，m；

D_1—— 换热器壳体内径，m。

此外，式中的物性 λ、μ、Pr 分别为平均温度下 NG 的导热系数、黏度和 Pr 数。

【例1.6】 应用式(1.19)的一组计算数据(如图1.11所示)计算换热系数，其中 $D_1 = 1.9$ m，$l_b = 0.533$ m，$d_o = 0.02$ m，$p_t = 0.028$ m。

$$A_s = l_b D_1\left(1 - \frac{d_o}{p_t}\right) = 0.533 \times 1.9 \times \left(1 - \frac{0.02}{0.028}\right) = 0.289\ (\mathrm{m}^2)$$

NG 的质量流量 $m = 66.67$ kg/s，则

$$G_m = \frac{m}{A_s} = \frac{66.67}{0.289} = 230.7\ [\mathrm{kg/(m^2 \cdot s)}]$$

$$d_e = \frac{1.10p_t^2}{d_o} - d_o = \frac{1.1 \times 0.028^2}{0.02} - 0.02 = 0.023\,12\ (\mathrm{m})$$

$$h_o = 0.36\left(\frac{\lambda}{d_e}\right)\left(\frac{d_e u_o \rho}{\mu}\right) Pr^{1/3}\left(\frac{\mu}{\mu_w}\right)$$

$$= 0.36 \times \left(\frac{0.043\,2}{0.023\,12}\right) \times \left(\frac{0.023\,12 \times 230.7}{1.331 \times 10^{-5}}\right)^{0.55} \times (1.125)^{1/3} = 844\ [\mathrm{W/(m^2 \cdot ℃)}]$$

此外，调温器的传热热阻和传热面积的计算与例1.3相同，其中传热温差的计算与凝结器和蒸发器有所不同，因为调温器中的冷热流体并非相变换热，其传热温差为

$$\Delta T = \psi \times \Delta T_{ln}$$

式中 ΔT_{ln}—— 对数平均温差；

ψ—— 温差修正系数，可在0.90～0.95之间取值。

1.6 LNG汽化器的流动阻力

在汽化器的传热设计和结构设计完成之后，需要进行管内外流体的流动阻力计算。

(1)E_1、E_2 的管外为丙烷的相变换热，可不考虑其流动阻力，只计算其管内流体的流动阻力即可；

(2) 对 E_3 而言，因其管内外都是单相流体流动，既需要计算管内流体的流动阻力，也需要计算管外壳程流体的流动阻力；

(3) 对 LNG/NG 流体，总流动阻力等于 E_2 中管内流动阻力与 E_3 中壳程的流动阻力之和；

(4) 对于海水(或循环水)，总流动阻力等于 E_1 中管内流动阻力与 E_3 中管程的流动阻力之和；

(5) 对任何流体而言，在 E_1、E_2、E_3 的进出口处，都面临着流体的急剧收缩或膨胀，会产生很大的压力损失，由于这部分压力损失难以计算，可在计算出的总流动阻力的基础上乘以 1.5 左右的修正系数。

推荐的流动阻力计算式如下。

(1) 管内流动阻力计算式。

紊流($Re \geqslant 10^4$) 阻力计算式为

$$\Delta P = f \cdot \frac{L}{D_i} \cdot \frac{\rho v^2}{2} \tag{1.20}$$

式中　ΔP—— 压力降，Pa；

L 和 D_i—— 流程长度和管内径，m；

f—— 摩擦阻力系数，由试验关联式确定：$f = 0.316\, Re^{-\frac{1}{4}}$；

ρ—— 流体密度，kg/m^3；

v—— 管内平均流速，m/s；

式(1.20) 的选用范围：$Re = 1 \times 10^4 \sim 2 \times 10^5$。

由上述两式可得

$$\Delta P = 0.316 \times \frac{L}{D_i} \times \frac{\rho v^2}{2} \times Re^{-0.25} \tag{1.21}$$

式中　Re—— 管内雷诺数，$Re = \dfrac{D_i \cdot \rho \cdot v}{\mu}$。

计算式表明，管内紊流阻力 ΔP 与管内流速的 1.75 次方成正比，说明管内阻力随管内流速的增大而急剧增加。此外，阻力 ΔP 与流程长度 L 成正比。

(2) 气体横向流过光管管束的流动阻力计算式。

在调温器中，NG 气体横向冲刷错列的光管管束，推荐两种阻力计算式。

① 文献[9] 推荐式经简化后为

$$\Delta P = f \frac{N G_m^2}{2\rho} \tag{1.22}$$

对错列管束为

$$f = 4 \times \left\{0.25 + \frac{0.118}{[(s_n - d)/d]^{1.08}}\right\} Re_m^{-0.16} \tag{1.23}$$

式中　N—— 横向管排数；

s_n—— 横向管间距；

d—— 管外径；

G_m—— 最窄流通截面质量流速，kg/(m^2·s)。

② 文献[10]推荐式。

对错列管束为

$$\Delta P = 1.5\,Re^{-0.2}\rho W_m^2 N \tag{1.24}$$

式中 W_m—— 最窄面流速，m/s；

N—— 流经管排数。

应当指出，上述两个计算式都没有考虑流经折流板时的压力损失，计算结果需加以修正。在汽化器的设计要求中，一般都给出LNG/NG侧的压力降的允许值为0.15 MPa，海水侧的压力降允许值为0.2 MPa，如果计算出的流动阻力超出了允许值，则应适当修改设计参数。例如，对管内流动，可适当减小管内流体的流速，增加管子数目；对管外交叉流动，可适当增大管间距；等等。

1.7 汽化器壁面最低温度的计算

在液化天然气的汽化过程中，为了防止热源海水或循环水在换热表面上冻结，采用了丙烷作为中间介质在E_1、E_2中换热，因而避免了换热表面结冰的风险。但是，在调温器E_3中，汽化后的天然气直接与海水换热，不采用中间介质。为了验证是否存在表面结冰的风险，尤其是在NG进口处是否有结冰的风险，需要计算换热表面的最低温度。

此外，在直接加热型汽化器中，往往采用井水、循环水或工业排水作为热源，对LNG直接加热。虽然采用了很多措施来防止换热表面上的结冰，但仍需要核算换热表面的最低温度，判别是否存在表面结冰的风险。

管壁温度的计算方法是根据管内和管外流体在传热过程中的热平衡原理推导出来的。各传热参数设定如下。

(1)Q:通过某段面积的换热量；

(2)A:圆管外表面换热面积；

(3)T_1:管外流体温度；

(4)T_2:管内流体温度；

(5)T_{w1}:管壁外表面温度；

(6)T_{w2}:管壁内表面温度；

(7)h_1:管外换热系数；

(8)h_2:管内换热系数；

(9)λ:管壁导热系数；

(10)D_o、D_i:分别为换热管的外径和内径。

对于以管子外表面为基准的传热过程，相关热平衡式为

$$Q = A \times h_1 \times (T_1 - T_{w1})$$

$$T_1 - T_{w1} = \frac{Q}{A \times h_1} = \frac{Q}{A} \times R_1$$

$$R_1 = \frac{1}{h_1}$$

$$Q = A(T_{w1} - T_{w2}) \times \frac{2\lambda}{D_o} \frac{1}{\ln\left(\frac{D_o}{D_i}\right)}$$

$$T_{w1} - T_{w2} = \frac{Q}{A} \times \frac{D_o}{2\lambda} \ln\left(\frac{D_o}{D_i}\right) = \frac{Q}{A} \times R_w$$

$$R_w = \frac{D_o}{2\lambda} \times \ln\left(\frac{D_o}{D_i}\right)$$

$$Q = A \times \frac{D_i}{D_o} \times h_2 \times (T_{w2} - T_2)$$

$$T_{w2} - T_2 = \frac{Q}{A}\left(\frac{D_o}{D_1} \frac{1}{h_2}\right) = \frac{Q}{A} \times R_2$$

$$R_2 = \frac{D_o}{D_1} \frac{1}{h_2}$$

由上述各式可求出

$$\begin{aligned} T_1 - T_2 &= (T_1 - T_{w1}) + (T_{w1} - T_{w2}) + (T_{w2} - T_2) \\ &= \frac{Q}{A}\left[\frac{1}{h_1} + \frac{D_o}{2\lambda}\ln\left(\frac{D_o}{D_i}\right) + \frac{D_o}{D_i} \frac{1}{h_2}\right] = \frac{Q}{A}(R_1 + R_w + R_2) = \frac{Q}{A} \times R_0 \end{aligned}$$

当管外为热流体时(如用管外热水直接加热):

$$\frac{T_1 - T_{w1}}{T_1 - T_2} = R_1 / R_0$$

$$T_{w1} = T_1 - (R_1/R_0) \times (T_1 - T_2) \tag{1.25}$$

当管内为热流体时(如 E_3 中海水在管内):

$$\frac{T_2 - T_{w2}}{T_2 - T_1} = R_2 / R_0$$

$$T_{w2} = T_2 - (R_2/R_0) \times (T_2 - T_1) \tag{1.26}$$

式(1.25)和(1.26)表明,判断壁面能否结冰的表面温度 T_{w1} 或 T_{w2},除了与管外流体温度 T_1、管内流体温度 T_2 有关外,还决定于管外局部热阻与总热阻的比值。

【例 1.7】　某小型汽化器,采用井水直接加热 LNG,采取的技术措施是:尽量降低管内 LNG 的换热系数,同时尽量提高管外井水侧的换热系数,此外,井水的进口处即为 LNG 进口处,其相关参数如下。

井水:$T_1 = 17$ ℃,$h_1 = 3\ 140$ W/(m^2 · ℃);

LNG:$T_2 = -162$ ℃,$h_2 = 252.5$ W/(m^2 · ℃)。

管子外径为 27 mm,内径为 20 mm,管壁厚度为 3.5 mm,管壁导热系数为 20 W/(m · ℃),计算管子外壁温度,判断是否存在冻结风险。

计算结果如下:

$$R_1 = \frac{1}{h_1} = \frac{1}{3\ 140} = 0.000\ 318\ 4\ [(\mathrm{m}^2 \cdot ℃)/\mathrm{W}]$$

$$R_w = \frac{D_o}{2\lambda} \times \ln\left(\frac{D_o}{D_i}\right) = \frac{0.027}{2 \times 20}\ln\left(\frac{0.027}{0.02}\right) = 0.000\ 202\ 5\ [(\mathrm{m}^2 \cdot ℃)/\mathrm{W}]$$

$$R_2 = \frac{D_o}{D_i}\frac{1}{h_2} = \frac{0.027}{0.02} \times \frac{1}{252.5} = 0.005\ 346\ 5\ (\mathrm{m}^2 \cdot ℃)/\mathrm{W}$$

$$R_0 = 0.005\ 867\ 4\ (\mathrm{m}^2 \cdot ℃)/\mathrm{W}$$

$$T_1 - T_2 = 17 - (-162) = 179\ (℃)$$

$$T_{w1} = T_1 - (R_1/R_0) \times (T_1 - T_2) = 17 - (0.000\ 318\ 4/0.005\ 867\ 4) \times 179 = 7.3\ (℃)$$

计算结果表明，在进口处，管子外壁温度为 7.3 ℃，不存在冻结风险。

【例 1.8】 在 IFV 型汽化站中，调温器 E_3 直接用海水加热进口温度为 −30 ℃ 的天然气，相关设计参数如下。

管外 NG 进口温度：$T_1 = -30$ ℃，$h_1 = 844$ W/(m² · ℃)；

NG 进口处管内海水温度：$T_2 = 7.35$ ℃，$h_2 = 11\ 236$ W/(m² · ℃)。

管子外径为 20 mm，管壁厚度为 1.8 mm，管壁导热系数为 20 W/(m · ℃)，计算管子外壁温度，判断是否存在冻结风险。

计算结果如下：

$$R_1 = \frac{1}{h_1} = \frac{1}{844} = 0.001\ 184\ 8\ [(\mathrm{m}^2 \cdot ℃)/\mathrm{W}]$$

$$R_w = \frac{D_o}{2\lambda} \times \ln\left(\frac{D_o}{D_i}\right) = \frac{0.02}{2 \times 20}\ln\left(\frac{0.02}{0.0164}\right) = 0.000\ 099\ 2\ [(\mathrm{m}^2 \cdot ℃)/\mathrm{W}]$$

$$R_2 = \frac{D_o}{D_i} \times \frac{1}{h_2} = \frac{0.02}{0.016\ 4} \times \frac{1}{11\ 236} = 0.000\ 108\ 5\ (\mathrm{m}^2 \cdot ℃)/\mathrm{W}$$

$$R_0 = 0.001\ 392\ 5\ (\mathrm{m}^2 \cdot ℃)/\mathrm{W}$$

$$T_2 - T_1 = 7.35 - (-30) = 37.35\ (℃)$$

由式(1.26)可得

$$\begin{aligned} T_{w2} &= T_2 - (R_2/R_0) \times (T_2 - T_1) \\ &= 7.35 - (0.000\ 108\ 5/0.001\ 392\ 5) \times [7.35 - (-30)] = 4.44\ (℃) \end{aligned}$$

计算表明，调温器的管内壁最低温度为 4.44 ℃，没有海水冻结的风险。

第 2 章　IFV 型汽化器设计

2.1　IFV 型汽化器设计(1)

以海水为热源，利用丙烷作为中间换热介质的 LNG 汽化器已成功地运用在沿海大型汽化站中。IFV 型汽化器的整体结构如图 1.2 所示。本节将通过一个应用实例，说明该大型汽化器的设计方法。

【例 2.1】　在靠近海边的某汽化站，计划建设一台大型的中间介质汽化器(IFV)。用户提出的技术要求如下。

(1) 进口海水温度范围：8～29.1 ℃。在所有工况下，海水进出口温差不得大于5 ℃，本设计按海水温差 4.8 ℃ 计算。

(2) 汽化器出口压力范围：6.3 ～ 7.8 MPa，假定压力降为 0.1 MPa，则 LNG 的进口压力为6.4～7.9 MPa，进口的绝对压力为6.5～8.0 MPa，平均进口压力为7.25 MPa。

(3)LNG 进口温度：－165 ℃；NG 出口温度：0 ℃。

(4)LNG 流量：202 000 kg/h。

(5) 调控要求，在操作压力范围内，汽化器要能实现 0 ～ 100% 负荷调节要求。

根据用户提出的技术要求，选择汽化器的设计参数如下。

(1)LNG 及 NG 流量：202 000 kg/h(56.11 kg/s)。

(2)LNG 进口温度：－165 ℃；凝结器出口温度：－30 ℃。

(3)NG 调温器进口温度：－30 ℃；调温器出口温度：0 ℃。

(4)LNG 进口压力：8.0 MPa。

(5) 海水进口温度：8 ℃；海水出口温度：3.2 ℃。

(6) 海水进出口温差：4.8 ℃。

(7) 海水流量：按热平衡推算。

根据本工程给出的设计条件和第 1 章提供的设计计算方法，该汽化器的设计步骤如下。

1. 热负荷计算

(1) 热负荷计算和分配。

根据附录 2 甲烷的热物理性质中“甲烷 ——8.0 MPa” 数据：

① LNG 进口 －165 ℃ 下的焓值为 $i_1 = 0.05$ kJ/kg；

② NG 在 －30 ℃ 下的焓值为 $i_2 = 654.3$ kJ/kg；

③ NG 在出口 0 ℃ 下的焓值为 $i_3 = 757$ kJ/kg；

LNG 的质量流量为

$$G = 202\ 000/3\ 600 = 56.11\ (\mathrm{kg/s})$$

LNG 在凝结器中吸收的热量为

$$Q_1 = (i_2 - i_1)G = (654.3 - 0.05) \times 56.11 = 36\ 710\ (\mathrm{kW})$$

LG 在调温器中的吸热量为

$$Q_2 = (i_3 - i_2)G = (757 - 654.3) \times 56.11 = 5\ 762\ (\mathrm{kW})$$

总热负荷为

$$Q = Q_1 + Q_2 = 36\ 710 + 5\ 762 = 42\ 472\ (\mathrm{kW})$$

为了提高设计的安全性，计算出的热负荷应乘以修正系数 1.05 作为设计热负荷，则可得：

凝结器设计热负荷为

$$Q_1 = 36\ 710 \times 1.05 = 38\ 545.5\ (\mathrm{kW})$$

调温器设计热负荷为

$$Q_2 = 5\ 762 \times 1.05 = 6\ 050\ (\mathrm{kW})$$

总设计热负荷为

$$Q = Q_1 + Q_2 = 38\ 545.5 + 6\ 050 = 44\ 595.5\ (\mathrm{kW})$$

(2) 海水流量和相关参数。

海水进口温度：$T_1 = 8.0$ ℃；

海水出口温度：$T_3 = 3.2$ ℃；

海水进出口温差：$\Delta T = T_1 - T_3 = 4.8$ ℃；

海水总换热量：$Q = Q_1 + Q_2 = 44\ 595.5$ kW；

海水比热容：$c_p = 4.0$ kJ/(kg·℃)。

所需海水流量为

$$G_\mathrm{w} = \frac{Q}{c_p \Delta T} = \frac{44\ 595.5}{4.0 \times 4.8} = 2\ 322.7\ (\mathrm{kg/s}) = 8\ 362\ (\mathrm{t/h})$$

每小时海水流量为 8 362 t/h，海水在调温器中的温降为

$$\Delta T_1 = \frac{Q_2}{c_p G_\mathrm{w}} = \frac{6\ 050}{4.0 \times 2\ 322.7} = 0.65\ (℃)$$

海水在调温器中的出口温度为

$$T_2 = 8.0 - 0.65 = 7.35\ (℃)$$

(3) 中间介质的参数选择。

根据 LNG 和海水的温度条件和丙烷的 $P-h$ 图及物性参数，该设计选择丙烷作为中间介质，丙烷的设计运行温度为 −10 ℃(263 K)，对应饱和压力为 0.344 4 MPa，丙烷的汽化潜热 $r = 390$ kJ/kg，丙烷在 E_1、E_2 中的蒸发量或凝结量为

$$Q_1 / r = 38\ 545.5 / 390 = 98.8\ (\mathrm{kg/s})$$

2. 丙烷凝结器 E_2 的设计

(1) 热量分配。

LNG 的临界温度为 190.41 K(−82.59 ℃)，在凝结器内，LNG 的汽化过程被分为液

态换热段和汽态换热段两个阶段。

① 液态换热段：−165 ℃ → −82.59 ℃；

−165 ℃ 下的焓值：0.05 kJ/kg；

−82.59 ℃ 下的焓值：319.82 kJ/kg；

液态段热负荷：(319.82 − 0.05) × 56.11 = 17 942.3 (kW)；

设计热负荷：17 942.3 × 1.05 = 18 839.4 (kW)。

② 汽态换热段：−82.59 ℃ → −30 ℃；

−82.59 ℃ 下的焓值：319.82 kJ/kg；

−30 ℃ 下的焓值：654.3 kJ/kg；

汽态段热负荷：(654.3 − 319.82) × 56.11 = 18 767.7 (kW)；

设计热负荷：18 767.7 × 1.05 = 19 706.1 (kW)；

总热负荷：18 839.4 + 19 706.1 = 38 545.5 (kW)。

(2) 传热元件选型。

本设计选用的管型见表 2.1。

表 2.1　管型的选择

项目	管型	注
材质	不锈钢(06Cr19Ni10)	无缝管
管型	U 形弯管	
外径 /mm	20	
厚度 /mm	2.0	考虑管内高压
内径 /mm	16	
管间距 /mm	28	
排列方式	等边三角形	
U 形管总长度 /m	10 × 2 = 20	平均值
U 形管管程数	2	
排列角度	错排	

(3) 初步设计。

管内液体流速：$v = 1.1$ m/s；

管内质量流速为

$$G_m = v \times \rho = 1.1 \times 373 = 410.3\ [\text{kg}/(\text{m}^2 \cdot \text{s})]$$

其中，LNG 的密度为 373 kg/m^3。

总流通面积：$F = G/G_m = 56.11/410.3 = 0.136\ 75\ (\text{m}^2)$；

单管流通面积：$A_1 = \frac{\pi}{4} d_i^2 = 0.000\ 201\ (\text{m}^2)$；

U 形管数目：$N = 0.136\ 75/0.000\ 201 = 680$(根)；

U 形管展开总长：10 × 2 = 20 (m)；

总传热面积：$A = 680 \times 20 \times \pi \times 0.02 = 854.5\ (m^2)$。

该传热面积为预设面积。

(4) 管内换热系数计算。

由式(1.3)计算，其中物性按各段的平均温度取值，见表2.2。

① 液态段为

$$Re = \frac{d_i \times G_m}{\mu} = \frac{0.016 \times 410.3}{6.54 \times 10^{-5}} = 100\ 379$$

$$h_i = 0.023\left(\frac{\lambda}{d_i}\right)(Re)^{0.8}(Pr)^{0.4}$$

$$= 0.023 \times \frac{0.14}{0.016} \times 100\ 379^{0.8} \times 1.68^{0.4} = 2\ 484\ [W/(m^2 \cdot ℃)]$$

② 汽态段为

$$Re = \frac{d_i \times G_m}{\mu} = \frac{0.016 \times 410.3}{1.56 \times 10^{-5}} = 420\ 821$$

$$h_i = 0.023\left(\frac{\lambda}{d_i}\right)(Re)^{0.8}(Pr)^{0.4}$$

$$= 0.023 \times \frac{0.055}{0.016} \times 420\ 821^{0.8} \times 2.19^{0.4} = 3\ 415\ [W/(m^2 \cdot ℃)]$$

表2.2 管内换热系数计算

物理量	单位	液态段	汽态段	注
进口温度	℃	−165	−82.59	
出口温度	℃	−82.59	−30	
热负荷	kW	18 767.7	19 706.1	
平均温度	℃(K)	−124(150)	−56(217)	
密度	kg/m^3	373	148.5	
比热容	kJ/(kg·℃)	3.7	7.7	
导热系数	W/(m·℃)	0.14	0.055	
黏度	kg/(m·s)	6.54×10^{-5}	1.56×10^{-5}	
Pr 数	—	1.68	2.19	
管内流速	m/s	1.1	2.76	设定
管内质量流速	$kg/(m^2 \cdot s)$	410.3	410.3	
管内 Re 数	—	100 379	420 821	
管内换热系数(h_i)	$W/(m^2 \cdot ℃)$	2 484	3 415	

注：物性按各段的平均温度取值。

(5) 管外换热系数计算。

水平管束管外凝结换热系数由式(1.6)计算。

首先，设定管束排列方式：设680根管的排列方式为横向38排，直管长度为9.5 m，纵向U形管分两组，共18×2排，总管排数为38×18×2=1 368排。

由式(1.6)可得

$$h=0.0077\times\left(\frac{\lambda_l^3\rho_l^2 g}{\mu_l^2}\right)^{1/3}\times\left(\frac{4G}{\mu_l}\right)^{0.4}$$

式中　G——单位宽度上的冷凝液量,$G=\dfrac{m}{L\times n_s}$;

m——丙烷总凝结量,$m=98.8\ \mathrm{kg/s}$;

L——水平管长,$L=9.5\ \mathrm{m}$;

n_s——凝结液流的股数,对于三角形错列管束,$n_s=2.08N^{0.495}$。

则总管数:$N=1\ 368$ 根,$n_s=2.08N^{0.495}=2.08\times 1\ 368^{0.495}=74.2$,可得

$$G=\frac{m}{L\times n_s}=\frac{98.8}{9.5\times 74.2}=0.14\ [\mathrm{kg/(m\cdot s)}]$$

$$Re=\frac{4G}{\mu_l}=\frac{4\times 0.14}{1.397\times 10^{-4}}=4\ 009$$

代入丙烷的相关物性,则

$$h=0.0077\times\left(\frac{\lambda_l^3\rho_l^2 g}{\mu_l^2}\right)^{1/3}(Re)^{0.4}$$

$$=0.0077\times\left(\frac{0.111\ 72^3\times 542^2\times 9.8}{1.397\times 10^{-4}}\right)^{1/3}\times 4\ 009^{0.4}=1\ 238\ [\mathrm{W/(m^2\cdot ℃)}]$$

丙烷蒸气进入管束时的流量为 98.8 kg/s,考虑到丙烷蒸气流对凝结液膜的扰动和冲刷,取增强系数为 1.1,则凝结换热系数为:$1\ 238\times 1.1=1\ 362\ [\mathrm{W/(m^2\cdot s)}]$。

管外丙烷物性和换热系数的计算结果见表 2.3。

表 2.3　管外丙烷物性和换热系数的计算结果

物理量	符号	单位	物性和参数
丙烷汽化潜热	r	kJ/kg	388.3
丙烷蒸气流量	Q/r	kg/s	98.8
饱和温度		℃	−10
饱和压力		bar	3.444
凝结液密度	ρ	$\mathrm{kg/m^3}$	542
凝结液导热系数	λ_f	W/(m·℃)	0.111 2
凝结液黏度	μ_l	kg/(m·s)	1.39×10^{-4}
液膜 Re 数	Re		4 009
凝结换热系数	h	$\mathrm{W/(m^2\cdot s)}$	1 362

(6) 传热温差。

	液态段		汽态段
热流体温度 /℃：	−10	−10	−10
冷流体温度 /℃：	−162	−82.5	−30
端部温差 /℃：	152	72.5	20

对数平均温差 /℃：

液态段： $\Delta T_{\ln} = (155 - 72.59)/\ln(155/72.59) = 108.6$ (℃)

汽态段： $\Delta T_{\ln} = (72.59 - 20)/\ln(72.59/20) = 40.8$ (℃)

(7) 传热热阻和传热系数。

传热热阻和传热系数计算结果见表 2.4。

表 2.4　传热热阻和传热系数的计算结果

物理量	计算式	单位	液态段	汽态段
管外换热系数	h_o	W/(m²·℃)	1 362	1 362
管外热阻	$R_o = \frac{1}{h_o}$	(m²·℃)/W	0.000 734 2	0.000 734 2
管内换热系数	h_i	W/(m²·℃)	2 484	3 415
管内热阻	$R_i = \frac{D_o}{D_i} \times \frac{1}{h_i}$	(m²·℃)/W	0.000 503 2	0.000 366
管壁热阻	$R_w = \frac{D_o}{2k} \times \ln\left(\frac{D_o}{D_i}\right)$	(m²·℃)/W	0.000 111 5	0.000 111 5
管内污垢热阻	R_{fi}	(m²·℃)/W	0.000 01	0.000 01
总热阻	R	(m²·℃)/W	0.001 358 9	0.001 221 7
传热系数	$U_o = \frac{1}{R}$	(m²·℃)/W	735.9	818.5
传热温差	ΔT	℃	108.6	40.8
传热量	Q	kW	18 839.4	19 706.1
传热面积	$A = \frac{Q}{U_o \Delta T}$	m²	235.7	590.1
设计总面积	A	m²	825.8	825.8
两段面积比			235.7/825.8 = 0.285	590.1/825.8 = 0.715
初设面积	A_0	m²	854.5	854.5
面积比	A_0/A		854.5/825.8 = 1.035	

结论：初设传热面积满足计算结果，设计余量为 3.5%。

3. 丙烷蒸发器 E_1 的设计

(1) 管内海水基本参数。

海水进口温度：$T_2 = 7.35$ ℃；

海水出口温度：$T_3 = 3.2$ ℃；

海水流量:2 322.7 kg/s＝2 322.7×3 600/1 000＝8 362 (t/h);

海水换热量:$Q=38\ 545.5$ kW。

(2) 管型与结构参数的选择。

管型与结构参数见表 2.5。

表 2.5　管型与结构参数

项目	结构参数	注
材质	不锈钢(TA2)	无缝管
管型	直管	
外径 /mm	20	
厚度 /mm	1.8	
内径 /mm	16.4	
管间距 /mm	28	等边三角形

初选结构参数如下。

管内海水流速:$v=3.6$ m/s;

海水质量流速:$G_m=v\times\rho=3.6\times1\ 020=3\ 672$ [kg/(m² · s)];

海水流通面积:2 322.7(kg/s) / 3 672 [kg/(m² · s)]＝0.632 5 (m²);

单管流通面积:$A_1=\frac{\pi}{4}d_i^2=0.000\ 211\ 2$ (m²);

传热管数目:$N=0.632\ 5/0.000\ 211\ 2=2\ 995$ (根);

设管长为 9.5 m;

初设总传热面积:$A=2\ 995\times9.5\times\pi\times0.020=1\ 788$ (m²)。

(3) 管内海水对流换热系数计算。

海水物性(在平均温度 5 ℃ 下) 如下。

海水密度:$\rho=1\ 020$ kg/m³;

海水导热系数:$\lambda=0.56$ W/(m · ℃);

海水黏度: $\mu=1\ 230\times10^{-6}$ kg/(m · s);

比热容:4.0 kJ/(kg · ℃);

$Pr=11.6$。

计算公式如下:

由式(1.3) 可得计算结果为

$$Re=\frac{d_i\times G_m}{\mu}=\frac{0.016\ 4\times3\ 672}{1\ 230\times10^{-6}}=48\ 960$$

$$h_i=0.023\left(\frac{\lambda}{d_i}\right)(Re)^{0.8}(Pr)^{0.3}$$

$$=0.023\times\left(\frac{0.56}{0.016\ 4}\right)\times48\ 960^{0.8}\times11.6^{0.3}=9\ 253\ [\mathrm{W/(m^2\cdot ℃)}]$$

(4) 管外丙烷沸腾换热系数。

丙烷在水平管束外部的沸腾属于大容积中的泡态沸腾，应用试验关联式(1.16)可得

$$h = 0.106 \times P_c^{0.69}(1.8R^{0.17} + 4R^{1.2} + 10R^{10}) \times q^{0.7}$$

丙烷的设计参数如下。

饱和丙烷的运行压力：$P = 3.444$ bar；

丙烷的临界压力：$P_c = 42.42$ bar；

对比压力：$R = \dfrac{P}{P_c} = \dfrac{3.444}{42.42} = 0.081$；

热流密度：$q = \dfrac{38\ 545\ 500\ \mathrm{W}}{1\ 788\ \mathrm{m}^2} = 21\ 558\ (\mathrm{W/m^2})$。

其中，初选传热面积 $A = 1\ 788\ \mathrm{m}^2$，换热量 $Q = 38\ 545.5\ \mathrm{kW}$。

将上述各数值代入关联式得

$$\begin{aligned} h &= 0.106 \times P_c^{0.69}(1.8R^{0.17} + 4R^{1.2} + 10R^{10}) \times q^{0.7} \\ &= 1.927\ 9 \times q^{0.7} = 2\ 083\ [\mathrm{W/(m^2 \cdot ℃)}] \end{aligned}$$

考虑丙烷 98.8 kg/s 的蒸汽流和回液流对沸腾换热的促进作用，取增强系数为 1.1，则沸腾换热系数为 2 083 × 1.1 = 2 291 [W/(m² · ℃)]。

(5) 传热温差。

热流体温度 /℃ ：	7.35	3.2
冷流体温度 /℃：	−10	−10
端部温差 /℃：	17.35	13.2

对数平均温差 /℃：

$$\Delta T_{\ln} = (17.35 - 13.2)/\ln(17.35/13.2) = 15.18\ (℃)$$

(6) 传热热阻和传热系数。

传热热阻和传热系数的计算结果见表 2.6。

表 2.6 蒸发器传热热阻和传热系数的计算结果

物理量	计算式	计算结果	注
管内热阻	$R_i = \dfrac{D_o}{D_i} \times \dfrac{1}{h_i}$	0.000 131 7	h_i = 9 253 W/(m² · ℃)
管外热阻	$R_o = 1/h_o$	0.000 436 4	h_o = 2 291 W/(m² · ℃)
管壁热阻	$R_w = \dfrac{D_o}{2k} \times \ln\left(\dfrac{D_o}{D_i}\right)$	0.000 099 2	k = 20 W/(m · ℃)
管内污垢热阻	R_{fi}	0.000 01	选取
总热阻	R	0.000 677 3	(m² · ℃)/W
传热系数	$U_o = \dfrac{1}{R}$	1 476	W/(m² · ℃)
传热温差	ΔT	15.18	
计算传热面积	$A = \dfrac{Q}{U_o \Delta T}$	1 711	Q = 38 345.5 kW
初选面积		1 788	m²
面积比	1 788/1 711	1.045	

结论：初选方案满足设计要求。

4. 调温器设计计算

(1) 设计参数。

调温器是汽化后的天然气(NG)与海水之间的管壳式换热器，管程走海水，壳程走天然气。设计参数如下。

海水流量：$G_w = 2\ 322.7\ kg/s = 8\ 362\ t/h$；

海水进口温度：$T_{w1} = 8.0$ ℃；

海水在调温器中的温降：$\Delta T_1 = \dfrac{Q_2}{c_p G_w} = \dfrac{6\ 050}{4.0 \times 2\ 322.7} = 0.65$ (℃)；

海水在调温器中的出口温度：$T_2 = 8.0 - 0.65 = 7.35$ (℃)；

调温器热负荷：6 050 kW。

(2) 传热管选型。

材质：不锈钢 TA2；

外径：20 mm；

内径：16.4 mm；

壁厚：1.8 mm；

管长：3 200 mm；

管间距：28 mm；

管夹角：30°。

(3) 初选传热面积。

管内海水流速：$v = 4.0\ m/s$；

海水质量流速：$G_m = v \times \rho = 4.0 \times 1\ 020 = 4\ 080\ [kg/(m^2 \cdot s)]$；

海水流通面积：$2\ 322.7/4\ 080 = 0.569\ (m^2)$；

单管流通面积：$A_1 = \dfrac{\pi}{4} d_i^2 = 0.000\ 211\ 2\ (m^2)$；

传热管数目：$N = 0.569/0.000\ 211\ 2 = 2\ 694$(根)；

有效管长度：3.2 m；

初设总传热面积：$A = 2\ 694 \times 3.2 \times \pi \times 0.02 = 542\ (m^2)$；

壳程数：6；

单壳程纵向长度：3.2 m/6 = 0.533 (m)；

壳程内径：1.9 m。

(4) 管内海水对流换热系数计算。

海水平均温度：$(8 + 7.35)/2 = 7.675$ (℃)。

在平均温度下的物性如下。

海水密度：$\rho = 1\ 020\ kg/m^3$；

海水导热系数：$\lambda = 0.56$ W/(m · ℃)；

海水黏度：$\mu = 1\ 230 \times 10^{-6}\ kg/(m \cdot s)$；

比热容：4.0 kJ/(kg·℃)；

$Pr=10.29$。

依据公式(1.3)可得计算结果为

$$Re=\frac{d_i\times G_m}{\mu}=\frac{0.016\ 4\times 4\ 080}{1\ 230\times 10^{-6}}=54\ 400$$

$$h_i=0.023\left(\frac{\lambda}{d_i}\right)(Re)^{0.8}(Pr)^{0.3}$$

$$=0.023\times\left(\frac{0.56}{0.016\ 4}\right)\times 54\ 400^{0.8}\times 10.29^{0.3}=9\ 712\ [\mathrm{W/(m^2\cdot ℃)}]$$

(5) 壳程 NG 对流换热系数。

按式(1.19)计算得

$$h_o=0.36\left(\frac{\lambda}{d_e}\right)\left(\frac{d_eG_m}{\mu}\right)^{0.55}(Pr)^{1/3}$$

当量直径为

$$d_e=\frac{1.1\times p_t^2}{d_o}-d_o=\frac{1.1\times 0.028^2}{0.02}-0.02=0.023\ 12\ (\mathrm{m})$$

式中　p_t——管间距，$p_t=0.028$ m；

d_o——管外径，$d_o=0.02$ m。

最窄面流通面积为

$$A_s=l_bD_1\left(1-\frac{d_o}{p_t}\right)=0.533\times 1.9\times\left(1-\frac{0.02}{0.028}\right)=0.289\ (\mathrm{m^2})$$

式中　l_b——折流板间距，$l_b=0.533$ m；

D_1——换热器壳体内径，$D_1=1.9$ m。

最窄面质量流速为

$$G_m=\frac{m}{A_s}=\frac{56.11}{0.289}=194.2\ (\mathrm{kg/(m^2\cdot s)})$$

式中　m——NG 流量，$m=56.11$ kg/s。

代入式(1.19)：

$$h_o=0.36\left(\frac{\lambda}{d_e}\right)\left(\frac{d_eG_m}{\mu}\right)^{0.55}(Pr)^{1/3}$$

$$=0.36\times\left(\frac{0.043\ 2}{0.023\ 12}\right)\times\left(\frac{0.023\ 12}{1.331\times 10^{-5}}\right)^{0.55}\times(1.125)^{1/3}=767.8\ [\mathrm{W/(m^2\cdot ℃)}]$$

计算结果及相关物性见表 2.7。

表 2.7　NG 侧换热系数的计算结果及相关物性

物理量	单位	NG	注
进口温度	℃	−30	
出口温度	℃	0	
热负荷	kW	6 050	
质量流量	kg/s	56.11	

续表 2.7

物理量	单位	NG	注
平均温度	℃	－15	
密度	kg/m^3	93.0	
比热容	kJ/(kg·℃)	3.645	超临界－15 ℃
导热系数	W/(m·℃)	0.043 2	
黏度	kg/(m·s)	1.331×10^{-5}	
Pr 数	—	1.125	
最窄面流通面积	m^2	0.289	
最窄面质量流速	$kg/(m^2\cdot s)$	194.2	
管外换热系数	$W/(m^2\cdot ℃)$	767.8	

(6) 传热温差。

热流体温度 /℃ ：	7.35	8
冷流体温度 /℃：	－30	0
端部温差 /℃：	37.35	8

对数平均温差 /℃：

$$\Delta T_{\ln}=(37.35-8)/\ln(37.35/8)=19.05\ (℃)$$

对冷热流体交叉流动：

传热温差：　$\Delta T=19.05\times0.95=18.19\ (℃)$

(7) 传热系数和传热面积的计算，见表 2.8。

表 2.8　传热系数和传热面积的计算

物理量	计算式	计算结果	注
管内热阻	$R_i=\dfrac{D_o}{D_i}\times\dfrac{1}{h_i}$	0.000 125 5 $(m^2\cdot ℃)/W$	$h_i=9\ 712\ W/(m^2\cdot ℃)$
管外热阻	$R_o=1/h_o$	0.001 302 4 $(m^2\cdot ℃)/W$	$h_o=767.8$ $W/(m^2\cdot ℃)$
管壁热阻	$R_w=\dfrac{D_o}{2k}\times\ln\left(\dfrac{D_o}{D_i}\right)$	0.000 099 2 $(m^2\cdot ℃)/W$	管材 $k=20\ W/(m\cdot ℃)$
管内污垢热阻	R_{fi}	0.000 01 $(m^2\cdot ℃)/W$	选取
管外污垢热阻	R_{fD}	0.000 01 $(m^2\cdot ℃)/W$	选取

续表 2.8

物理量	计算式	计算结果	注
总热阻	R	0.001 547 1 (m^2·℃)/W	
传热系数	$U_o=\frac{1}{R}$	646 W/(m^2·℃)	
传热温差	ΔT	18.19 ℃	
传热量	Q	6 050 kW	
计算传热面积	$A=\frac{Q}{U_o\Delta T}$	514.9 m^2	管外面积
初选面积		542 m^2	
面积比	542/514.9	1.05	

注:壳程的材质为 16Cr19Ni10。

结论:初设传热面积满足设计要求。

5. 汽化器的流动阻力

(1) 凝结器内 LNG 及 NG 的流动阻力。

管内流动阻力计算式,按照式(1.21) 计算,即

$$\Delta p=0.316\times\frac{L}{D_i}\times\frac{\rho v^2}{2}\times Re^{-0.25}$$

式中　Re——管内 Re 数,$Re=\frac{D_i\cdot\rho\cdot v}{\mu}$。

① 液态段的流动阻力。

液态段流动长度约占总流动长度的 0.28,即 $L=20\times0.28=5.6$ (m);

管子内径:$D_i=0.016$ m;

平均密度:$\rho=373$ kg/m^3;

管内流速:$v=1.1$ m/s;

管内 Re 数:$Re=100\ 379$;

则 $\Delta P=0.316\times\frac{L}{D_i}\times\frac{\rho v^2}{2}\times Re^{-0.25}=1\ 402$ (Pa)。

② 汽态段的流动阻力。

流动长度:$L=20\times0.72=14.4$ (m);

管子内径:$D_i=0.016$ m;

平均密度:$\rho=148.5$ kg/m^3;

管内流速:$v=1.1\times(373/148.5)=2.76$ (m/s);

管内 Re 数:$Re=420\ 821$;

则 $\Delta P=0.316\times\frac{L}{D_i}\times\frac{\rho v^2}{2}\times Re^{-0.25}=6\ 316$ (Pa)。

③ 凝结器内总压降。

$$\Delta P = 1\ 402 + 6\ 316 = 7\ 718\ (\mathrm{Pa})$$

考虑进出口压力损失和 U 形管的弯道压力损失，实际的凝结器内部压损约为

$$\Delta P = 7\ 718 \times 1.5 = 11\ 577\ (\mathrm{Pa})$$

(2) 蒸发器管内海水的流动阻力。

流动长度：$L = 9.5$ m；

管子内径：$D_i = 0.016\ 4$ m；

平均密度：$\rho = 1\ 020\ \mathrm{kg/m^3}$；

管内流速：$v = 3.6$ m/s；

管内 Re 数：$Re = 48\ 960$；

则 $\Delta P = 0.316 \times \dfrac{L}{D_i} \times \dfrac{\rho v^2}{2} \times Re^{-0.25} = 81\ 336\ (\mathrm{Pa})$。

若考虑进出口压损，则

$$\Delta P = 81\ 336 \times 1.5 = 122\ 004\ (\mathrm{Pa})$$

(3) 调温器管内海水的流动阻力。

流动长度：$L = 3.2$ m；

管子内径：$D_i = 0.016\ 4$ m；

平均密度：$\rho = 1\ 020\ \mathrm{kg/m^3}$；

管内流速：$v = 4.0$ m/s；

管内 Re 数：$Re = 54\ 400$；

则 $\Delta P = 0.316 \times \dfrac{L}{D_i} \times \dfrac{\rho v^2}{2} \times Re^{-0.25} = 32\ 944\ (\mathrm{Pa})$。

若考虑进出口压损，则

$$\Delta P = 32\ 944 \times 1.5 = 49\ 416\ (\mathrm{Pa})$$

(4) 调温器管外 NG 的流动阻力。

由式(1.22)、式(1.23) 知

$$\Delta P = f\,\frac{NG_m^2}{2\rho}$$

对错列管束则

$$f = 4 \times \left\{0.25 + \frac{0.118}{[(s_n - d)/d]^{1.08}}\right\} Re_m^{-0.16}$$

管外径：$d = 0.020$ m；

横向管间距 $s_n = 0.028$ m；

平均密度：$\rho = 93\ \mathrm{kg/m^3}$；

单壳程纵向长度：3.2/6 = 0.533 (m)；

壳程内径：1.9 m；

以壳程内径截面为基准的迎风面积为

$$F = 1.9\ \mathrm{m} \times 0.533\ \mathrm{m} = 1.012\ 7\ (\mathrm{m^2})$$

迎风面质量流速为

$$G=\frac{m}{F}=\frac{56.11}{1.0127}=55.4\ [\mathrm{kg/(m^2\cdot s)}]$$

最窄截面质量流速为

$$G_m=G\times\frac{S_t}{S_t-D_o}=55.4\times\frac{28}{28-20}=193.9\ [\mathrm{kg/(m^2\cdot s)}]$$

$$Re=\frac{D_oG_m}{\mu}=\frac{0.02\times193.9}{1.331\times10^{-5}}=291\ 360$$

设每一壳程的纵向管排数为50,则6壳程纵向管排数为$N=6\times50=300$。

根据式(1.22)及式(1.23)得

$$f=4\times\{0.25+\frac{0.118}{[(s_n-d)/d]^{1.08}}\}Re_m^{-0.16}=0.303$$

$$\Delta P=f\frac{NG_m^2}{2\rho}=18\ 374\ (\mathrm{Pa})$$

若考虑转弯阻力,则总阻力为

$$18\ 374\times1.5=27\ 561\ (\mathrm{Pa})$$

(5)汽化器中的总阻力。

① LNG+NG的总阻力。

凝结器中的阻力:11 577 Pa;

调温器中的阻力:27 561 Pa;

总压力损失:

$$11\ 577\ \mathrm{Pa}+27\ 561\ \mathrm{Pa}=39\ 138\ \mathrm{Pa}\approx0.039\ (\mathrm{MPa})$$

考虑到从凝结器出口到调温器进口管道中的总压力损失约为0.05 MPa,满足设计要求。

② 海水的压力损失。

蒸发器中的压损:122 004 Pa;

调温器中的压损:49 416 Pa;

海水的总压损:122 004 Pa + 49 416 Pa = 171 420 Pa ≈ 0.17 (MPa)。

6.最低管壁温度计算

调温器的最低管壁温度发生在−30 ℃的天然气进口处,调温器管内为热流体海水,管内壁T_{w2}的计算式按式(1.26)计算。

在海水出口和NG气体进口处:

管外NG进口温度$T_1=-30$ ℃,换热系数$h_1=767.8$ W/(m²·℃);

管内海水出口温度$T_2=7.35$ ℃,换热系数$h_2=9\ 712$ W/(m²·℃);

管壁厚度为0.001 8 m,管壁导热系数为20 W/(m·℃)。

根据第1.7节,计算结果如下:

$$R_1=\frac{1}{h_1}=\frac{1}{767.8}=0.001\ 302\ 4\ [(\mathrm{m^2\cdot ℃})/\mathrm{W}]$$

$$R_w=\frac{D_o}{2\lambda}\times\ln\left(\frac{D_o}{D_i}\right)=\frac{0.02}{2\times20}\ln\left(\frac{0.02}{0.016\ 4}\right)=0.000\ 099\ 2\ [(\mathrm{m^2\cdot ℃})/\mathrm{W}]$$

$$R_2 = \frac{D_o}{D_i}\frac{1}{h_2} = \frac{0.02}{0.016\ 4}\frac{1}{9\ 712} = 0.000\ 125\ 5\ [(m^2\cdot ℃)/W]$$

$$R_0 = 0.001\ 527\ 1\ (m^2\cdot ℃)/W$$

$$T_2 - T_1 = 7.35 - (-30) = 37.35\ (℃)$$

根据式(1.26)，得

$$T_{w2} = T_2 - (R_2/R_0)\times(T_2 - T_1)$$
$$= 7.35 - (0.000\ 125\ 5/0.001\ 527\ 1)\times[7.35 - (-30)] = 4.28\ (℃)$$

计算结果：在 NG 进口处管内壁不会结冰。

7. 设计结果总汇

设计条件和参数如图 2.1 所示，设计结果见表 2.9。

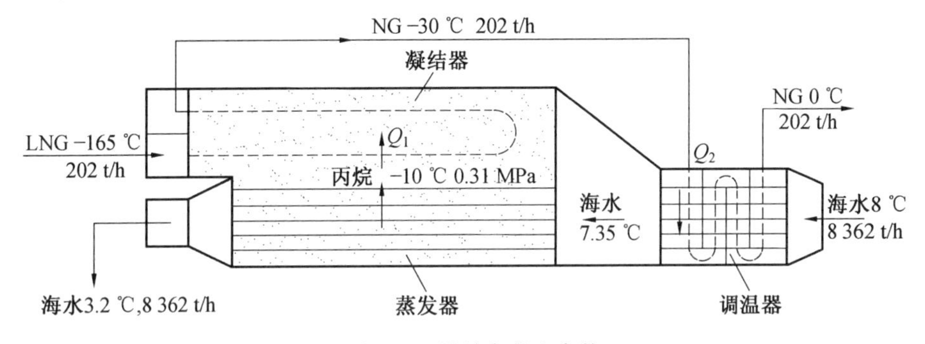

图 2.1　设计条件和参数

表 2.9　设计结果

参数	凝结器(E_2)	蒸发器(E_1)	调温器(E_3)
丙烷参数	−10 ℃/ 饱和	−10 ℃/ 饱和	
LNG/NG 进出口温度	−165 ℃ →−30 ℃		−30 ℃ → 0 ℃
LNG/NG 运行压力	8.0 MPa		8.0 MPa
LNG/NG 质量流量	56.11 kg/s (202 t/h)		56.11 kg/s (202 t/h)
换热量	38 545.5 kW	38 545.5 kW	6 050 kW
海水进出口温度		7.35 ℃ → 3.2 ℃	8 ℃ → 7.35 ℃
海水流量		2 322.7 kg/s (8 362 t/h)	2 322.7 kg/s (8 362 t/h)
传热温差	108.4 / 40.8	15.18	18.19
传热系数	735.9 / 818.5	1 476	646
传热元件	不锈钢圆管	不锈钢圆管	不锈钢圆管

续表 2.9

参数	凝结器(E_2)	蒸发器(E_1)	调温器(E_3)
圆管(OD/ID)	20 / 16 mm	20/16.4 mm	20/16.4 mm
圆管形式	U形管	直管	直管
管长	20 m(U形)	9.5 m	3.2 m
管子数目	680	2 995	2 694
传热面积 设计 / 选取	825.8/854.5 m^2	1 711/1 788 m^2	517/542 m^2
面积安全系数	1.035	1.045	1.050

附另一设计结果，该设计参数与前者设计参数有所不同，如图 2.2 所示，其不同点如下。

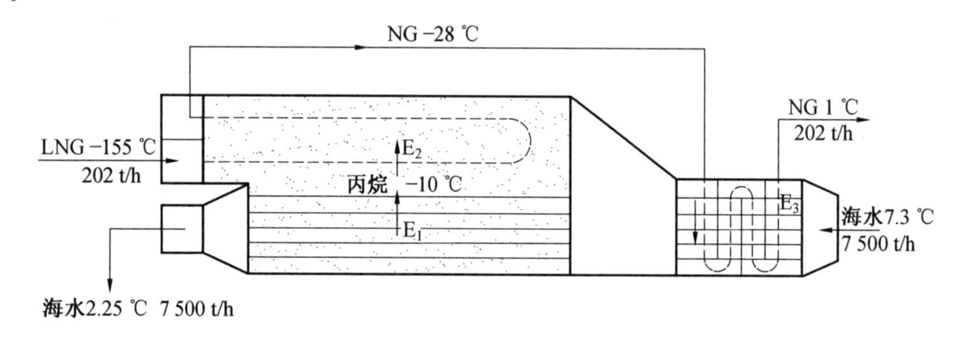

图 2.2　另一设计条件和参数

(1)LNG的进口温度不同，前者的进口温度为−165 ℃，出口温度为0 ℃；后者的进口温度为 − 155 ℃，出口温度为 1 ℃。

(2) 海水的流量和进口温度不同，前者海水流量为 8 362 t/h，进口水温为 8 ℃；后者海水流量为7 500 t/h，进口水温为 7.3 ℃。

(3) 选择的管子内径和外径有所不同，见表 2.10。

表 2.10　管子内径和外径尺寸　　mm

管径	E_2 圆管(OD/ID)	E_1 圆管(OD/ID)	E_3 圆管(OD/ID)
前者管径	20 / 16	20 / 16.4	20 / 16.4
后者管径	20 / 16	20 / 17.6	20 / 16.0

由于有了上述区别，设计结果有所差别，见表 2.11。

表 2.11　设计结果

参　数	凝结器(E_2)	蒸发器(E_1)	调温器(E_3)
丙烷参数	−10 ℃/饱和	−10 ℃/饱和	
LNG/NG 进出口温度	−155 ℃ →−28 ℃		−28 ℃ →1 ℃
LNG/NG 运行压力	8.00 MPa →7.98 MPa		7.98 MPa →7.92 MPa
LNG/NG 质量流量	56.11 kg/s (202 t/h)		56.11 kg/s (202 t/h)
换热量	36 871.9 kW	36 871.9 kW	5 753.7 kW
总设计换热量	36 871.9＋5 753.7 ＝ 42 725.6 (kW)		
海水进出口温度		6.62 ℃ →2.25 ℃	7.3 ℃ →6.62 ℃
海水流量		2 083.5 kg/s (7 500 t/h)	2 083.5 kg/s (7 500 t/h)
传热温差	104.6 / 39.1	14.34	14.49
传热系数	730.4 / 811.8	1 647	886.9
传热面积	863 m^2	1 648 m^2	470.4 m^2
传热元件	不锈钢圆管	不锈钢圆管	不锈钢圆管
圆管(OD/ID)	20 / 16 mm	20/17.6 mm	20/16 mm
圆管形式	U 形管	直管	直管
管长	20.2 m(平均)	10.0 m	2.8 m
管子数目	680	2 623	2 674

2.2　IFV 型汽化器设计(2)

本节中设计的汽化器和 2.1 节设计的汽化器一样，都属于 IFV 型汽化器，即采用中间介质的汽化器，而且都是建在海边以海水作为热源的大型汽化器。汽化器的设计方法和设计步骤相同，设计过程的区别在于：该设计是参考已有的设计面积进行重新计算，并将重新计算的设计面积与已有的设计面积进行比较，以确定设计的正确性和可靠性。

【例 2.2】　2.1 节 LNG 的流量为 202 t/h，本节为 175 t/h。此外，在进口温度和压力、海水的流量上有所不同，同时传热管件的选型上也有所不同。

1. 技术要求和相关数据

针对贫气或富气，用户提出的技术条件见表 2.12。

表 2.12 技术条件

序号	项目	条件
1	LNG 质量流量	175 000 kg/h (175 t/h)
2	LNG 进口温度	−154 ℃
3	NG 出口温度	1.5 ℃
4	LNG 进口压力	6.55 MPa
5	NG 出口压力	6.40 MPa
6	LNG/NG 压力损失	0.15 MPa
7	海水流量	7 400 000 kg/h(7 400 t/h)
8	海水进口温度	7.3 ℃
9	海水进口压力	0.22 MPa
10	海水压力损失	0.15 MPa

根据用户提出的技术条件,确定设计参数如下。

LNG 及 NG 流量:175 000 kg/h =175 000/3 600 kg/s = 48.61 kg/s;

凝结器 LNG 进口温度:−154 ℃;

凝结器 NG 出口温度:−30 ℃;

NG 调温器进口温度:−30 ℃;

调温器出口温度:1.5 ℃;

LNG 进口压力:6.55 MPa;

海水进口温度:7.3 ℃;

海水流量:7 400 t/h =7 400 × 3 600/1 000 =2 055.5 (kg/s)。

2.设计参数和热负荷计算

(1)LNG 的热负荷计算和分配。

LNG 进口 −154 ℃ 的焓值:i_1 =35.24 kJ/kg;

NG 在 −30 ℃ 下的焓值:i_2 =684.5 kJ/kg;

NG 出口 1.5 ℃ 的焓值:i_3 =781.1 kJ/kg;

LNG 的质量流量:G = 48.61 kg/s;

LNG 在凝结器中吸收的热量:

$$Q_1 = (i_2 - i_1)G = (684.5 - 35.24) \times 48.61 = 31\ 560.5\ (\text{kW})$$

NG 在调温器中的吸热量:

$$Q_2 = (i_3 - i_2)G = (781.1 - 684.5) \times 48.61 = 4\ 695.7\ (\text{kW})$$

总热负荷:$Q = Q_1 + Q_2 = 31\ 560.5 + 4\ 695.7 = 36\ 256.2$ (kW)。

为了提高设计的安全性,计算出的热负荷应乘以修正系数 1.05,作为设计热负荷,即

凝结器设计热负荷:$Q_1 = 31\ 560.5 \times 1.05 = 33\ 138.5$ (kW);

调温器设计热负荷:$Q_2 = 4\ 695.7 \times 1.05 = 4\ 930.5$ (kW);

总设计供热量:$Q = Q_1 + Q_2 = 33\ 138.5 + 4\ 930.5 = 38\ 069$ (kW)。

(2) 海水流量和相关参数。

海水进口温度：$T_{w1} = 7.3$ ℃；

海水流量:$G_w = 2\ 055.5$ kg/s；

海水比热容:$c_p = 4.02$ kJ/(kg・℃)；

海水总换热量:$Q = Q_1 + Q_2 = 38\ 069$ (kW)；

海水总进出口温差:$\Delta T_w = \dfrac{Q}{c_p G_w} = \dfrac{38\ 069}{4.02 \times 2\ 055.5} = 4.6$ (℃)；

海水从蒸发器 E_1 的出口温度:$T_{w3} = 7.3 - 4.6 = 2.7$ (℃)；

海水在调温器中的温降：

$$\Delta T_{w1} = \frac{Q_2}{c_p G_w} = \frac{4\ 930.5}{4.02 \times 2\ 055.5} = 0.6\ (℃)$$

海水在蒸发器 E_1 中的进口温度：

$$T_{w2} = 7.3 - 0.6 = 6.7\ (℃)$$

海水在蒸发器 E_1 中的温降:6.7 − 2.7 = 4.0 (℃)。

(3) 中间介质的参数选择。

根据LNG和海水的温度条件、丙烷的 $P-h$ 图及物性参数，该设计选择丙烷作为中间介质，丙烷的设计运行温度为 −10 ℃(263 K)，对应饱和压力为 0.344 4 MPa，丙烷的汽化潜热 $r = 390$ kJ/kg，丙烷在 E_1、E_2 中的蒸发量或凝结量为

$$Q_1 / r = 33\ 138.5/390 = 85\ (\text{kg/s})$$

3. 丙烷凝结器 E_2 的设计

(1) 热量分配。

LNG 的临界温度为 190.41 K(−82.59 ℃)，在凝结器内，LNG 的汽化过程被分为两个阶段。

① 液态换热段：−154 ℃ → −82.59 ℃；

−154 ℃ 下的焓值:35.24 kJ/kg；

−82.59 ℃ 下的焓值:265.8 kJ/kg；

液态段热负荷：(265.8 − 35.24) × 48.61 = 11 207.52 (kW)；

总设计热负荷:11 207.52 × 1.05 = 11 767.9 (kW)。

② 汽态换热段：−82.59 ℃ → −30 ℃；

−82.59 ℃ 下的焓值:265.8 kJ/kg；

−30 ℃ 下的焓值:684.5 kJ/kg；

汽态段热负荷：(684.5 − 265.8) × 48.61 = 20 353 (kW)；

设计热负荷:20 353 × 1.05 = 21 370.66 (kW)；

总设计热负荷:11 767.9 + 21 370.66 = 33 138.5 (kW)。

(2) 传热元件选型。

根据已有的汽化器设计，本设计选取相同的管型，见表 2.13。

表 2.13　管型的选择

项目	管型	注
材质	不锈钢（06Cr19Ni10）	无缝管
管型	U 形弯管	
外径 /mm	16	参考某设计
厚度 /mm	1.6	考虑管内高压
内径 /mm	12.8	
管间距 /mm	22	
排列方式	等边三角形	
U 形管总长度 /m	19	平均值
U 形管程数	2	
排列角度	错排	

(3) 初步设计。

根据已有汽化器的设计，凝结器的管子根数为 $N=863$ 根，本设计选用与此相同的管数。

单管流通面积：$A_1=\frac{\pi}{4}d_i^2=0.000\ 128\ 6\ \text{m}^2$；

总管内流通面积：$F=863\times 0.000\ 128\ 6=0.111\ 05\ (\text{m}^2)$；

管内质量流速：$G_m=48.61/0.111\ 05=437.73\ [\text{kg}/(\text{m}^2\cdot\text{s})]$；

LNG 的密度：$\rho=362\ \text{kg/m}^3$；

管内液态流速：$v=G_m/\rho=437.73/362=1.209\ (\text{m/s})$；

初设 U 形管平均展开长度：$9.5\ \text{m}\times 2=19\ \text{m}$；

总传热面积：$A=863\times 19\times\pi\times 0.016=824.2\ (\text{m}^2)$。

(4) 管内换热系数计算。

根据计算公式(1.3)，计算结果如下，其中物性按各段的平均温度取值，见表 2.14。

① 液态段：

$$Re=\frac{d_i\times G_m}{\mu}=\frac{0.012\ 8\times 437.73}{6.06\times 10^{-5}}=92\ 457.8$$

$$h_i=0.023\left(\frac{\lambda}{d_i}\right)(Re)^{0.8}(Pr)^{0.4}$$

$$=0.023\times\frac{0.136}{0.012\ 8}\times 92\ 457.8^{0.8}\times 1.66^{0.4}=2\ 811\ [\text{W}/(\text{m}^2\cdot\text{s})]$$

② 汽态段：

$$Re=\frac{d_i\times G_m}{\mu}=\frac{0.012\ 8\times 437.73}{1.46\times 10^{-5}}=383\ 763$$

$$h_i=0.023\left(\frac{\lambda}{d_i}\right)(Re)^{0.8}(Pr)^{0.4}$$

$$=0.023\times\frac{0.055}{0.0128}\times 383\ 763^{0.8}\times 2.19^{0.4}=3\ 965.6\ [\mathrm{W/(m^2\cdot s)}]$$

表 2.14　管内换热系数计算

物理量	单位	液态段	汽态段
进口温度	℃	−154	−82.59
出口温度	℃	−82.5	−30
热负荷	kW	11 767.9	20 370.66
平均温度	℃	−118.3	−56.3
密度	$\mathrm{kg/m^3}$	362	134
比热容	kJ/(kg·℃)	3.7	7.7
导热系数	W/(m·℃)	0.136	0.055
黏度	kg/(m·s)	6.06×10^{-5}	1.46×10^{-5}
Pr 数		1.66	2.19
管内质量流速	$\mathrm{kg/(m^2\cdot s)}$	437.73	437.73
管内 *Re* 数		92 457.8	383 763
管内换热系数(h_i)	$\mathrm{W/(m^2\cdot s)}$	2 811	3 965.6

注:物性按各段的平均温度取值。

(5) 管外换热系数计算。

根据管外水平管束凝结换热系数计算式(1.6),即

当液膜 $Re>2\ 100$ 时,有

$$h=0.0077\times\left(\frac{\lambda_l^3\rho_l^2 g}{\mu_l^2}\right)^{1/3}\left(\frac{4G}{\mu_l}\right)^{0.4}$$

其中,$Re=\dfrac{4G}{\mu_l}$。

单位宽度上的冷凝液量:$G=\dfrac{m}{L\times n_s}$。

其中,丙烷凝结量 $m=85$ kg/s,水平管长 $L=10$ m。

总水平管数:$N=863\times2=1\ 726$ (根);

$$n_s=2.08N^{0.495}=2.08\times(1\ 726)^{0.498}=85.135$$

$$G=\frac{m}{L\times n_s}=\frac{85}{10\times85.135}=0.099\ 84\ [\mathrm{kg/(m\cdot s)}]$$

$$Re=\frac{4G}{\mu_l}=\frac{4\times0.099\ 84}{1.397\times10^{-4}}=2\ 858.7$$

代入丙烷的相关物性,即

$$h=0.0077\times\left(\frac{\lambda_l^3\rho_l^2 g}{\mu_l^2}\right)^{1/3}\left(\frac{4G}{\mu_l}\right)^{0.4}$$

$$=0.0077\times\left[\frac{0.111\ 2^3\times542^2\times9.8}{(1.397\times10^{-4})^2}\right]^{1/3}\times2\ 858.7^{0.4}=1\ 090.5\ [\mathrm{W/(m^2\cdot ℃)}]$$

丙烷蒸气进入管束时的流量为 85 kg/s,考虑到丙烷蒸气流对凝结液膜的扰动和冲

刷，取增强系数为 1.1，则凝结换热系数为 1 090.5×1.1=1 199.6 [W/(m² · s)]。丙烷凝结换热系数的相关数据和计算结果见表 2.15。

表 2.15 管外丙烷物性和换热系数的计算结果

物理量	符号	单位	凝液物性值
丙烷汽化潜热	r	kJ/kg	391.33
丙烷蒸气流量	Q/r	kg/s	85
饱和温度		℃	−10
饱和压力		bar	3.328 8
液相密度	ρ	kg/m^3	542
导热系数	λ_f	W/(m · ℃)	0.111 2
液相黏度	μ_l	kg/(m · s)	1.397×10^{-4}
液膜 Re 数	Re		2 858.7
换热系数	h	$W/(m^2 \cdot ℃)$	1 199.6

(6) 传热温差。

丙烷蒸气温度 /℃：	−10	——	−10	——	−10
LNG/NG 温度 /℃：	−154	→	−82.59	→	−30
端部温差 /℃：	144		72.59		20
对数平均温差 /℃：		104.25 (液态段)		40.8 (汽态段)	

(7) 传热热阻和传热系数。

由式(1.13)～(1.16)计算以管子外表面为基准的各项热阻和传热系数，计算结果见表 2.16。

表 2.16 热阻和传热系数的计算

物理量	计算式	单位	液态段	汽态段
管外换热系数	h_o	$W/(m^2 \cdot ℃)$	1 199.6	1 199.6
管外热阻	$R_o=1/h_o$	$(m^2 \cdot ℃)/W$	0.000 833 6	0.000 833 6
管内换热系数	h_i	$W/(m^2 \cdot ℃)$	2 811	3 965.6
管内热阻	$R_i=\frac{D_o}{D_i}\times\frac{1}{h_i}$	$(m^2 \cdot ℃)/W$	0.000 444 6	0.000 315 2
管壁热阻	$R_w=\frac{D_o}{2k}\times\ln\left(\frac{D_o}{D_i}\right)$	$(m^2 \cdot ℃)/W$ $k=20\ W/(m \cdot ℃)$	0.000 089 2	0.000 089 2
管内污垢热阻	R_{fi}	$(m^2 \cdot ℃)/W$	0.000 01	0.000 01
总热阻	R	$(m^2 \cdot ℃)/W$	0.001 377 4	0.001 248

续表 2.16

物理量	计算式	单位	液态段	汽态段
传热系数	$U_o = \frac{1}{R}$	W/(m² · ℃)	726	801.3
传热温差	ΔT	℃	104.25	40.8
传热量	Q	kW	11 767.9	20 370.66
传热面积	$A = \frac{Q}{U_o \Delta T}$	m²	155.5	623
设计总面积	A	m²	155.5＋623 = 778.5	
初设面积	A_0	m²	824.2	
面积比	A_0/A		824.2/778.5 = 1.06	

结论:原给出的传热面积,即初设面积,大于设计面积,且有 6% 的设计余量,可以满足设计要求。

4. **丙烷蒸发器 E_1 的设计**

(1) 管内海水基本参数。

海水进口温度:$T_{w1} = 7.3$ ℃;

海水在蒸发器 E_1 中的进口温度:$T_{w2} = 7.3 - 0.6 = 6.7$ (℃);

海水出口温度:$T_{w3} = 2.7$ ℃ ;

海水在蒸发器 E_1 中的温降:$6.7 - 2.7 = 4.0$ (℃);

海水流量:$G_w = 7\ 400$ t/h = 2 055.5 kg/s;

海水换热量:$Q = 33\ 138.5$ kW。

(2) 管型与结构参数的选择。

管型选择与已有设计相同,见表 2.17。

表 2.17　管型的选择

项目	本设计	注
材质	不锈钢 (TA2)	无缝管
管型	直管	
外径 /mm	20	
厚度 /mm	1.2	
内径 /mm	17.6	
管间距 /mm	26	等边三角形

海水物理性质 (在平均温度下) 如下。

海水密度:$\rho = 1\ 020$ kg/m³;

海水导热系数:$\lambda = 0.571$ W/(m · ℃);

海水黏度: $\mu = 1\ 230 \times 10^{-6}$ kg/(m · s);

比热容:4.0 kJ/(kg · ℃);

$Pr=11.6$。

(3) 初选结构参数。

参考已有设计，初选管子数目：$N=2\ 825$ 根；

单管流通面积：$A_1=\frac{\pi}{4}d_i^2=0.000\ 243\ 2\ m^2$；

总流通面积：$A=2\ 825\times 0.000\ 243\ 2=0.687\ (m^2)$；

管内质量流速：$G_m=2\ 055.5/0.687=2\ 992\ [kg/(m^2\cdot s)]$；

管内海水流速：$v=G_m/\rho=2\ 992/1\ 020=2.933\ (m/s)$；

设管长：9.4 m；

初设总传热面积：$A=2\ 825\times 9.4\times \pi\times 0.020=1\ 668.5\ (m^2)$。

(4) 管内海水对流换热系数计算。

由式(1.3)知

$$Re=\frac{d_i\times G_m}{\mu}=\frac{0.017\ 6\times 2\ 992}{1\ 230\times 10^{-6}}=42\ 812$$

$$h_i=0.023\left(\frac{\lambda}{d_i}\right)(Re)^{0.8}(Pr)^{0.3}$$

$$=0.023\times\left(\frac{0.56}{0.017\ 6}\right)\times 42\ 812^{0.8}\times 11.6^{0.3}=7\ 744.5\ [W/(m^2\cdot ℃)]$$

(5) 管外丙烷沸腾换热系数。

丙烷在水平管束外部的沸腾属于大容积中的泡态沸腾，应用试验关联式(1.16)，即

$$h=0.106\ P_c^{0.69}(1.8R^{0.17}+4R^{1.2}+10R^{10})\times q^{0.7}$$

根据丙烷的设计参数，知

饱和丙烷的运行压力：$P=3.444$ bar；

丙烷的临界压力：$P_c=42.42$ bar；

对比压力：$R=\frac{P}{P_c}=\frac{3.444}{42.42}=0.081$；

热流密度：$q=\frac{33\ 138\ 500\ W}{1\ 668.5\ m^2}=19\ 861\ (W/m^2)$。

其中，$A=1\ 668.5\ m^2$ 为初选传热面积，$Q=33\ 138.5$ kW 为换热量。

将上述各数值代入关联式(1.16)，有

$$h=0.106\ P_c^{0.69}(1.8R^{0.17}+4R^{1.2}+10R^{10})\times q^{0.7}$$

$$=1.927\ 9\times q^{0.7}=1\ 966.5\ [W/(m^2\cdot ℃)]$$

考虑丙烷的蒸气流和回液流对沸腾换热的促进作用，取增强系数为 1.1，则沸腾换热系数为 $1\ 966.5\times 1.1=2\ 163\ [W/(m^2\cdot ℃)]$。

(6) 传热温差。

海水温度 /℃：	6.7	——	2.7
丙烷蒸气温度 /℃：	−10	——	−10
端部温差 /℃：	16.7		12.7
对数平均温差 /℃：		14.6	

(7) 传热热阻和传热系数。

蒸发器的传热热阻和传热系数计算结果见表 2.18。

表 2.18　蒸发器的传热热阻和传热系数的计算结果

物理量和单位	计算式	计算结果	注
管内热阻 / [(m² · ℃) · W⁻¹]	$R_i = \frac{D_o}{D_i} \times \frac{1}{h_i}$	0.000 146 7	h_i = 7 744.5 W/(m² · ℃)
管外热阻 / [(m² · ℃) · W⁻¹]	$R_o = 1/h_o$	0.000 462 2	h_o = 2 163 W/(m² · ℃)
管壁热阻 / [(m² · ℃) · W⁻¹]	$R_w = \frac{D_o}{2k} \times \ln\left(\frac{D_o}{D_i}\right)$	0.000 063 9	管材 k = 20 W/(m · ℃)
管内污垢热阻 / [(m² · ℃) · W⁻¹]	R_{fi}	0.000 01	选取
总热阻 / [(m² · ℃) · W⁻¹]	R	0.000 682 8	
传热系数 / [(m² · ℃) · W⁻¹]	$U_o = \frac{1}{R}$	1 464.4	
传热温差 /℃	ΔT	14.6	
计算传热面积 / m²	$A = \frac{Q}{U_o \Delta T}$	1 550	Q = 33 138.5 kW
初选面积 /m²	A	1 668.5	
面积比	1 668.5 / 1 550	1.08	

结论:初选方案满足设计要求,并有较大的设计余量。

5. **调温器 E_3 的设计计算**

(1) 设计参数。

调温器是汽化后的天然气(NG) 与海水之间的管壳式换热器,管程走海水,壳程走天然气,设计参数为如下。

海水进口温度:T_{w1} =7.3 ℃;

海水在 E_3 中的出口温度:T_{w2} =7.3 − 0.6 =6.7 (℃);

海水在 E_3 中的温降:7.3 − 6.7 =0.6 (℃);

海水流量:G_w =7 400 t/h =2 055.5 kg/s;

调温器热负荷:4 930.5 kW。

(2) 传热管选型。

材质:不锈钢 (TA2);

外径:20 mm;内径:16 mm;壁厚:2 mm;

管间距:26 mm; 管夹角:30°。

(3) 初选传热面积。

管内海水流速：$v=3.8\ \mathrm{m/s}$；

海水质量流速：$G_m=v\times\rho=3.8\times1\ 020=3\ 876\ [\mathrm{kg/(m^2\cdot s)}]$；

海水流通面积：$(2\ 055.5\ \mathrm{kg/s})/3\ 876\ \mathrm{kg/(m^2\cdot s)}=0.530\ 3\ \mathrm{m^2}$；

单管流通面积：$A_1=\frac{\pi}{4}d_i^2=0.000\ 201\ \mathrm{m^2}$；

传热管数目：$N=0.530\ 3/0.000\ 201=2\ 638$(根)；

初选有效管长度：2.8 m；

初设总传热面积：$A=2\ 638\times2.8\times\pi\times0.02=464.1\ (\mathrm{m^2})$；

壳程数：4；

单壳程纵向长度：2.8 m/4 = 0.7 m；

壳程汽包内径：1.65 m；

壳程材质：不锈钢 (16Cr19N10)。

(4) 管内海水对流换热系数计算(管内海水物性：平均 23.5 ℃ 下)。

海水密度：$\rho=1\ 020\ \mathrm{kg/m^3}$；

海水导热系数：$\lambda=0.56\ \mathrm{W/(m\cdot ℃)}$；

海水黏度：$\mu=1230\times10^{-6}\ \mathrm{kg/(m\cdot s)}$；

$Pr=10.29$。

根据式(1.3)，得

$$Re=\frac{d_i\times G_m}{\mu}=\frac{0.016\times3\ 876}{1\ 230\times10^{-6}}=50\ 419.5$$

$$h_i=0.023\left(\frac{\lambda}{d_i}\right)(Re)^{0.8}(Pr)^{0.3}$$

$$=0.023\times\frac{0.56}{0.016}\times50\ 419.5^{0.8}\times10.29^{0.3}=9\ 367\ [\mathrm{W/(m^2\cdot ℃)}]$$

(5) 壳程 NG 对流换热系数。

当量直径

$$d_e=\frac{1.1\times p_t}{d_o}-d_o=\frac{1.1\times0.026^2}{0.02}-0.02=0.017\ 18\ (\mathrm{m})$$

式中，$p_t=0.026$ m 为管间距，$d_o=0.02$ m 为管外径。

最窄面流通面积

$$A_s=l_bD_1\left(1-\frac{d_o}{p_t}\right)=0.7\times1.65\times(1-\frac{0.02}{0.026})=0.266\ 5\ (\mathrm{m^2})$$

式中，$l_b=0.7$ m 为折流板间距，$D_1=1.65$ m 为换热器壳体内径。

最窄面质量流速

$$G_m=\frac{m}{A_s}=\frac{48.61}{0.266\ 5}=182.4\ [\mathrm{kg/(m^2\cdot s)}]$$

式中，$m=48.61$ kg/s，为 NG 流量。

代入式(1.19)，即

$$h_o=0.36\left(\frac{\lambda}{d_e}\right)\left(\frac{d_eG_m}{\mu}\right)^{0.55}Pr^{1/3}$$

$$=0.36\times\left(\frac{0.0432}{0.01718}\right)\times\left(\frac{0.01718\times182.4}{1.331\times10^{-5}}\right)^{0.55}\times(1.125)^{1/3}=848\ [\mathrm{W/(m^2\cdot℃)}]$$

计算结果及相关物理性质见表 2.19。

表 2.19　NG 侧换热系数的计算结果及相关物理性质

物理量	单位	NG
进口温度	℃	−30
出口温度	℃	1.5
热负荷	kW	4 930.5
质量流量	kg/s	48.61
平均温度	℃	−15.75
密度	kg/m^3	93.0
比热容	kJ/(kg·℃)	3.645
导热系数	W/(m·℃)	0.043 2
黏度	kg/(m·s)	1.331×10^{-5}
Pr 数	—	1.125
最窄面流通面积	m^2	0.266 5
最窄截面质量流速	$kg/(m^2\cdot s)$	182.4
管外换热系数	$W/(m^2\cdot℃)$	848

(6) 传热平均温差。

海水温度 /℃：　6.7　←　7.3

NG 温度 /℃：　−30　→　1.5

端部温差 /℃：　36.7　　5.8

对数平均温差 /℃：　16.75

交叉流平均温差 /℃：16.75 × 0.95 = 15.91

(7) 传热系数和传热面积的计算，见表 2.20。

表 2.20　传热系数和传热面积计算

物理量	计算式	计算结果	注
管内热阻	$R_i=\frac{D_o}{D_i}\times\frac{1}{h_i}$	0.000 133 4 $(m^2\cdot℃)/W$	$h_i=9\ 367$ $W/(m^2\cdot℃)$
管外热阻	$R_o=1/h_o$	0.001 179 2 $(m^2\cdot℃)/W$	$h_o=848$ $(m^2\cdot℃)/W$
管壁热阻	$R_w=\frac{D_o}{2k}\times\ln\left(\frac{D_o}{D_i}\right)$	0.000 111 5 $(m^2\cdot℃)/W$	管材 $k=20$ W/(m·℃)

续表 2.20

物理量	计算式	计算结果	注
管内污垢热阻	R_{fi}	0.000 01 $(m^2 \cdot ℃)/W$	选取
总热阻	R	0.001 434 1 $(m^2 \cdot ℃)/W$	
传热系数	$U_o = \frac{1}{R}$	697.3 $W/(m^2 \cdot ℃)$	
传热温差	ΔT	15.91 ℃	
传热量	Q	4 930.5 kW	
计算传热面积	$A = \frac{Q}{U_o \Delta T}$	444.4 m^2	管外面积
初设面积		464.1 m^2	
面积比	464.1 / 444.4	1.04	初设面积安全

结论:计算面积满足初设要求。

6.**汽化器的流动阻力**

(1) 凝结器 E_2 内 LNG 及 NG 的流动阻力。

① 液态段的流动阻力。

液态段流动长度约占总传热面积即总流动长度的 20%,即

$$L = 19 \times 20\% = 3.8\ (m)$$

管子内径: $D_i = 0.012\ 8$ m;

平均密度: $\rho = 362\ kg/m^3$;

管内流速: $v = 1.209$ m/s;

管内 Re 数: $Re = 92\ 457.8$。

根据式(1.21),得

$$\Delta P = 0.316 \times \frac{L}{D_i} \times \frac{\rho v^2}{2} \times Re^{-0.25} = 1\ 423\ (Pa)$$

② 汽态段的流动阻力。

流动长度: $L = 19 \times 0.8 = 15.2$ (m);

管子内径: $D_i = 0.012\ 8$ m;

平均密度: $\rho = 134\ kg/m^3$;

管内流速: $v = 1.209 \times (362/134) = 3.266$ (m/s);

管内 Re 数: $Re = 383\ 763$。

根据式(1.21),得

$$\Delta P = 0.316 \times \frac{L}{D_i} \times \frac{\rho v^2}{2} \times Re^{-0.25} = 10\ 775\ (Pa)$$

③ 凝结器内总压降。

$$\Delta P = 1\ 423 + 10\ 775 = 12\ 198\ (\text{Pa})$$

若考虑进出口压力损失和 U 形管的弯道压力损失，则实际的凝结器内部压损约为

$$\Delta P = 12\ 198 \times 1.5 = 18\ 297\ (\text{Pa})$$

(2) 蒸发器管内海水的流动阻力。

流动长度：$L = 9.4$ m；

管子内径：$D_i = 0.017\ 6$ m；

平均密度：$\rho = 1\ 020\ \text{kg/m}^3$；

管内流速：$v = 2.933$ m/s；

管内 Re 数：$Re = 42\ 812$。

根据式(1.21)，得

$$\Delta P = 0.316 \times \frac{L}{D_i} \times \frac{\rho v^2}{2} \times Re^{-0.25} = 51\ 476\ (\text{Pa})$$

若考虑进出口压损，则

$$\Delta P = 51\ 476 \times 1.5 = 77\ 214\ (\text{Pa})$$

(3) 调温器管内海水的流动阻力。

海水流动长度：$L = 2.8$ m；

管子内径：$D_i = 0.016$ m；

平均密度：$\rho = 1\ 020\ \text{kg/m}^3$；

管内流速：$v = 3.8$ m/s；

管内 Re 数：$Re = 50\ 419.5$。

根据式(1.21)，得

$$\Delta P = 0.316 \times \frac{L}{D_i} \times \frac{\rho v^2}{2} \times Re^{-0.25} = 27\ 178\ (\text{Pa})$$

若考虑进出口压损，则

$$\Delta P = 27\ 178 \times 1.5 = 40\ 767\ (\text{Pa})$$

(4) 调温器管外 NG 的流动阻力。

已知相关数据为

管外径：$d = 0.020$ m；

横向管间距：$s_n = 0.026$ m；

平均密度：$\rho = 93\ \text{kg/m}^3$；

$$G_m = \frac{m}{A_s} = 182.4\ \text{kg/(m}^2 \cdot \text{s)}$$

$$Re = \frac{d_e G_m}{\mu} = \frac{0.017\ 18 \times 182.4}{1.331 \times 10^{-5}} = 235\ 434$$

设每一壳程的纵向管排数为 60，4 次折流，壳程纵向管排总数为

$$N = 60 \times 4 = 240$$

根据式(1.22) 及式(1.23)，得

$$f = 4 \times \{0.25 + \frac{0.118}{[(s_n - d_o)/d_o]^{1.08}}\} Re_m^{-0.16} = 0.377\ 6$$

$$\Delta P = f\frac{NG_{m}^{2}}{2\rho} = 16\ 210\ (\text{Pa})$$

若考虑转弯阻力,则总阻力为 16 210×1.5=24 315 (Pa)。

(5) 在汽化器中的总阻力。

① LNG+NG 的总阻力。

凝结器 E_2 中的阻力为 18 297 Pa,调温器 E_3 中的阻力为 24 315 Pa,总压力损失为

$$18\ 297\ \text{Pa} + 24\ 315\ \text{Pa} = 42\ 612\ \text{Pa} \approx 0.04\ \text{MPa}$$

若考虑从凝结器出口到调温器进口管道中的压力损失,则总压力损失约为 0.06 MPa,设计要求为小于 0.15 MPa,可满足设计要求。

② 海水的压力损失。

蒸发器 E_1 中的压损:77 214 Pa;

调温器 E_3 中的压损:40 767 Pa;

海水的总压损:77 214 Pa+40 767 Pa=117 981 Pa≈0.12 MPa。

设计要求为小于 0.15 MPa,基本满足设计要求。

7. 设计结果总汇

设计条件和参数如图 2.3 所示,设计结果见表 2.21。

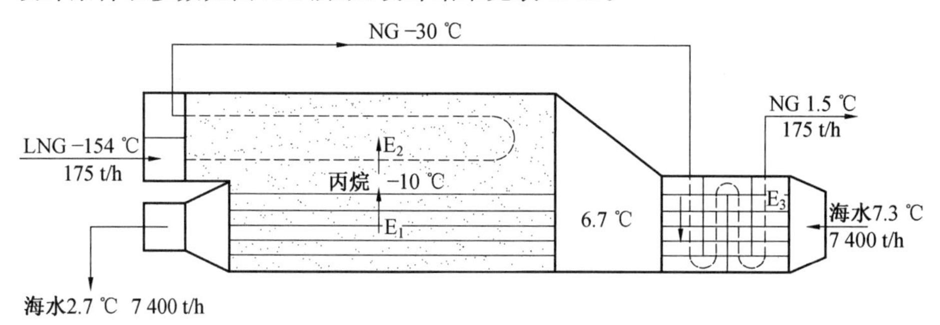

图 2.3 设计条件和参数

表 2.21 设计结果

参数	凝结器(E_2)	蒸发器(E_1)	调温器(E_3)
丙烷饱和温度	−10 ℃	−10 ℃	
LNG/NG 进出口温度	−154 ℃ →−30 ℃		−30 ℃ →1.5 ℃
LNG/NG 压力	6.55 MPa		6.5 MPa
LNG/NG 质量流量	48.61 kg/s (175 t/h)		48.61 kg/s (175 t/h)
换热量	33 138.5 kW	33 138.5 kW	4 930.5 kW
总设计热负荷	33 138.5 + 4 930.5 = 38 069 (kW)		
海水进出口温度		6.7 ℃ →2.7 ℃	7.3 ℃ →6.7 ℃

续表 2.21

参数	凝结器(E_2)	蒸发器(E_1)	调温器(E_3)
海水流量		2 055.5 kg/s (7 400 t/h)	2 055.5 kg/s (7 400 t/h)
传热系数	726 / 801.3 W/(m^2 · ℃)	1 464.4 W/(m^2 · ℃)	697.3 W/(m^2 · ℃)
传热温差	104.25/40.8 ℃	14.6 ℃	15.91 ℃
计算传热面积	155.5/ 623 总 778.5 m^2	1 550 m^2	444.4 m^2
实取传热面积	824.2 m^2	1 668.5 m^2	464.1 m^2
面积安全系数	1.06	1.08	1.04
传热元件	不锈钢圆管	不锈钢圆管	不锈钢圆管
圆管(OD/ID)	16/12.8 mm	20/17.6 mm	20/16 mm
圆管形式	U 形管	直管	直管
管长	19 m(平均)	9.4 m	2.8 m
管子数目	863	2 825	2 638

应当指出，由于 LNG 的流量和进出口温度有所不同，或由于海水的流量和进出口温度发生了变化，或由于选用的传热管的规格和直径有所不同，都会影响最终的设计结果，会导致不同的传热面积和传热管数目。列举 3 个设计示例，可作为 IFV 型汽化器的设计参考。

其中，示例 1 和示例 2 见表 2.22。

表 2.22　IFV 型汽化器的设计参考

序号	设计参数	单位	示例 1	示例 2
	总热负荷	kW	40 297	42 725.6
		E_2 参数		
1	LNG 流量	t/h	205.2	202
2	LNG 进口温度	℃	−151.4	−155
3	LNG 进口压力	MPa	6.3	8.0
4	出口温度	℃	−32	−28
5	热负荷	kW	33 513	36 871.9
6	丙烷温度	℃	−8	−10
7	传热面积	m^2	713	863
8	管子尺寸	(mm × mm) × mm	(15.9 × 1.6) × 9 000	(20 × 2) × 10 200
9	管子数目	根	810	680

续表 2.22

序号	设计参数	单位	示例 1	示例 2
	总热负荷	kW	40 297	42 725.6
		E_3参数		
10	NG 进口温度	℃	－32	－28
11	NG 出口温度	℃	1	1
12	海水进口温度	℃	7.6	7.3
13	海水出口温度	℃	6.8	6.62
14	海水流量	t/h	7 500	7 500
15	热负荷	kW	6 784	5 753.7
16	管子尺寸	mm×mm×mm	19.05×2.0×3 910	20×2×2 800
17	管子数目	根	2 893	2 674
18	传热面积	m^2	598	470.4
19	壳程内径	m	1.65	1.65
		E_1参数		
20	丙烷相变温度	℃	－8	－10
21	海水进出口温度	℃	6.8 / 2.9	6.62/ 2.25
22	海水流量	t/h	7 500	7 500
23	热负荷	kW	33 513	36 871.9
24	传热面积	m^2	1 650	1 648
25	管子数目	根	3 152	2 623
26	管子尺寸	mm×mm×mm	19.05×1.2×9 008	20×1.2×10 000
27	壳程内径	mm	2 550	2 550
28	海水流速	m/s	3.0	3.2

示例 3

①LNG。

压力:6.3 MPa;

外输流量:175 t/h;

E_2 进口温度:－162 ℃;

E_2 出口温度:－32 ℃;

E_3 出口温度:1 ℃。

② 海水。

压力:0.8 MPa;

流量:7 000 t/h;

E_3 进口温度:6.85 ℃;

E_1 出口温度：2.15 ℃。

③ 各传热部件的管型、管子根数和传热面积为

E_1：$\phi 20\times 1.2$，2 825 根，1 552 m^2；

E_2：$\phi 16\times 1.6$，863 根，765 m^2；

E_3：$\phi 20\times 2$，2 643 根，571 m^2。

2.3　利用工业余热的 IFV 汽化器

为了推广和普及清洁能源天然气的应用，需要在天然气的应用现场将 LNG 进行汽化。然而，应用现场往往远离海边，不能以海水作为热源进行 LNG 的汽化，在这种情况下，利用现场附近的工业余热作为 LNG 的汽化热源是一种既合理、节能又环保的选择。

本节将推荐一台应用发电厂的排汽余热作为热源的 IFV 型汽化器的设计，该汽化器的设计原理和设计方法与 2.1 节和 2.2 节讲述的设计例题相同，所不同的主要有以下两点：

(1)LNG 的汽化流量要根据现场需要和余热资源的数量确定，一般为每小时汽化几十吨，属于中型的汽化器。

(2) 需要将工业余热转换为循环水形式的余热。为此，需要设计并制造一台余热回收器，将各种形式的余热与循环水进行换热，然后，循环水进入 IFV 系统，将获得的热量传输给 LNG。在汽化器的设计中，一般给出循环水的进出口温度和流量，而且循环水的进出口温度是固定的，不像海水那样随气候和季节而变化。

【例 2.3】

1. 用户提供的技术要求和相关数据

LNG 成分有贫液和富液两种，某用户提供的成分见表 2.23。

表 2.23　LNG 成分

序号	项　目	单　位	贫液	富液
1	氮	%(mol)	0.19	0.13
2	甲烷	%(mol)	99.0	90.81
3	乙烷	%(mol)	0.68	5.1
4	丙烷	%(mol)	0.09	2.86
5	异丁烷	%(mol)	0.02	0.55
6	正丁烷	%(mol)	0.00	0.00
7	其他	%(mol)	0.02	0.55
合计			100	100

(1)LNG 贫液工况。

LNG 进出口温度：－158.3 ℃ → 14 ℃；

LNG 流量:54.5 t/h;

LNG 压力:进口 4.65 MPa → 出口 4.45 MPa;

加热介质:循环水;

循环水进出口温度:27 ℃ → 20 ℃。

(2)LNG 富液工况。

LNG 进出口温度:－157 ℃(157.6 ℃) → 14 ℃;

LNG 流量:61 t/h;

LNG 压力:进口 4.65 MPa → 出口 4.45 MPa;

加热介质:循环水;

循环水进出口温度:27 ℃ → 20 ℃。

应当指出,该汽化站的最大特点是循环水的供热温度恒定:27 ℃ → 20 ℃。

2.设计参数和热负荷计算

根据用户提出的LNG贫液工况和富液工况的运行参数,为了使汽化器能同时适用于两种工况,按贫液工况设计,因为贫液工况具有较低的进口温度(－158.3 ℃),同时选取富液工况的较高的流量(61 t/h) 作为设计流量,使汽化器具有最大的热负荷和较大的传热面积,因而具有更大的适应性。

设计参数如下。

LNG 及 NG 流量:61 t/h(16.94 kg/s);

LNG 进口温度:－158.3 ℃;

凝结器出口温度:－20 ℃;

NG 调温器进口温度:－20 ℃;

NG 调温器出口温度:14 ℃;

LNG 设计进口压力:4.65 MPa;

循环水进口温度:27 ℃;

循环水出口温度:20 ℃;

循环水进出口温差:7 ℃;

循环水流量:按热平衡推算。

(1) 热负荷计算和分配。

LNG 进口 －158.3 ℃ 的焓值:$i_1 = 17.616$ kJ/kg;

NG 在 －20 ℃ 时的焓值:$i_2 = 746.2$ kJ/kg;

NG 出口 14 ℃ 的焓值:$i_3 = 836.25$ kJ/kg;

LNG 的质量流量:$G = 61$ t/h $= 16.94$ kg/s;

LNG 在凝结器 E_2 中吸收的热量:

$$Q_1 = (i_2 - i_1)G = (746.2 - 17.616) \times 16.94 = 12\ 342.2\ (\text{kW});$$

NG 在调温器 E_3 中吸收的热量:

$$Q_2 = (i_3 - i_2)G = (836.25 - 746.2) \times 16.94 = 1\ 525.4\ (\text{kW});$$

总热负荷:$Q = Q_1 + Q_2 = 12\ 342.2 + 1\ 525.4 = 13\ 867.6\ (\text{kW})$;

甲方提出的热负荷为:13.2 MW (13 200 kW),二者接近。

为了提高设计的安全性，计算出的热负荷应乘以修正系数 1.05，作为设计热负荷，即

凝结器热负荷：$Q_1 = 12\ 342.2 \times 1.05 = 12\ 959.3$ (kW)；

调温器热负荷：$Q_2 = 1\ 525.4 \times 1.05 = 1\ 601.7$ (kW)；

总设计热负荷：$Q = Q_1 + Q_2 = 12\ 959.3 + 1\ 601.7 = 14\ 561$ (kW)。

(2) 循环水流量和相关参数。

循环水进口温度：$T_{w1} = 27$ ℃；

循环水出口温度：$T_{w3} = 20$ ℃；

循环水进出口温差：$\Delta T_w = 27 - 20 = 7$ (℃)；

循环水总换热量：$Q = Q_1 + Q_2 = 14\ 561$ (kW)；

海水比热容：$c_p = 4.18$ kJ/(kg·℃)；

所需循环水流量：$G_w = \dfrac{Q}{c_p \Delta T_w} = \dfrac{14\ 561}{4.18 \times 7} = 497.64$ (kg/s) $= 1\ 791.5$ (t/h)；

每小时循环水流量：1 791.5 t/h；

循环水在调温器中的温降：$\Delta T_1 = \dfrac{Q_2}{c_p G_w} = \dfrac{1\ 601.9}{4.18 \times 497.64} = 0.77$ (℃)；

循环水在调温器中的出口温度：

$$T_2 = 27 - 0.77 = 26.23\ (℃)$$

循环水在蒸发器 E_1 中的温降：$26.23 - 20 = 6.23$ (℃)。

(3) 中间介质的参数选择。

根据 LNG 和循环水的温度条件及丙烷的 $P-h$ 图和物性参数，本设计选择中间介质丙烷的运行温度为 5 ℃(278 K)，对应饱和压力为 0.550 8 MPa，汽化潜热 $r = 371.66$ kJ/kg。

E_2 中 NG 的出口温度为 −20 ℃，比丙烷的凝结温度低 25 ℃，E_1 中水的出口温度为 20 ℃，比丙烷的蒸发温度高 15 ℃，所以选择丙烷的运行温度为 5 ℃ 是合适的。

在此温度下，丙烷的蒸发量或凝结量为

$$Q_1/r = 12\ 959.3/371.66 = 34.868\ (\text{kg/s})$$

3. 丙烷凝结器 E_2 的设计

(1) 热量分配。

LNG 的运行进口压力为 4.65 MPa，LNG 的临界压力为 4.595 MPa，临界温度为 −82.5 ℃，因而，LNG 仍然在超临界状态下运行。

① 液态换热段：−158.3 ℃ 至 −82.5 ℃；

−158.3 ℃ 下的焓值：17.616 kJ/kg；

−82.5 ℃ 下的焓值：319.82 kJ/kg；

液态段热负荷：$(319.82 - 17.616) \times 16.94 = 5\ 119.3$ (kW)；

设计热负荷：$5\ 119.3 \times 1.05 = 5\ 375.3$ (kW)。

② 汽态换热段：−82.5 ℃ 至 −20 ℃；

−82.5 ℃ 下的焓值：319.82 kJ/kg；

−20 ℃ 下的焓值：746.2 kJ/kg；

汽态段热负荷：(746.2 − 319.82) × 16.94 = 7 222.9 (kW)；

设计热负荷：7 222.9 × 1.05 = 7 584 (kW)；

凝结器总热负荷：5 375.3 + 7 584 = 12 959.3 (kW)；

(2) 传热元件选型。

管型的选择见表 2.24。

表 2.24　管型的选择

项目	管型	注
材质	不锈钢(06Cr19Ni10)	无缝管
管型	U 形弯管	
外径 /mm	20	
厚度 /mm	2.0	
内径 /mm	16	
管间距 /mm	28 或 26	
排列方式	等边三角形	
U 形管管程数	2	
排列方式	错排	

(3) 初步设计。

选择管内液态流速：$v = 0.8$ m/s；

LNG 的平均密度：$\rho = 373$ kg/m^3；

管内质量流速：$G_m = v \times \rho = 0.8 \times 373 = 298.4$ [kg/(m^2 · s)]；

总流通面积：$F = 16.94/298.4 = 0.056\ 8$ (m^2)；

单管流通面积：$A_1 = \dfrac{\pi}{4} d_i^2 = 0.000\ 201$ (m^2)；

传热管数目：$N = 0.056\ 8/0.000\ 201 = 282$(根)；

选取 U 形管长度：17 m，其中直管段长度为 8 × 2 = 16 m，弯管段平均长度为 1 m。

管束传热面积：$A = 282 \times 17 \times \pi \times 0.02 = 301.2$ (m^2)。

(4) 管内换热系数计算。

根据式(1.3) 计算。

液态段：

$$Re = \frac{d_i \times G_m}{\mu} = \frac{0.016 \times 298.4}{6.54 \times 10^{-5}} = 73\ 003$$

$$h_i = 0.023\left(\frac{\lambda}{d_i}\right)(Re)^{0.8}(Pr)^{0.4}$$

$$= 0.023 \times \frac{0.14}{0.016} \times 73\ 003^{0.8} \times 1.68^{0.4} = 1\ 925\ [\mathrm{W/(m^2 \cdot s)}]$$

汽态段：

$$Re = \frac{d_i \times G_m}{\mu} = \frac{0.016 \times 298.4}{1.56 \times 10^{-5}} = 306\ 051$$

$$h_i = 0.023\left(\frac{\lambda}{d_i}\right)(Re)^{0.8}(Pr)^{0.4}$$

$$= 0.023 \times \frac{0.055}{0.016} \times 306\ 051^{0.8} \times 2.19^{0.4} = 2\ 647\ [\mathrm{W/(m^2 \cdot s)}]$$

管内换热系数计算结果见表 2.25。

表 2.25　管内换热系数计算

物理量	单位	液态段	汽态段
进口温度	℃	−158.3	−82.5
出口温度	℃	−82.5	−20
热负荷	kW	5 375.3	7 584
平均温度	℃	−120.4	−51.25
密度	kg/m^3	373	148.5
比热容	kJ/(kg·℃)	3.7	7.7
导热系数	W/(m·℃)	0.14	0.055
黏度	kg/(m·s)	6.54×10^{-5}	1.56×10^{-5}
Pr 数		1.68	2.19
管内流速	m/s	0.8	
管内质量流速	$kg/(m^2 \cdot s)$	298.4	298.4
管内 *Re* 数		73 003	306 051
管内换热系数(h_i)	$W/(m^2 \cdot s)$	1 925	2 647

注:物性按各段的平均温度取值。

(5) 管外换热系数计算。

下面介绍水平管束的管外凝结换热系数计算。

首先设定管束的排列方式:

设 282 根管的排列方式为横向 23.5 排(分别为 13 排和 24 排),纵向 12 排,共 23.5 × 12 根;U 形管分两组,U 形管的管束总排数:(23.5 × 12) × 2 = 564(排)。

根据式(1.6),即

$$h = 0.007\ 7 \times \left(\frac{\lambda_l^3 \rho_l^2 g}{\mu_l^2}\right)^{1/3} \left(\frac{4G}{\mu_l}\right)^{0.4}$$

其中,$Re = \frac{4G}{\mu_l}$。

单位宽度上的冷凝液量:$G = \frac{m}{L \times n_s}$;

式中　m—— 丙烷凝结量;

$$m = Q_1/r = 12\ 959.3/371.66 = 34.868\ (\mathrm{kg/s})$$

Q_1 ——E_2 热负荷,kJ/s;

r—— 丙烷汽化潜热,kJ/kg;

L—— 水平管长，$L=8.0\ \text{m}$；

n_s—— 凝结液流的股数，对三角形错列管束，总管数：$N=564$ 根，$n_s=2.08N^{0.495}=2.08\times(564)^{0.495}=47.86$

$$G=\frac{m}{L\times n_s}=\frac{34.868}{8.0\times 47.86}=0.091\ 07\ [\text{kg/(m}\cdot\text{s)}]$$

$$Re=\frac{4G}{\mu_l}=\frac{4\times 0.091\ 07}{1.256\times 10^{-4}}=2\ 900$$

代入丙烷的相关物性，即

$$h=0.007\ 7\times\left(\frac{\lambda_l^3\rho_l^2 g}{\mu_l^2}\right)^{1/3}\left(\frac{4G}{\mu_l}\right)^{0.4}$$

$$=0.007\ 7\times\left[\frac{0.106\ 0^3\times 528.6^2\times 9.8}{(1.256\times 10^{-4})^2}\right]^{1/3}\times 2\ 900^{0.4}=1\ 104.7\ [\text{W/(m}^2\cdot℃)]$$

考虑到丙烷蒸气气流对凝结液膜的扰动，取增强系数为 1.1，则凝结换热系数为

$$1\ 104.7\times 1.1=1\ 215\ [\text{W/(m}^2\cdot\text{s)}]$$

丙烷凝结换热系数的相关数据和计算结果见表 2.26。

表 2.26 丙烷凝结换热系数的相关数据和计算结果

物理量	符号	单位	液态物性值
丙烷汽化潜热	r	kJ/kg	371.66
饱和温度		℃	5
饱和压力		bar	5.508
液相密度	ρ	kg/m^3	528.6
导热系数(液)	λ_f	W/(m · ℃)	0.106 0
液相黏度	μ_l	kg/(m · s)	1.256×10^{-4}
E_2 热负荷	Q	kW	12 959.3
丙烷凝结量	Q/r	kg/s	34.868
液膜 Re 数	Re		2 900
换热系数	h	$\text{W/(m}^2\cdot\text{s)}$	1 215

(6) 对数平均温差。

	液态段		汽态段
丙烷蒸气温度 /℃：	5	5	5
LNG/NG 温度 /℃：	−158.3	−82.5	−20
端部温差 /℃：	163.3	87.5	25
对数平均温差 /℃：	121.48		49.89

(7) 传热热阻和传热系数。

各项传热热阻和传热系数的计算,见表 2.27。

表 2.27　传热热阻和传热系数的计算

物理量	计算式	单位	液态段	汽态段
管外换热系数	h_o	W/(m²·℃)	1 205	1 205
管外热阻	$R_o=\frac{1}{h_o}$	(m²·℃)/W	0.000 823 0	0.000 823 0
管内换热系数	h_i	W/(m²·℃)	1 925	2 647
管内热阻	$R_i=\frac{D_o}{D_i}\times\frac{1}{h_i}$	(m²·℃)/W	0.000 649 3	0.000 472 2
管壁热阻	$R_w=\frac{D_o}{2k}\times\ln\left(\frac{D_o}{D_i}\right)$	(m²·℃)/W	0.000 111 5	0.000 111 5
管内污垢热阻	R_{fi}	(m²·℃)/W	0.000 01	0.000 01
总热阻	R	(m²·℃)/W	0.001 593 8	0.001 416 7
传热系数	$U_o=\frac{1}{R}$	W/(m²·℃)	627.43	705.87
传热温差	ΔT	℃	121.48	49.89
传热量	Q	kW	5 375.3	7 584
传热面积	$A=\frac{Q}{U_o\Delta T}$	m²	70.52	215.36
设计总面积	A	m²	70.52+215.36 = 286.9	
初选面积	A_0	m²	301.2	
设计余量	A_0/A		301.2/286.9 = 1.05	

结论:以初设面积作为最终选用面积,安全可靠。

4. 丙烷蒸发器 E_1 的设计

(1) 管内循环水基本参数。

循环水进口温度:$T_2=26.23$ ℃;

循环水出口温度:$T_3=20$ ℃;

循环水流量:497.64 kg/s=497.64×3 600/1 000=1 971.5 (t/h);

E_1 中循环水换热量:Q=5 375.3+7 584=12 959.3 (kW)。

(2) 管型与结构参数的选择。

① 管型的选择。

考虑到管内外压力较低,管型选择见表 2.28。

表 2.28　管型选择

项目	管型	注
材质	不锈钢(TA2)	无缝管
管型	直管	
外径 /mm	20	
厚度 /mm	1.2	
内径 /mm	17.6	
管间距 /mm	28	等边三角形

② 初选结构参数。

选取管内水流速：$v=2.4$ m/s；

循环水质量流速：$G=v\times\rho=2.4\times 997.6=2\ 394.24$ [kg/(m²·s)]；

循环水流通面积：(497.64 kg/s)/2 394.24 kg/(m²·s) = 0.207 85 (m²)；

单管流通面积：$A_1=\frac{\pi}{4}d_i^2=\frac{\pi}{4}(0.017\ 6)^2=0.000\ 243\ 2$ (m²)

传热管数目：$N=0.207\ 85/0.000\ 243\ 2=855$(根)；

设管长度：9.0 m；

初设总传热面积：$A=855\times 9\times \pi\times 0.020=483.5$ (m²)。

(3) 管内循环水对流换热系数计算(循环水物性：平均温度 23.5 ℃ 下)。

循环水密度：$\rho=997.6$ kg/m³；

循环水导热系数：$\lambda=0.606$ W/(m·℃)；

循环水黏度：$\mu=933\times 10^{-6}$ kg/(m·s)；

比热容：4.18 kJ/(kg·℃)；

$Pr=6.46$。

依据式(1.4)、式(1.5)，得

$$Re=\frac{d_i\times G_m}{\mu}=\frac{0.017\ 6\times 2\ 394.24}{933\times 10^{-6}}=451\ 65$$

$$h_i=0.023\left(\frac{\lambda}{d_i}\right)(Re)^{0.8}(Pr)^{0.3}$$

$$=0.023\times\left(\frac{0.606}{0.017\ 6}\right)\times 45\ 165^{0.8}\times 6.46^{0.3}=7\ 339\ [\mathrm{W/(m^2\cdot ℃)}]$$

(4) 管外丙烷沸腾换热系数。

丙烷在水平管束外部的沸腾属于大容积中的泡态沸腾，其中丙烷饱和温度为 5.0 ℃

饱和丙烷的运行压力：$P=5.508$ bar；

丙烷的临界压力：$P_c=42.42$ bar；

对比压力：$R=\frac{P}{P_c}=\frac{5.508}{42.42}=0.129\ 8$；

热流密度：$q=\frac{12\ 959\ 300\ \mathrm{W}}{483.5\ \mathrm{m^2}}=26\ 803$ W/m²；

$A=483.5\ \mathrm{m}^2$ 为初选传热面积，$Q=12\ 959.3\ \mathrm{kW}$ 为 E_1 换热量。

将上述各数值代入关联式(1.16)，即

$$h=0.106P_c^{0.69}(1.8R^{0.17}+4R^{1.2}+10R^{10})\times q^{0.7}$$
$$=2.276\times q^{0.7}=2\ 863\ [\mathrm{W/(m^2\cdot ℃)}]$$

考虑到水平管束的下部深埋在丙烷液体中，会使换热系数有所下降，故取丙烷的沸腾换热系数值为 $2\ 863\times 0.9=2\ 576.7\ [\mathrm{W/(m^2\cdot ℃)}]$。

(5) 对数平均温差。

循环水温度 /℃：　26.23　→　20

丙烷蒸气温度 /℃：　5　——　5

端部温差 /℃ ：　21.23　　15

对数平均温差 /℃：　17.935

(6) 传热热阻和传热系数。

传热热阻和传热系数的计算结果见表 2.29。

表 2.29　传热热阻和传热系数的计算结果

物理量	计算式	计算结果	注
管内热阻	$R_i=\frac{D_o}{D_i}\times\frac{1}{h_i}$	0.000 154 8 $(\mathrm{m^2\cdot ℃})/\mathrm{W}$	$h_i=7\ 339$ $\mathrm{W/(m^2\cdot ℃)}$
管外热阻	$R_o=1/h_o$	0.000 388 $(\mathrm{m^2\cdot ℃})/\mathrm{W}$	$h_o=2\ 576.7$ $\mathrm{W/(m^2\cdot ℃)}$
管壁热阻	$R_w=\frac{D_o}{2k}\times\ln\left(\frac{D_o}{D_i}\right)$	0.000 063 9 $(\mathrm{m^2\cdot ℃})/\mathrm{W}$	管材 $k=20\ \mathrm{W/(m\cdot ℃)}$
管内污垢热阻	R_{fi}	0.000 03 $(\mathrm{m^2\cdot ℃})/\mathrm{W}$	选取，水流速较低
总热阻	R	0.000 636 7 $(\mathrm{m^2\cdot ℃})/\mathrm{W}$	
传热系数	$U_o=\frac{1}{R}$	1 570.4 $\mathrm{W/(m^2\cdot ℃)}$	
传热温差 /	ΔT	17.935 ℃	
计算传热面积	$A=\frac{Q}{U_o\Delta T}$	460 $\mathrm{m^2}$	$Q=12\ 959.3\ \mathrm{kW}$
初选面积	$\mathrm{m^2}$	483.5 $\mathrm{m^2}$	
面积比	483.5/460	1.05	初选面积安全

结论：选取初设面积是合理的。

5. 调温器 E_3 的设计计算

(1) 设计参数。

调温器是汽化后的天然气(NG)与循环水之间的管壳式换热器，管程走水，壳程走天然气。设计参数为：

循环水流量：$G_w = 497.64$ kg/s $= 1\ 791.5$ t/h；

循环水在调温器中的温降：$\Delta T_{w1} = 0.77$ ℃；

水进口温度：$T_{w1} = 27.0$ ℃；

水在调温器中的出口温度：$T_{w2} = 26.23$ ℃；

调温器热负荷：1 601.7 kW。

(2) 传热管选型。

考虑到 NG 的运行压力较高，选用与 E_2 相同的管型。

材质：不锈钢(TA2)；

外径：20 mm；

内径：16 mm；

壁厚：2.0 mm；

管间距：26 mm；

管夹角：30°。

(3) 初选传热面积。

选取管内水流速：$v = 2.4$ m/s；

循环水质量流速：$G_m = v \times \rho = 2.4 \times 997.6 = 2\ 394.24$ [kg/(m^2 · s)]；

循环水流通面积：(497.64 kg/s)/2 394.24 kg/(m^2 · s) $= 0.207\ 85$ (m^2)；

单管流通面积：$A_1 = \frac{\pi}{4} d_i^2 = \frac{\pi}{4} (0.016)^2 = 0.000\ 201\ (\mathrm{m})^2$；

传热管数目：$N = 0.207\ 85/0.000\ 201 = 1\ 034$(根)；

设管长度：2.0 m；

初设总传热面积：$A = 1\ 034 \times 2.0 \times \pi \times 0.020 = 129.94$ (m^2)；

壳程数：4；

单壳程纵向长度：2.0 m/4 = 0.5 m；

壳程汽包内径：1.2 m；

壳程材质：06Cr19Ni10。

(4) 管内海水对流换热系数计算(循环水物性：在平均温度 23.5 ℃ 下)。

循环水密度：$\rho = 997.6$ kg/m^3；

循环水导热系数：$\lambda = 0.606$ W/(m · ℃)；

循环水黏度：$\mu = 933 \times 10^{-6}$ kg/(m · s)；

比热容：4.18 kJ/(kg · ℃)；

$Pr = 6.46$。

依据公式(1.3)，即

$$Re = \frac{d_i \times G_m}{\mu} = \frac{0.016 \times 2\ 394.24}{933 \times 10^{-6}} = 41\ 058.8$$

$$h_i = 0.023\left(\frac{\lambda}{d_i}\right)(Re)^{0.8}(Pr)^{0.3}$$

$$= 0.023 \times \left(\frac{0.606}{0.016}\right) \times 41\ 058.8^{0.8} \times 6.46^{0.3} = 7\ 479.5\ [\mathrm{W/(m^2 \cdot ℃)}]$$

(5) 壳程 NG 对流换热系数。

本设计中，换热器壳体内径 $D_1 = 1.2$ m，折流板间距 $l_b = 0.5$ m，

管外径 $d_o = 0.02$ m，管间距 $p_t = 0.026$ m。

当量直径：$d_e = \dfrac{1.1 \times P_t}{d_o} - d_o = \dfrac{1.1 \times 0.026^2}{0.02} - 0.02 = 0.017\ 18$ (m)；

最窄面流通面积：$A_s = l_b D_1 \left(1 - \dfrac{d_o}{p_t}\right) = 0.5 \times 1.2 \times \left(1 - \dfrac{0.02}{0.026}\right) = 0.138\ 46$ ($\mathrm{m^2}$)；

最窄面质量流速：$G_m = \dfrac{m}{A_s} = \dfrac{16.94}{0.138\ 46} = 122.3\ [\mathrm{kg/(m^2 \cdot s)}]$。

按 Kern 计算式(1.19) 计算，即

$$h_o = 0.36\left(\frac{\lambda}{d_e}\right)\left(\frac{d_e G_m}{\mu}\right)^{0.55}(Pr)^{1/3}$$

$$= 0.36 \times \left(\frac{0.043\ 2}{0.017\ 18}\right) \times \left(\frac{0.017\ 18 \times 122.3}{1.331 \times 10^{-5}}\right)^{0.55} \times 1.125^{1/3} = 680.5\ [\mathrm{W/(m^2 \cdot ℃)}]$$

NG 侧换热系数的计算见表 2.30。

表 2.30　NG 侧换热系数的计算

物理量	单位	NG
NG 进口温度	℃	−20
NG 出口温度	℃	14
热负荷 Q	kW	1 601.7
质量流量	kg/s	16.94
平均温度	℃	−3
密度	$\mathrm{kg/m^3}$	95.0
比热容	kJ/(kg · ℃)	3.645
导热系数	W/(m · ℃)	0.043 2
黏度	kg/(m · s)	1.331×10^{-5}
Pr 数	—	1.125
单程管外最窄流通面积	$\mathrm{m^2}$	0.138 46
最窄截面质量流速	$\mathrm{kg/(m^2 \cdot s)}$	122.3
管外换热系数	$\mathrm{W/(m^2 \cdot ℃)}$	680.5

(6) 对数平均温差。

循环水温度 /℃：　26.23　←　27

NG 温度 /℃：　−20　→　14

端部温差 /℃：　46.23　　13

对数平均温差 /℃：　　26.19

交叉流平均温差 /℃：26.19 × 0.90 = 23.57

(7) 传热面积的计算，见表 2.31。

表 2.31　传热系数和传热面积

物理量	公式和单位	数值	注
管内热阻	$R_i = \frac{D_o}{D_i} \times \frac{1}{h_i}$,(m² · ℃)/W	0.000 167 1	h_i = 7 479.5 W/(m² · ℃)
管外热阻	$R_o = 1/h_o$,(m² · ℃)/W	0.001 469 5	h_o = 680.5 W/(m² · ℃)
管壁热阻	$R_w = \frac{D_o}{2k} \times \ln\left(\frac{D_o}{D_i}\right)$,(m² · ℃)/W	0.000 111 5	管材 k = 20 W/(m · ℃)
管内管外污垢热阻	R_{fi},(m² · ℃)/W	0.000 05	选取
总热阻	R,(m² · ℃)/W	0.001 798 1	
传热系数	$U_o = \frac{1}{R}$, W/(m² · ℃)	556.1	
传热温差	ΔT , ℃	23.57	
传热量	Q, kW	1 601.7	
计算传热面积	$A = \frac{Q}{U_o \Delta T}$,m²	122.2	管外面积
初设面积	A_0,m²	129.94	
面积比	A_0/A = 129.94/122.2	1.06	

结论：初设面积安全，设计余量合理。

6. **设计结果总汇和设计参考图**

设计条件和参数见图 2.4，设计结果见表 2.32。

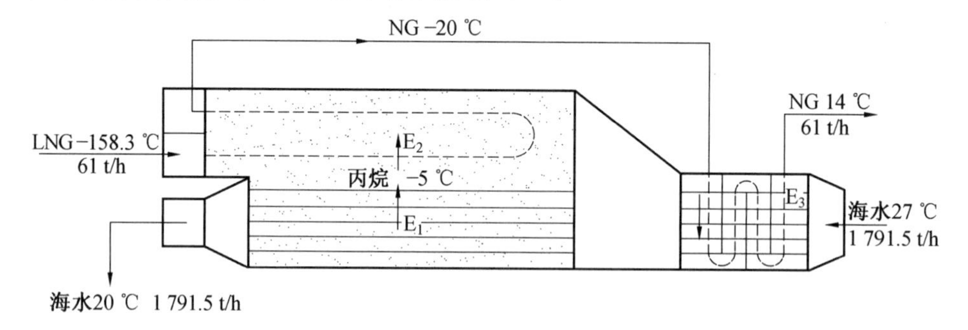

图 2.4　设计条件和参数

表 2.32　设计结果

参数	凝结器(E_2)	蒸发器(E_1)	调温器(E_3)
丙烷	5 ℃/饱和	5 ℃/饱和	
LNG/NG 进出口温度	−158.3 ℃ →−20 ℃		−20 ℃ →14 ℃
LNG/NG 运行压力	4.65 MPa →4.60 MPa		4.60 MPa →4.53 MPa
LNG/NG 质量流量	16.94 kg/s (61 t/h)		16.94 kg/s (61 t/h)
换热量	12 959.3 kW	12 959.3 kW	1 601.7 kW
总换热量	12 959.3＋1 601.7 ＝ 14 561 (kW)		
循环水进出口温度		26.23 ℃ →20 ℃	27 ℃ →26.23 ℃
循环水流量		497.64 kg/s (1 791.5 t/h)	497.64 kg/s (1 791.5 t/h)
传热温差	121.48 / 49.89 ℃	17.935 ℃	23.57 ℃
传热系数	624.76 / 702.49 W/(m^2·℃)	1 570.4 W/(m^2·℃)	556.1 W/(m^2·℃)
计算传热面积	70.82＋216.38 ＝287.2 (m^2)	460 m^2	122.2 m^2
选取传热面积	301.2 m^2	483.5 m^2	129.92 m^2
设计余量	1.05	1.05	1.06
传热元件	不锈钢圆管(16MnDR)	不锈钢圆管 (16MnDR)	不锈钢圆管 (16MnDR)
圆管(OD/ID)	20/16 mm	20/17.6 mm	20/16 mm
圆管形式	U 形管	直管	直管
管长	17 m(平均)	9.0 m	2.0 m
管子数目	282 根	855 根	1 034 根

7. **另一设计方案**

该方案的特点是：工业余热的温度较高，导致循环水在汽化器的进口温度由上一方案的 27 ℃ 提高至 42 ℃，出口温度仍为 20 ℃，LNG/NG 的进出口温度和流量不变。如图 2.5 所示。

由于循环水的进出口温差大幅提高，因此循环水流量大幅下降，由原来的1 791.5 t/h下降至570.8 t/h。此外，在传热计算中，根据传热面积计算式$A=\frac{Q}{U_o\Delta T}$，由于E_1、E_2、E_3的传热温差ΔT发生了不同程度的增大，因此各传热面积A有不同程度的减少。设计结果见表2.33。

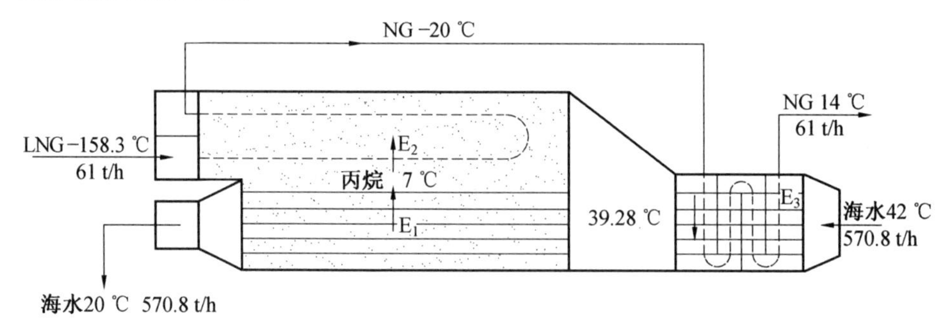

图 2.5　设计条件和参数

表 2.33　设计结果

参数	凝结器(E_2)	蒸发器(E_1)	调温器(E_3)
丙烷饱和	7 ℃	7 ℃	
LNG/NG 进出口温度	−158.3 ℃ →−20 ℃		−20 ℃ → 14 ℃
LNG/NG 运行压力	4.65 MPa → 4.60 MPa		4.60 MPa → 4.53 MPa
LNG/NG 质量流量	16.94 kg/s (61 t/h)		16.94 kg/s (61 t/h)
换热量	12 959.3 kW	12 959.3 kW	1 601.7 kW
总换热量	12 959.3＋1 601.7 ＝ 14 561 (kW)		
循环水进出口温度		39.58 ℃ → 20 ℃	42 ℃ → 39.58 ℃
循环水流量		158.57 kg/s (570.8 t/h)	158.57 kg/s (570.8 t/h)
传热温差	123.55/52.15 ℃	21.31 ℃	37.50 ℃
传热系数	626.7 / 705.0 W/(m^2·℃)	1 435.9 W/(m^2·℃)	527.0 W/(m^2·℃)
计算传热面积	69.42 / 206.28 总 275.7 m^2	385 m^2	81 m^2
选择传热面积	294.1 m^2	411.5 m^2	83.3 m^2
设计余量	1.067	1.07	1.03
传热元件	不锈钢圆管	不锈钢圆管	不锈钢圆管

续表 2.33

参数	凝结器(E_2)	蒸发器(E_1)	调温器(E_3)
圆管(OD/ID)	20/16 mm	20/17.6 mm	20/16 mm
圆管形式	U 形管	直管	直管
管长	16.6 m(平均)	10.0 m	2.0 m
管子数目	282 根	655 根	663 根

循环水进口温度的改变导致传热面积的变化，见表 2.34。由表 2.34 可见，当循环水进口温度从 27 ℃ 增至 42 ℃ 时，E_3 的传热面积缩小最大，因为其传热温差增加最大；E_1 的传热面积也有明显的缩小，因为其传热温差有明显的增大；而 E_2 的传热面积变化最小，因为对于超低温的 LNG/NG 而言，循环水温度的变化对其传热温差的影响较小。

表 2.34　传热面积随进口水温的变化

循环水进出口温度	选取的丙烷温度	E_2 传热面积	E_1 传热面积	E_3 传热面积
27 ℃ → 20 ℃	5 ℃	301.2 m^2	483.5 m^2	129.9 m^2
42 ℃ → 20 ℃	7 ℃	294.1 m^2	411.5 m^2	83.3 m^2

第3章　直接加热型汽化器

3.1　直接加热型汽化器的应用特点

直接加热型汽化器就是利用温度较高的热流体对 LNG 直接加热并完成汽化过程的汽化器，不用丙烷作为中间介质，使 LNG 的汽化过程变得简单而直接。

可供选择的热流体主要有下列几种：

(1)用海水直接加热 LNG。只能应用于海边，是一种特殊形式的用海水直接加热的汽化器，该方案需要较大的海水流量和特殊的结构来解决海水在换热表面的冻结难题。

(2)以空气作为热流体对 LNG 加热。空气到处存在，应用方便，成本低廉，其主要问题是：空气中含有一定量的水分，遇到冷的壁面，水分会结冰，冰层会越结越厚，妨碍汽化器的正常运行。有不少小型汽化器曾采用空气作为热源，都因壁面结冰而停止运行；此外，直接用空气加热存在一定的安全风险，当 LNG/NG 的换热管线出现泄漏时，如与空气混合易发生燃烧或爆炸。

(3)以不会冻结和不能燃烧的气体作为加热 LNG 的热源，如纯净的二氧化碳(CO_2)气体或纯净的氮气(N_2)。所有这种不会冻结的气体都需要通过特定的化学工艺来提取，其在 LNG 汽化器中放出热量之后，还需要通过特殊的换热设备将其加热升温，方能循环使用。这使运行成本提高，增加了推广应用的困难。

(4)以某种气体作为热源的加热方式，由于气体的换热系数很低，需要用翅片管来增强表面换热，会使 LNG 汽化器的整体结构变得复杂和庞大。

(5)利用自然界的河水、湖水或地下井水作为加热 LNG 的热源。这种应用方式会改变水源的温度和特性，影响水质和水中生物的生长，所以应用河水或湖水是不可取的。在有充分的地下水源的地区，有的汽化器拟应用地下井水作为加热 LNG 的热源，但应当特别注意的是用水量不能过大，为防止地下井水的流失和地下水位的下降，地下井水用后应返回地下，同时，应保证地下井水不受到污染。

(6)应用工业余热循环水作为加热 LNG 的热源。工业余热的种类很多，有汽态、液态和固态，有低温、中温和高温，所含成分和流量也各不相同。为了加热 LNG，需要首先实现工业余热介质与循环水之间的换热，将工业余热传递给循环水，然后通过循环水在汽化器中将热量传递给 LNG，实现循环水对 LNG 的直接加热。

为了实现循环水对 LNG 的直接加热，需要解决的关键问题是：如何寻找并选择合适的余热资源，以及如何防止循环水在换热表面上的冻结。

下面分别对海水、地下井水和工业余热循环水 3 种水源的应用特点和汽化器系统加以说明。

(1)用海水直接加热的“海水淋浴式”汽化器，其结构特点如图 3.1 所示。

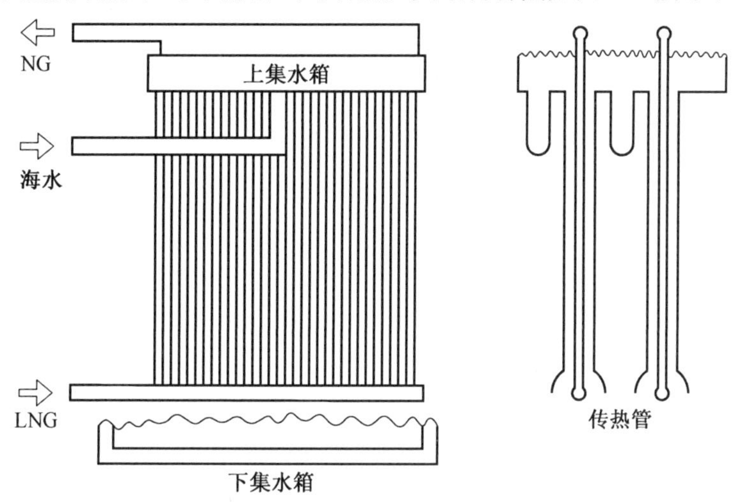

图 3.1　利用海水直接加热的 LNG 汽化器

该汽化器由大量的竖直放置的套管换热元件组成，在所有的换热元件中，内管内部流动的是被加热的 LNG/NG 流体，由下部联箱管进入，由上部联箱管排出；环形套管内流动的是海水，由上部集水箱流入，由下部集水箱流出。套管外壳的材质为铝合金或不锈钢。

利用海水直接加热的 LNG 汽化器的结构和应用特点：

① 海水的用量较大。为了提高海水的加热效果，并防止海水在内管壁面上结冻，需要海水的进出口温差尽量减小，一般海水温升不超过 1～2 ℃，为此，需要较大的海水流量，所需流量是 IFV 型汽化器所需海水流量的 3～5 倍。

② 由于套管式换热元件立式放置，设备的整体高度较高，需要较高的维修平台，给设备的运行操作带来不便。

③ 由于套管式换热元件数量大，因此 LNG 的接入管线多，分支多，与内管的接口多，如果有一个接口或接点出现泄漏，则会引起重大安全事故。

综上所述，该型套管式汽化器只适用于海边，不适用于小型的陆地用汽化器。由于存在多种结构上的缺陷，目前尚无现场应用的实例。

(2)以地下井水作为热源的汽化器。

在地下井水水温较高或地下水源较丰富的地区，可以利用地下井水作为 LNG 汽化的热源。

利用地下井水作为热源实际上是利用地热，因为井水中的热量是由地热提供的。温度较高的井水被提取上来，在 LNG 汽化器中放出热量，温度降低之后，尚需再注入地下，吸收地热后再循环使用。一般地下井水的流量有限，因而只适用于小型的 LNG 汽化站，每小时 LNG 的汽化量一般为 1～5 t。由于汽化器的 LNG 流量较小，仅为大型汽化站的 1/200～1/100，因而在整体结构上应尽量简单，如图 3.2 所示。为了防止井水的结冻，需要在设计和结构上做特殊的考虑。

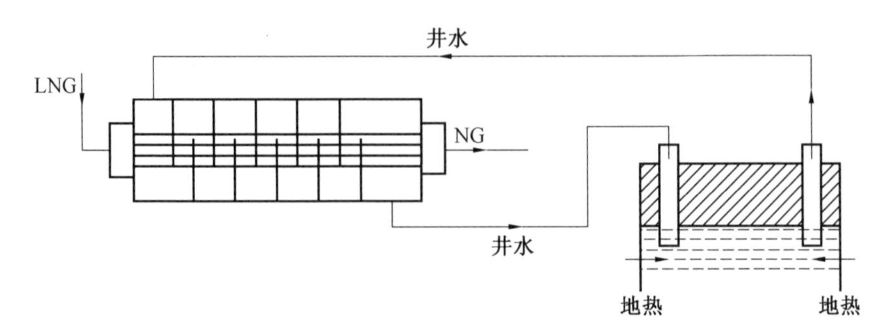

图 3.2 以井水为热源的 LNG 汽化器

(3)以工业余热作为热源,用循环水直接供热的汽化器。

工业余热的种类繁多,主要工业部门的排热设备、排热介质和排热温度见表 3.1。

表 3.1 主要工业部门的排热设备、排热介质和排热温度

工业种类	主要设备	分类	名称	余热温度/℃
电力工业	汽轮机	液	冷却水	27～30
	蒸汽锅炉	气	排烟气	140～160
钢铁工业	烧结炉	固	烧结矿	900～1 200
	高炉、炼焦炉	熔融	炉渣	≈1 500
	转炉	液	冷却水	≈50
	钢坯延压炉、热风炉	气	排气	250～1 400
化学工业	精制	气	排气	≈200
	反应	液	冷却水	≈60
	回收	液	凝结水	≈60

由表可知,电力工业主要是由蒸汽透平的排汽产生的低温冷却水的余热,虽然温度水平低,只有 30 ℃左右,一般通过空气冷却器或冷却塔排放到大气中,这一冷却水的低温余热由于数量巨大,而且运行稳定,完全可以应用到 LNG 汽化器中,作为汽化器的热源已经具有足够高的温度了。

此外,对电力工业中的蒸汽锅炉而言,其排烟温度在 160 ℃左右。如果用循环水回收这部分余热,可以得到相当高的循环水温度,如果应用于 LNG 汽化系统,将有足够高的温度水平完成 LNG 的汽化,如图 3.3 所示。由于发电厂运行稳定,排烟或排水的温度稳定,是余热利用的理想热源。

在钢铁工业中,不论固体余热、液体余热,还是气体余热,温度水平都很高,即余热的质量很高,对于几百度以上的余热资源可直接用于余热发电。对于不足 100 ℃的低温余热,如转炉的冷却水排热,温度只有 50 ℃左右,通过水一水换热的方式,可用来加热 LNG 汽化器的循环水。

表 3.1 中,化学工业会排放大量的冷却水或凝结水,其温度在 60 ℃左右,也非常适用于 LNG 汽化器系统中循环水的加热热源。

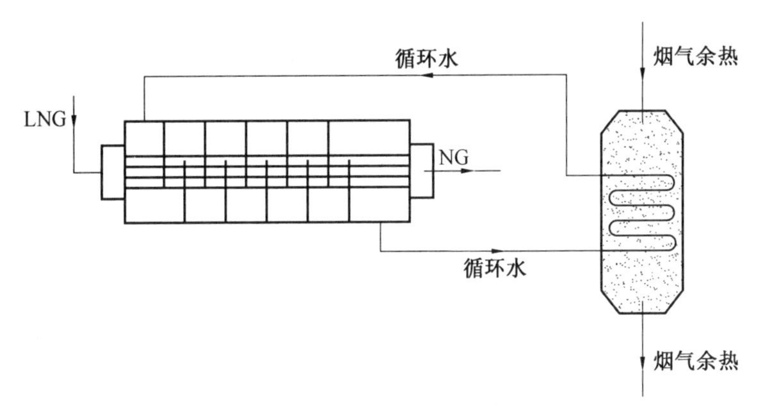

图 3.3　以锅炉排烟为热源的 LNG 汽化器

为了选择合适的 LNG 汽化器的热源和便于工业余热的回收，还要考虑下列因素：

(1) 余热数量、温度的波动性要小；

(2) 余热源不宜过于分散，最好是一个余热源；

(3) 排热介质中所含的灰分和腐蚀性物质较少；

(4) 余热量较大，足以使回收装置有一定的规模。

为了将工业余热用于 LNG 的直接汽化，其设计思路如下：

(1) 根据余热资源的流量和进口温度，选择其出口温度，进而确定余热回收的热负荷 Q(kW)。

(2) 选择循环水的进出口温度，确定循环水流量(kg/s、kg/h)。

(3) 由“供给决定需求”的原则，确定可以汽化的 LNG 的流量(kg/s、kg/h)。按给定的 LNG 的进口温度、出口温度和压力，该流量可由热平衡计算出来；也可以采用“需求决定供给”的原则，由需要汽化的 LNG 流量，确定汽化器的热负荷，然后再计算所需的循环水流量。

(4) 若 LNG 汽化所需热量基本等于余热资源可供给的热量，则应调整余热回收量(通过调节循环水的进出口温度和流量)，使供给和需求达到平衡；当余热供给的热量远远大于 LNG 汽化所需的热量时，就可以将多余的供给热量用于低温发电，即在满足 LNG 汽化的同时，利用低温介质进行低温发电，实现吸收余热的“热电联产”。

(5) 进行余热回收器的设计。

(6) LNG 汽化器设计。为了防止循环水在低温换热表面上结冰，采取的主要措施是：在汽化器的设计中，合理地降低 LNG 的管内流速和管内换热系数，同时，合理地增强管外循环水的流速和换热效果，使壁面温度向水温靠近，从而防止壁面的结冰。为此，在汽化器的设计和运行中，一定要对易结冰部位的壁面温度进行准确计算和严格控制。管壁温度的计算方法见第 1.7 节。

此外，汽化器结构形式的选择也是至关重要的，其中管壳型换热器是一种理想的汽化器换热设备。在直接加热型汽化器中，LNG 走管程，循环水走壳程。管壳型汽化器的优点如下：

(1)水流横向冲刷，管外换热系数高，不会发生冻结；

(2)水流空间大,管束间距大,当个别点出现结冻,也不会阻止水流的流动;

(3)在壳体下部设置排水口,可根据需要及时排水;

(4)结构比较简单,制造容易,成本降低。

(方形壳体直接加热型)一种小型的管壳型汽化器的结构形式如图 3.4 所示。

当水侧压力较低时,可采用方形壳体,即循环水在方形壳体内横向冲刷换热管,其结构比较简单,换热效果好。

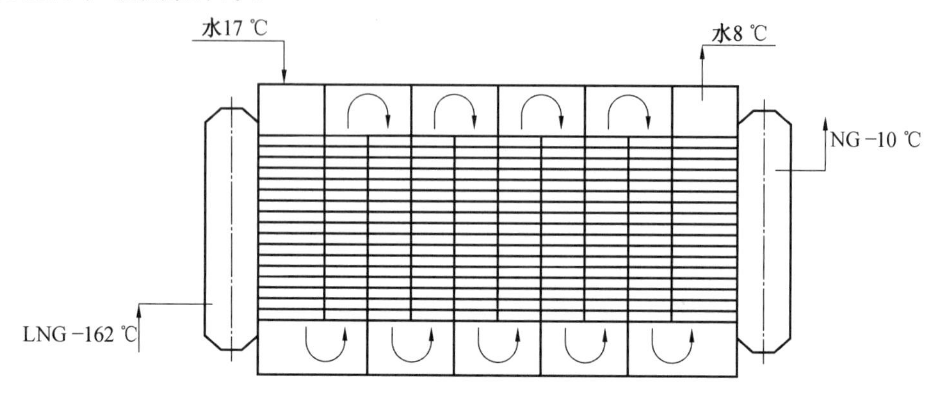

图 3.4 方形壳体直接加热型汽化器

壳体可以水平放置(图 3.4),也可以立式放置,在立式放置时,LNG 进口管箱在下部,出口管箱在上部,LNG 由下部进入,汽化后由上部排出。冷热流体可以采用顺流或逆流,主要考虑的因素是排水方便和防止冻结。

3.2 以井水为热源的直接加热型汽化器

在地下水温较高和地下水源较丰富的地区,利用井水作为 LNG 汽化的热源是一种可行的选择。

为了节省井水的耗量,井水在汽化器中的进口温度应尽量高一点,温降应尽量大一些。例如,当井水的进口温度为 20 ℃,出口温度为 8 ℃时,温差为 20−8=12 (℃)。

此外,为了防止井水在与低温的 LNG 换热过程中被冻结,可采取下列技术措施:

(1)当井水进口温度较低时,应采用井水与 LNG(NG)顺流流动,即井水从 LNG 的进口端流入,出口端流出;

(2)LNG 在管内流动时应尽量选取低的流速,降低管内低温流体的换热系数,换热系数最好低于 200 W/(m^2 · s);

(3)井水在管外壳程横向冲刷,尽量提高井水的流速,以提高水侧的换热系数,水侧换热系数最好高于 2 000 W/(m^2 · s)。

在整体结构上,宜采用方形壳体,壳体横截面为矩形,管束排列在方形壳体内,井水在方形壳体的折流板之间横向冲刷换热管,如图 3.4 所示。

【例 3.1】

(1) 设计参数。

LNG 进口温度：-162 ℃；

NG 出口温度：-10 ℃（用户提出 $-30\sim0$ ℃）；

LNG 进口压力:20 MPa；

NG 流量:$G=1\,200$ Nm^3/h$=1\,200$ Nm^3/h$\times0.71$ kg/Nm^3$=852$ kg/h$=0.24$ kg/s，其中 1 200 Nm^3/h 为 NG 的流量，其在标准状况(0.1 MPa、0 ℃)下的密度约为 0.71 kg/Nm^3；

热源井水进口温度:17 ℃；

热源井水出口温度:8 ℃。

(2) 热负荷计算。

LNG 在进口温度 -162 ℃、20 MPa 下的焓:$h_1=28.4$ kJ/kg；

NG 在汽化器出口温度 -10 ℃、20 MPa 下的焓:$h_3=596.5$ kJ/kg；

LNG/NG 之间的焓差:$h_3-h_1=596.5-28.4=568.1$ (kJ/kg)；

LNG 及 NG 在汽化器中吸收的热量:$Q_1=568.1$ kJ/kg $\times0.24$ kg/s $=136.3$ kW；

设计热负荷:取安全系数为 1.1,$Q=136.3\times1.1=150$ (kW)。

(3) 井水流量。

井水总换热量:$Q=150$ kW；

井水比热容:$c_p=4.2$ kJ/(kg·℃)；

所需井水流量:$G_w=\dfrac{Q}{c_p\Delta T_w}=\dfrac{150}{4.2\times(17-8)}=3.97$ (kg/s) $=14.3$ (t/h)。

(4) 管内传热分析。

LNG 的临界温度:190.41 K(-82.59 ℃)。

在临界温度 -82.59 ℃ 下的焓值:$h_2=303.8$ kJ/kg；

液态换热量:$(h_2-h_1)G=(303.8-28.4)\times0.24=66.1$ (kW)；

设计值:$66.1\times1.1=72.7$ (kW)；

汽态换热量:$(h_3-h_2)G=(596.5-303.8)\times0.24=70.25$ (kW)；

设计值:$70.25\times1.1=77.3$ (kW)；

总换热量:$Q=72.7+77.3=150$ (kW)。

计算表明,在此汽化器中,约 50% 的热负荷是由管内液态换热完成的,约 50% 的热负荷是由管内汽态换热完成的。因而应将汽化器分成两部分设计,一部分管内为液态,另一部分管内为汽态。

(5) 管型选择和初步设计。

管型的选择见表 3.2。

表 3.2　管型的选择

项目	管型	注
材质	不锈钢(06Cr19Ni10)	无缝管
管型	直管	
外径 /mm	27	为了减少管子数目
内径 /mm	20	
厚度 /mm	3.5	管内压力 20 MPa

(6) 初步设计。

为了尽量降低管内换热系数,选取很低的管内流速:

管内液态流速:$v=0.03$ m/s;

管内质量流速:$G_m=v\times\rho=0.03\times 360=10.8$ [kg/(m² · s)];

其中,LNG 的密度为 360 kg/m³。

总流通面积:$F=0.25/10.8=0.023\ 148$ (m²);

其中,LNG 的流量为 0.25 kg/s。

单管流通面积:$A_1=\frac{\pi}{4}d_i^2=0.000\ 314\ 1$ (m²);

传热管数目:$N=0.023\ 148/0.000\ 314\ 1=74$(根);

选取传热管的数目为 74 根,直管单管程。

1 m 长管束传热面积:$A_1=74\times 1.0\times\pi\times 0.027=6.28$ (m²);

74 根管分为 4 排,每排分别为 19、18、19、18 根。

折流板宽度:40 × 4 = 160 (mm),长度为 720 mm;

折流板间距:300 mm。

(7) 管内换热系数计算。

LNG 在被加热过程中,不论是液态还是汽态,管内流动状态都是管内流体的单相对流换热,计算公式为式(1.3),其中物性按各段的平均温度取值,见表 3.3。

液态段:

$$Re=\frac{d_i\times G_m}{\mu}=\frac{0.02\times 10.8}{6.24\times 10^{-5}}=3\ 461.5$$

$$h_i=0.023\left(\frac{\lambda}{d_i}\right)(Re)^{0.8}(Pr)^{0.4}$$

$$=0.023\times\frac{0.14}{0.02}\times 3\ 461.5^{0.8}\times 1.732^{0.4}=136\ [\mathrm{W/(m^2\cdot s)}]$$

汽态段:

$$Re=\frac{d_i\times G_m}{\mu}=\frac{0.02\times 10.8}{1.65\times 10^{-5}}=13\ 091$$

$$h_i=0.023\left(\frac{\lambda}{d_i}\right)(Re)^{0.8}(Pr)^{0.4}$$

$$=0.023\times\frac{0.06}{0.02}\times 13\ 091^{0.8}\times 2.0^{0.4}=179\ [\mathrm{W/(m^2\cdot s)}]$$

表 3.3　管内换热系数计算

物理量	单位	液态段	汽态段
进口温度	℃	−162	−82.59
出口温度	℃	−82.59	−10
平均温度	℃	−122.3	−46.3
密度	kg/m^3	360	166
比热容	kJ/(kg·℃)	4.09	1.57
导热系数	W/(m·℃)	0.14	0.06
黏度	kg/(m·s)	6.24×10^{-5}	1.65×10^{-5}
Pr 数	—	1.732	2.0
质量流速	$kg/(m^2\cdot s)$	10.8	10.8
管内 *Re* 数	—	3 461.5	13 091
管内换热系数 h_i	$W/(m^2\cdot ℃)$	136	179

(8) 管外水对流换热系数计算。

如图 3.4 所示，从 LNG 汽包联箱引出的 4 排传热管共 74 根，管束宽度为 160 mm，管束的纵向高度为 720 mm。壳程的水流在 160 mm 宽的壳体内通过折流板上下流动。

折流板间距：300 mm；

水的平均温度：(17 + 8)/2 = 12.5 (℃)。

在平均温度下的物性如下。

水密度：$\rho=999.7\ \mathrm{kg/m^3}$；

水导热系数：$\lambda=0.574\ \mathrm{W/(m\cdot ℃)}$；

水黏度 $\mu=1\ 306\times10^{-6}\ \mathrm{kg/(m\cdot s)}$；

Pr 数：9.52。

文献[5]推荐，在常用的 *Re* 数范围($1\times10^3\sim2\times10^5$)内，对叉排管束，计算换热系数的试验关联式为

$$h=0.35\left(\frac{\lambda}{D_o}\right)\left(\frac{s_t}{s_l}\right)^{0.2}Re^{0.6}\ Pr^{0.36}\tag{3.1}$$

式中　s_t—— 横向管间距；

s_l—— 纵向管间距；

$Re=\dfrac{D_oG_m}{\mu}$；其中 G_m 为流体流经最窄截面处的质量流速，$\mathrm{kg/(m^2\cdot s)}$。

叉排管束的尺寸标识如图 3.5 所示。

如图 3.5 所示，在设计例题中，$s_t=80$ mm，$s_l=20$ mm，$D_o=27$ mm，折流板间距为 300 mm。

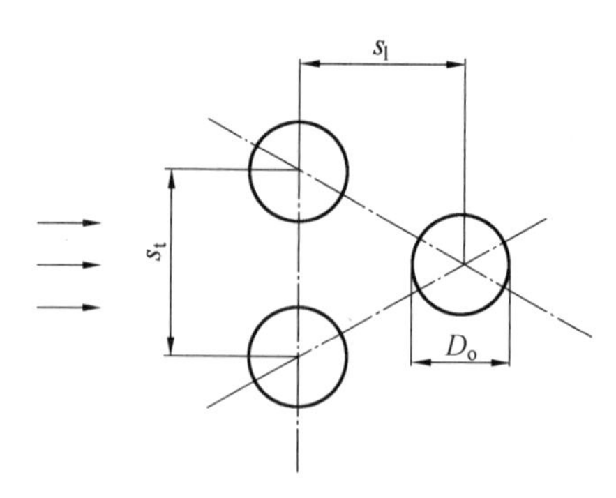

图 3.5 叉排管束的尺寸标识

进口处流通横截面积：$300 \times 160 = 48\ 000\ (\text{mm}^2) = 0.048\ (\text{m}^2)$；

进口处质量流速：$G = 3.97/0.048 = 82.7\ [\text{kg}/(\text{m}^2 \cdot \text{s})]$；

其中，水总流量：$G = 3.97\ \text{kg/s}$；

最窄流通截面 / 进口流通截面：$(160 - 2 \times 27)/160 = 0.662\ 5(\text{m}^2)$；

最窄流通截面处的质量流速：

$$G_m = 82.7/0.662\ 5 = 124.8\ [\text{kg}/(\text{m}^2 \cdot \text{s})]$$

$$Re = \frac{D_o G_m}{\mu} = \frac{0.027 \times 124.8}{1\ 306 \times 10^{-6}} = 2\ 581$$

$$h = 0.35\left(\frac{\lambda}{D_o}\right)\left(\frac{s_t}{s_l}\right)^{0.2}(Re)^{0.6}(Pr)^{0.36}$$

$$= 0.35 \times \frac{0.574}{0.027} \times \frac{80}{20}^{0.2} \times 2\ 581^{0.6} \times 9.52^{0.36} = 1\ 972\ [\text{W}/(\text{m}^2 \cdot ℃)]$$

方案 1：冷热流体顺流

(9) 传热温差。

管内 LNG－NG 温度 /℃：	－162	→	－82.59	→	－10
管外井水温度 /℃：	17	→	12.5	→	8
端部温差 /℃：	179		95		18
对数平均温差 /℃：		132.6		46.3	
传热温差 /℃：		132.6 × 0.95 = 126		46.3 × 0.95 = 44	

(10) 传热热阻和传热系数。

以管子外表面为基准的计算结果，见表 3.4。

表 3.4　传热热阻和传热系数的计算结果

物理量	计算式	单位	液态段	汽态段
管外换热系数	h_o	W/(m^2 · ℃)	2 486	2 486
管外热阻	$R_o = 1/h_o$	(m^2 · ℃)/W	0.000 402 2	0.000 402 2
管内换热系数	h_i	W/(m^2 · ℃)	136	179
管内热阻	$R_i = \frac{D_o}{D_i} \times \frac{1}{h_i}$	(m^2 · ℃)/W	0.009 926 4	0.007 541 8
管壁热阻	$R_w = \frac{D_o}{2k} \times \ln\left(\frac{D_o}{D_i}\right)$	(m^2 · ℃)/W	0.000 202 5	0.000 202 5
管外污垢热阻	R_{fi}	(m^2 · ℃)/W	0.000 01	0.000 01
总热阻	R	(m^2 · ℃)/W	0.010 541 1	0.008 156 5
传热系数	$U_o = \frac{1}{R}$	W/(m^2 · ℃)	94.9	122.6
传热温差	ΔT	℃	126	44
传热量	Q	kW	72.7	77.3
传热面积	$A = \frac{Q}{U_o \Delta T}$	m^2	6.08	14.38
总设计面积	A	m^2	6.08＋14.3 ＝ 20.38	
安全系数			1.05	
实取传热面积	A	m^2	20.38×1.05 ＝ 21.4	
1 m 长管束传热面积	A_1	m^2	6.28	
传热管长度	L	m	21.4/6.28 ＝ 3.4	
折流板数目			(3.4/0.3)－1 ＝ 10	

(11) 管壁温度估算。

最低管壁温度发生在井水进口和 LNG 进口处。

在进口首排管处：

井水：$T_1 = 17$ ℃，$h_o = 2\ 486$ W/(m^2 · ℃)；

LNG：$T_2 = -162$ ℃，$h_i = 136$ W/(m^2 · ℃)；

管壁厚度：0.003 5 m；

管壁导热系数：$k = 20$ W/(m · ℃)。

计算结果如下：

$$R_o = \frac{1}{h_o} = \frac{1}{2\ 486} = 0.000\ 402\ 2\ [(\mathrm{m^2 \cdot ℃})/\mathrm{W}]$$

$$R_w = \frac{D_o}{2k} \times \ln\left(\frac{D_o}{D_i}\right) = \frac{0.027}{2 \times 20} \times \ln\left(\frac{0.027}{0.02}\right) = 0.000\ 202\ 5\ [(\mathrm{m^2 \cdot ℃})/\mathrm{W}]$$

$$R_i = \frac{D_o}{D_i} \frac{1}{h_i} = \frac{0.027}{0.02} \times \frac{1}{136} = 0.009\ 926\ 4\ [(\mathrm{m^2 \cdot ℃})/\mathrm{W}]$$

$$R = 0.010\ 531\ 1\ (\mathrm{m^2 \cdot ℃})/\mathrm{W}$$

$$T_1 - T_2 = 17 - (-162) = 179\ (℃)$$

$$T_{w1} = T_1 - (R_o/R) \times (T_1 - T_2) = 17 - (0.000\ 402\ 2/0.010\ 531\ 1) \times 179 = 10.2\ (℃)$$

计算结果表明，在进口处，管子外壁温度为 10.2 ℃，不存在冻结风险。

在进口末排处：

井水：估计为 15 ℃，$h_o = 2\ 486\ \text{W/(m}^2 \cdot ℃)$；

LNG：$T_2 = -162$ ℃，$h_i = 136\ \text{W/(m}^2 \cdot ℃)$；

管壁厚度：0.003 5 m；

管壁导热系数：$k = 20\ \text{W/(m} \cdot ℃)$。

计算结果如下：

$$R_o = \frac{1}{h_o} = \frac{1}{2\ 486} = 0.000\ 402\ 2\ [(\text{m}^2 \cdot ℃)/\text{W}]$$

$$R_w = \frac{D_o}{2k} \times \ln\left(\frac{D_o}{D_i}\right) = \frac{0.027}{2 \times 20} \times \ln\left(\frac{0.027}{0.02}\right) = 0.000\ 202\ 5\ [(\text{m}^2 \cdot ℃)/\text{W}]$$

$$R_i = \frac{D_o}{D_i}\frac{1}{h_2} = \frac{0.027}{0.02} \times \frac{1}{136} = 0.009\ 926\ 4\ [(\text{m}^2 \cdot ℃)/\text{W}]$$

$$R = 0.010\ 531\ 1\ (\text{m}^2 \cdot ℃)/\text{W}$$

$$T_1 - T_2 = 15 - (-162) = 177\ (℃)$$

$$T_{w1} = T_1 - (R_o/R) \times (T_1 - T_2) = 15 - (0.000\ 402\ 2/0.010\ 531\ 1) \times 177 = 8.2\ (℃)$$

计算结果表明，在进口首排处，管子外壁温度为 10.2 ℃，在进口末排处，壁温为 8.2 ℃，都不存在冻结风险，却有较大的安全余量。说明该汽化器可以安全正常地使用。

方案 2：冷热流体逆流

当管内外介质逆流，水流的出口面对 LNG 的进口时，传热温差、传热面积、最低壁温都会有所变化。在(9) 之前的计算与方案 1 相同，故方案 2 从(9) 开始：

(9) 传热温差。

管内 LNG－NG 温度 /℃：	162	→	－82.59	→	－10
管外井水温度 /℃：	8	←	12.5	←	17
端部温差 /℃：	170		95		27
对数平均温差 /℃：		128.9		54	
传热温差 /℃：		128.9×0.95＝122.5		54×0.95＝51.3	

(10) 传热热阻和传热系数。

以管子外表面为基准的各项计算，见表 3.5。

表 3.5　传热热阻和传热系数的计算结果

物理量	计算式	单位	液态段	汽态段
管外换热系数	h_o	W/(m²·℃)	2 486	2 486
管外热阻	$R_o = 1/h_o$	(m²·℃)/W	0.000 402 2	0.000 402 2
管内换热系数	h_i	W/(m²·℃)	136	179
管内热阻	$R_i = \frac{D_o}{D_i} \times \frac{1}{h_i}$	(m²·℃)/W	0.009 926 4	0.007 541 8
管壁热阻	$R_w = \frac{D_o}{2k} \times \ln\left(\frac{D_o}{D_i}\right)$	(m²·℃)/W	0.000 202 5	0.000 202 5
管外污垢热阻	R_{fi}	(m²·℃)/W	0.000 01	0.000 01
总热阻	R	(m²·℃)/W	0.010 541 1	0.008 156 5
传热系数	$U_o = \frac{1}{R}$	W/(m²·℃)	94.9	122.6
传热温差	ΔT	℃	122.5	51.3
传热量	Q	kW	72.7	77.3
传热面积	$A = \frac{Q}{U_o \Delta T}$	m²	6.25	12.29
设计总面积	A	m²	6.25＋12.29 = 18.54	
安全系数			1.05	
实取传热面积	A	m²	18.54×1.05 = 19.47	
1 m 长管束传热面积	A_1	m²	6.28	
传热管长度	L	m	19.47/6.28 = 3.1	
实取管长	L	m	3.0	
实取传热面积	A	m²	3.0×6.26 = 18.78	
折流板数目			(3.0/0.3) − 1 = 9	

(11) 管壁温度估算。

按 1.7 节相关公式计算：

最低管壁温度发生在井水出口和 LNG 进口处。

在出口首排管处：

井水：$T_1 = 8$ ℃，$h_o = 2\ 486$ W/(m²·℃)；

LNG：$T_2 = -162$ ℃，$h_i = 136$ W/(m²·℃)；

管壁厚度：0.003 5 m；

管壁导热系数：$k = 20$ W/(m·℃)。

计算结果如下：

$$R_o = \frac{1}{h_o} = \frac{1}{2\ 486} = 0.000\ 402\ 2\ [(\text{m}^2 \cdot ℃)/\text{W}]$$

$$R_w = \frac{D_o}{k} \times \ln\left(\frac{D_o}{D_i}\right) = \frac{0.027}{2 \times 20} \times \ln\left(\frac{0.027}{0.02}\right) = 0.000\ 202\ 5\ [(m^2 \cdot ℃)/W]$$

$$R_i = \frac{D_o}{D_i}\frac{1}{h_2} = \frac{0.027}{0.02} \times \frac{1}{136} = 0.009\ 926\ 4\ [(m^2 \cdot ℃)/W]$$

$$R = 0.010\ 531\ 1\ (m^2 \cdot ℃)/W$$

$$T_1 - T_2 = 8 - (-162) = 170\ (℃)$$

$$T_{w1} = T_1 - (R_o/R) \times (T_1 - T_2) = 8 - (0.000\ 402\ 2/0.010\ 531\ 1) \times 170 = 1.5\ (℃)$$

计算结果表明，在 LNG 进口处，管子外壁温度为 1.5 ℃，基本不会结冰，但安全系数较小，存在一定的冻结风险。为了增加管壁温度的安全系数，可以适当缩小井水出口处的折流板间距，以提高井水出口处的流速。

(12) 汽化器结构。

除了图 3.4 推荐的水平放置的管壳式汽化器之外，对于小型汽化器，还可以选用立式放置的结构形式，如图 3.6 所示。立式放置的优点是：便于汽化后天然气的排放和井水的排放。本设计中，74 根管分为 4 排，每排分别为 19、18、19、18 根，LNG 通过 74 根竖管从下部联箱进入，NG 从上部联箱排出；逆流时，井水从上部流入，从下部流出；顺流时，井水从下部流入，从上部流出。当发生壁温过低或停水情况时，可自动或手动打开位于下部的水管阀门，迅速排出系统内的水。

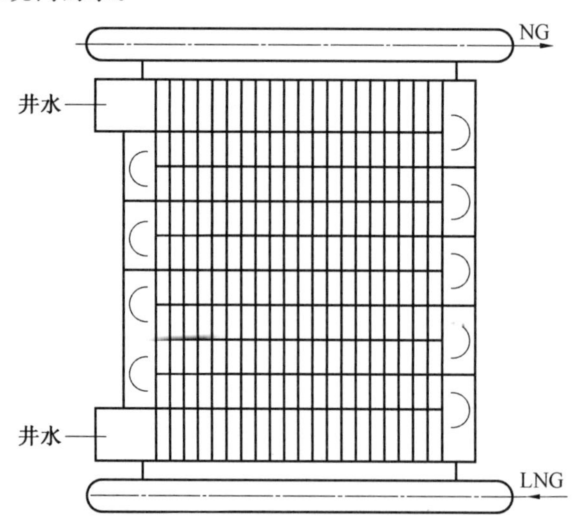

图 3.6　立式管壳式汽化器的结构形式

3.3　利用锅炉排烟余热的直接加热型汽化器

锅炉排烟温度一般在 150 ～ 180 ℃ 之间，回收利用一部分排烟余热作为汽化器的热源是一种节能环保的技术方案。为了满足直接加热型汽化器的换热要求，需要设置一台余热回收器，将排烟余热转换成循环水的热量，如图 3.3 所示。图中，在类似于锅炉省煤气的余热回收设备中，循环水的出口温度一般可被加热至 50 ～ 60 ℃，这一温度水平要远远高于海水或井水的温度。由于温度较高，将使直接加热型汽化器的传热温差增大，在同样的热负荷条件下使传热面积减小，大大提高汽化器的经济指标。此外，由于循环水温度较高，不论冷热流体是顺流还是逆流，都不容易产生壁面冻结现象。

【例 3.2】　一台直接加热型汽化器的设计实例。

一台 23 t/h 燃油蒸汽锅炉的排烟流量为 21 000 Nm^3/h，排烟温度为 180 ℃，在余热回收器中排烟温度降至 80 ℃，经计算排烟放热量为 831 kW。余热回收换热器中的循环水进口温度为 20 ℃，余热回收换热器中的循环水出口温度为 60 ℃。

(1) 汽化器设计参数的确定。

循环水流量：$831/[4.2\times(60-20)]=4.946\ (kg/s)=17.8\ (t/h)$，
其中，循环水的比热容为 4.2 kJ/(kg·℃)；

设循环水沿途温降为 10 ℃，则循环水到达汽化器时的进口温度为 $60-10=50$ (℃)；

设循环水返途温降为 5 ℃，则循环水到达汽化器时的出口温度为 $20+5=25$ (℃)；

循环水输送给汽化器的热量：$Q=4.2\times4.946\times(50-25)=519.3\ (kW)$；

汽化器热负荷：$Q=519.3$ kW；

LNG 进口温度：-160 ℃；

NG 出口温度：1 ℃；

LNG 进口压力：8.0 MPa。

(2) 热负荷计算。

LNG 在进口温度 -160 ℃、8.0 MPa 下的液态焓：

$$h_1=17.1\ kJ/kg$$

NG 在汽化器出口温度 1 ℃、8.0 MPa 下的焓：

$$h_3=759.5\ kJ/kg$$

汽化器的焓升：

$$h_3-h_1=759.5-17.1=742.4\ (kJ/kg)$$

LNG 及 NG 在汽化器中的质量流量：

$$G=Q/\Delta h=519.3/742.4=0.699\ (kg/s)=2\ 516.4\ (kg/h)$$

这就是由余热供给量确定的 LNG 的汽化量。

LNG 的临界温度为 190.5 K(-82.59 ℃)，临界温度 -82.59 ℃ 下的焓值为 $h_2=319.82$ kJ/kg；

液态换热量：$(h_2-h_1)G=(319.82-17.1)\times0.699=211.6\ (kW)$；

设计值：$211.6\times1.05=222.1\ (kW)$；

汽态换热量：$(h_3-h_2)G=(759.5-319.82)\times0.699=307.3\ (kW)$；

设计值：$307.3\times1.05=322.7\ (kW)$；

总设计换热量：$Q=222.1+322.7=544.8\ (kW)$。

(3) 管型和管束结构选择。

管型的选择见表 3.6。

表 3.6 管型的选择

项目	本设计选用管型	注
材质	不锈钢(06Cr19Ni10)	无缝管
管型	直管	
外径 /mm	27	
内径 /mm	20	
厚度 /mm	3.5	

(4) 初步设计。

为了尽量降低管内换热系数,应选取较低的管内流速,选择:

管内液态流速:$v=0.05$ m/s;

管内质量流速:$G_m=v\times\rho=0.05\times360=18$ kg/(m^2 · s);

其中,LNG 的密度为 360 kg/m^3;

总流通面积:$F=0.699/18=0.038\ 8$ (m^2);

单管流通面积:$A_1=\frac{\pi}{4}d_i^2=0.000\ 314\ 1$ (m^2);

传热管数目:$N=0.038\ 8/0.000\ 314\ 1=124$(根);

1 m 长管束传热面积:$A_1=124\times1.0\times\pi\times0.027=10.518$ (m^2)。

(5) 管内换热系数计算。

按式(1.3) 计算,其中物性按各段的平均温度取值,见表 3.7。

液态段:

$$Re=\frac{d_i\times G_m}{\mu}=\frac{0.02\times18}{6.24\times10^{-5}}=5\ 769.23$$

$$h_i=0.023\left(\frac{\lambda}{d_i}\right)(Re)^{0.8}(Pr)^{0.4}$$

$$=0.023\times\frac{0.14}{0.02}\times5\ 769.23^{0.8}\times1.732^{0.4}=204.7\ [\mathrm{W/(m^2\cdot{}^\circ C)}]$$

汽态段:

$$Re=\frac{d_i\times G_m}{\mu}=\frac{0.02\times18}{1.65\times10^{-5}}=21\ 818$$

$$h_i=0.023\left(\frac{\lambda}{d_i}\right)(Re)^{0.8}(Pr)^{0.4}$$

$$=0.023\times\frac{0.06}{0.02}\times21\ 818^{0.8}\times2.0^{0.4}=269\ [\mathrm{W/(m^2\cdot{}^\circ C)}]$$

表 3.7　管内换热系数计算

物理量	单位	液态段	汽态段
进口温度	℃	−160	−82.59
出口温度	℃	−82.59	1.0
平均温度	℃	−121	−42
密度	kg/m^3	360	166
比热容	kJ/(kg·℃)	4.09	1.57
导热系数	W/(m·℃)	0.14	0.06
黏度	kg/(m·s)	6.24×10^{-5}	1.65×10^{-5}
Pr 数	—	1.732	2.0
质量流速	$kg/(m^2\cdot s)$	18	18
管内 *Re* 数	—	5 769.23	21 818
管内换热系数 h_i	$W/(m^2\cdot s)$	204.7	269

(6) 管外循环水对流换热系数。

水平均温度：$(50+25)/2=37.5$ (℃)；

在平均温度下的物性如下。

水密度：$\rho=990\ kg/m^3$；

水导热系数：$\lambda=0.63$ W/(m·℃)；

水黏度：$\mu=690\times10^{-6}$ kg/(m·s)；

水比热容：4.17 kJ/(kg·℃)；

Pr 数：4.62。

壳程换热器的管束排列方式：管束水平放置，冷热流体逆向流动，如图 3.7 所示。

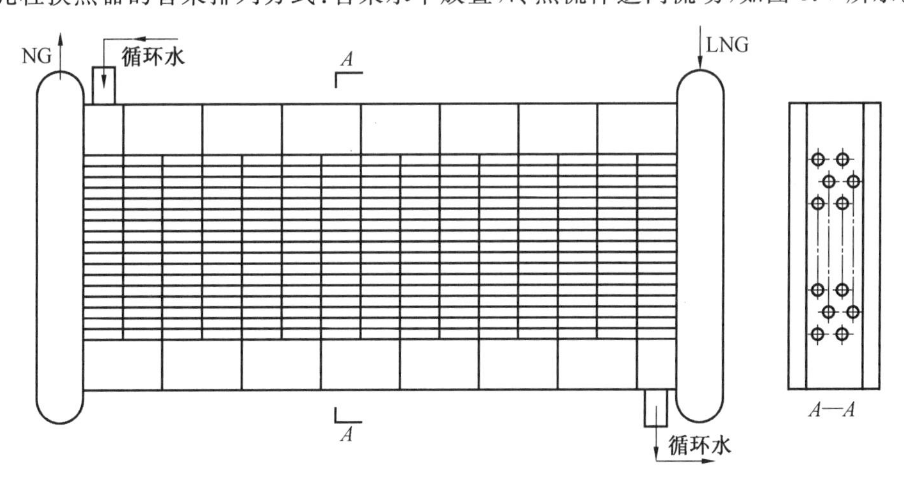

图 3.7　卧式管壳式汽化器的结构形式

LNG/NG 进出口管箱直径大于 320 mm；

在管箱上，横向有 4 排管，管间距 80 mm，横向宽度 160 mm；纵向分别为 32、30、32、30 排，共 124 根；

纵向管间距：40 mm；

纵向管束高度：$32 \times 40 = 1\ 280$ (mm)；

管束纵向尺寸：$1\ 280 + 400 = 1\ 680$ (mm)；

折流板间距：320 mm；

壳程水进口流通面积：$0.32\ \text{m} \times 0.16\ \text{m} = 0.051\ 2\ \text{m}^2$；

水质量流量：4.946 kg/s；

水质量流速：$(4.946\ \text{kg/s}) / (0.051\ 2\ \text{m}^2) = 96.6\ [\text{kg/(m}^2 \cdot \text{s)}]$。

由参考文献[9]，在常用的 Re 数范围（Re 数为 $1\times10^3 \sim 2\times10^5$）内，试验关联式的具体形式为式(3.1)。

对叉排管束：$h = 0.35\left(\frac{\lambda}{D_o}\right)\left(\frac{s_t}{s_l}\right)^{0.2}(Re)^{0.6}(Pr)^{0.36}$，

式中　s_t——横向管间距；

　　　s_l——纵向管间距。

$Re = \frac{D_o G_m}{\mu}$，其中 G_m 为流体流经最窄截面处的质量流速，kg /(m² · s)。

叉排管束的尺寸标识如图 3.5 所示。

在设计例题中，$s_t = 80$ mm，$s_l = 20$ mm，$D_o = 27$ mm；

折流板间距：320 mm；

最窄流通截面：$(0.16 - 2\times0.027)\times0.32 = 0.033\ 92\ (\text{m}^2)$；

最窄流通截面 / 进口流通截面：$0.033\ 92/(0.16\times0.32) = 0.662\ 5$；

最窄流通截面处的质量流速：

$$G_m = 4.946/0.033\ 92 = 145.8\ [\text{kg/(m}^2 \cdot \text{s)}]$$

$$Re = \frac{D_o G_m}{\mu} = \frac{0.027 \times 145.8}{690 \times 10^{-6}} = 5\ 705.7$$

$$h = 0.35\left(\frac{\lambda}{D_o}\right)\left(\frac{s_t}{s_l}\right)^{0.2}(Re)^{0.6}(Pr)^{0.36}$$

$$= 0.35 \times \frac{0.63}{0.027} \times \left(\frac{80}{20}\right)^{0.2} \times 5\ 705.7^{0.6} \times 4.62^{0.36} = 3\ 353.6\ [\text{W/(m}^2 \cdot ℃)]$$

(7) 传热温差计算（冷热流体逆流）。

管内 LNG/NG 温度 /℃：	−160	→	−82.59	→	1
管外井水温度 /℃：	25	←	40	←	55
端部温差 /℃：	185		122.59		54
对数平均温差 /℃：		151.66		83.66	
传热温差 /℃：		151.66 × 0.95 = 143.1		83.66 × 0.95 = 79.48	

(8) 传热热阻和传热系数。

传热热阻和传热系数的计算见表 3.8。

表 3.8　传热热阻和传热系数的计算

物理量	公式	单位	液态段	汽态段
管外水侧换热系数	h_o	W/(m² · ℃)	3 353.6	3 353.6
管外热阻	$R_o = 1/h_o$	(m² · ℃)/W	0.000 298 1	0.000 298 1
管内换热系数	h_i	W/(m² · ℃)	204.7	269
管内热阻	$R_i = \dfrac{D_o}{D_i} \times \dfrac{1}{h_i}$	(m² · ℃)/W	0.006 595	0.005 018 5
管壁热阻	$R_w = \dfrac{D_o}{2k} \times \ln\left(\dfrac{D_o}{D_i}\right)$	(m² · ℃)/W	0.000 202 5	0.000 202 5
管外污垢热阻	R_{fi}	(m² · ℃)/W	0.000 01	0.000 01
总热阻	R	(m² · ℃)/W	0.007 105 6	0.005 529 1
传热系数	$U_o = \dfrac{1}{R}$	W/(m · ℃)	140.7	180.9
传热温差	ΔT	℃	143.1	79.48
传热量		kW	222.1	322.7
传热面积	$A = \dfrac{Q}{U_o \Delta T}$	m²	11.03	22.49
设计总面积	A	m²	11.03 + 22.49 = 33.52	
安全系数			1.05	
传热面积	A	m²	33.52 × 1.05 = 35.196	
1 m 长管束传热面积	A_1	m²	10.518	
传热管长度	L	m	35.196/ 10.518 = 3.35	
折流板数目			(3.35/0.32) − 1 = 10	

(9) 管壁温度估算。

可按 1.7 节相关公式计算。

最低管壁温度发生在循环水出口处和 LNG 进口处。

在出口首排处：

水：$T_1 = 25$ ℃，$h_1 = 3\ 353.6$ W/(m² · ℃)；

LNG：$T_2 = -160$ ℃，$h_2 = 204.7$ W/(m² · ℃)；

管壁导热系数：20 W/(m · ℃)。

计算结果如下：

$$R_o = \frac{1}{h_o} = \frac{1}{3\ 353.6} = 0.000\ 298\ 1\ [(\text{m}^2 \cdot ℃)/\text{W}]$$

$$R_w = \frac{D_o}{2k} \times \ln\left(\frac{D_o}{D_i}\right) = \frac{0.027}{2 \times 20} \times \ln\left(\frac{0.027}{0.02}\right) = 0.000\ 202\ 5\ [(\text{m}^2 \cdot ℃)/\text{W}]$$

$$R_i = \frac{D_o}{D_i} \times \frac{1}{h_i} = \frac{0.027}{0.02} \times \frac{1}{204.7} = 0.006\ 595\ [(m^2 \cdot ℃)/W]$$

$$R = 0.007\ 095\ 6\ (m^2 \cdot ℃)/W$$

$$T_1 - T_2 = 25 - (-160) = 185\ (℃)$$

$$T_{w1} = T_1 - (R_o/R) \times (T_1 - T_2) = 25 - (0.000\ 298\ 1/0.007\ 095\ 6) \times 185 = 17.2\ (℃)$$

计算结果表明，在LNG进口处，管子外壁温度为17.2 ℃，不存在冻结风险，且有较大的安全系数。

(10) 整体结构和放置形式。

汽化器的整体结构如图3.7所示。在放置形式上，两个LNG/NG的进出口管箱可水平放置，循环水在水平面上流过折流板之间的流道，可减少流动阻力，并便于在特殊情况下对循环水进行排放。

3.4 利用发电厂余热的直接加热型汽化器

为了保护环境，某发电厂的技术改造项目用天然气代替燃烧煤炭。为此，需要在发电厂附近建设一座液化天然气的汽化站，汽化后的天然气直接供发电厂应用。作为汽化器的热源拟采用发电透平的排汽余热。在汽轮机的蒸汽冷凝器中，冷却水的温度从20 ℃升至27 ℃。拟将此冷却水的余热作为汽化器的热源。在汽化器中，冷却水的温度从27 ℃降至20 ℃，再返回蒸汽冷凝器中循环使用。该方案不用发电厂冷却塔，也不向大气排放蒸汽，避免了冷却水的消耗，因而是一种节能环保的技术方案。

此外，因采用了循环水直接加热型的汽化器，与IFV型汽化器相比，该汽化器不用中间介质丙烷，而是让循环水直接加热LNG并使其汽化，可大大降低汽化器的制造成本和运行费用。设计的技术关键是如何防止循环水在换热表面上结冰。

由于发电厂蒸汽冷凝器排放的余热数量巨大，可满足一座大型汽化站的供热需求，因而该汽化器属于大型的直接加热型汽化器。

该大型汽化器的结构形式宜采用管壳式结构，管束沿压力容器的轴向布置，水在管束外交叉流动。如图3.8所示，换热器水平放置，冷热流体在设计流量下逆向流动。

【例3.3】

(1) 设计参数。

LNG及NG流量：61 t/h (16.94 kg/s)；

LNG进口温度：－158.3 ℃；

NG出口温度：14 ℃；

LNG设计进口压力：4.65 MPa；

循环水进口温度：27 ℃；

循环水出口温度：20 ℃；

循环水进出口温差：7 ℃；

循环水流量：按热平衡推算。

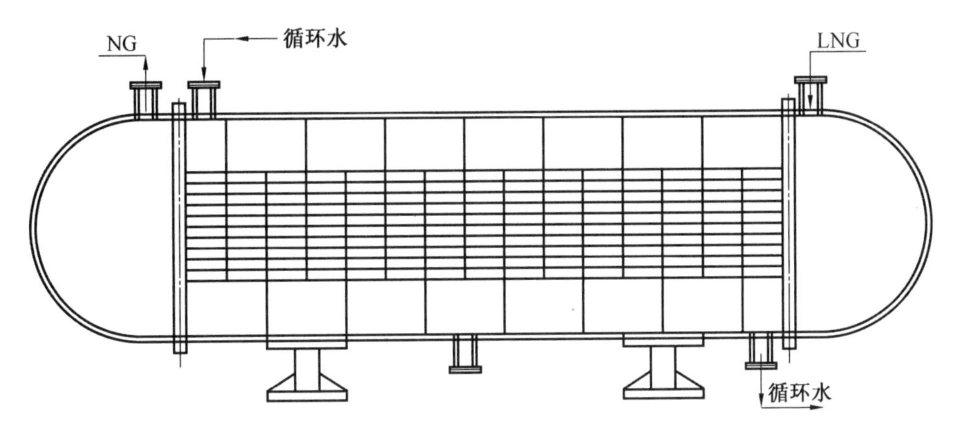

图 3.8　用循环水加热的 LNG 汽化器

(2) 热负荷计算及热量分配。

LNG 在进口温度为 −158.3 ℃ 的焓值：$h_1 = 17.616$ kJ/kg；

NG 在出口温度为 14 ℃ 的焓值：$h_3 = 836.25$ kJ/kg；

LNG 的质量流量：$G = 61$ t/h $= 16.94$ kg/s；

LNG 在汽化器中吸收的热量：

$$Q = (h_3 - h_1)G = (836.25 - 17.616) \times 16.94 = 13\ 867.66\ (\text{kW})$$

为了提高设计的安全性，计算出的热负荷应乘以修正系数 1.05，作为设计热负荷，即设计热负荷 $Q = 13\ 867.66 \times 1.05 = 14\ 561$ (kW)。

LNG 的运行进口压力为 4.65 MPa，临界压力为 4.595 MPa，临界温度为 −82.59 ℃，因而，LNG 仍然在超临界状态下运行。在超临界区域，液态 LNG 的温度升至临界温度后，即刻转换为汽态。所以，LNG 的汽化过程被分为两个阶段。

① 液态段：−158.3 ℃ 至 −82.59 ℃；

−158.3 ℃ 下的焓值：$h_1 = 17.616$ kJ/kg；

−82.59 ℃ 下的焓值：$h_2 = 319.82$ kJ/kg；

液态段热负荷：$(h_2 - h_1)G = (319.82 - 17.616) \times 16.94 = 5\ 119.3$ (kW)；

设计热负荷：$5\ 119.3 \times 1.05 = 5\ 375.3$ (kW)。

② 汽态段：−82.5 ℃ 至 14 ℃；

NG 在出口温度为 14 ℃ 的焓值：$h_3 = 836.25$ kJ/kg；

汽态段换热量：$(h_3 - h_2)G = (836.25 - 319.82) \times 16.94 = 8\ 748.3$ (kW)；

设计热负荷：$8\ 748.38 \times 1.05 = 9\ 185.7$ (kW)。

③ 总设计热负荷：$Q = 5\ 375.3 + 9\ 185.7 = 14\ 561$ (kW)。

(3) 循环水流量和相关参数。

循环水进口温度：$T_1 = 27$ ℃；

循环水出口温度：$T_2 = 20$ ℃；

循环水进出口温差：$\Delta T = 27 - 20 = 7$ (℃)；

循环水总换热量：$Q = 14\ 561$ kW；

循环水比热容：$c_p = 4.18$ kJ/(kg · ℃)；

循环水流量：$G_w = \frac{Q}{c_p \Delta T} = \frac{14\ 561}{4.18 \times 7} = 497.64$ (kg/s) $= 1\ 791.5$ (t/h)；

每小时循环水流量：1 791.5 t/h。

(4) 传热元件选型。

考虑到 LNG 较高的运行压力，设计选取的管型见表 3.9。

表 3.9　管型的选择

项目	管型	注
管子材质	不锈钢(06Cr19Ni10)	直管
壳体材质	16MnDR	
外径 /mm	27	
厚度 /mm	3.5	
内径 /mm	20	
管间距 /mm	35	
排列方式	等边三角形	
管程数	1	
排列方式	错排	

(5) 初步设计。

为了降低管内换热系数，选择管内液态流速：$v = 0.1$ m/s；

管内质量流速：$G_m = v \times \rho = 0.1 \times 373 = 37.3$ [kg/(m^2 · s)]；

其中，LNG 的平均密度为 373 kg/m^3。

LNG 的质量流量：$G = 61$ t/h $= 16.94$ kg/s；

总流通面积：$F = 16.94/37.3 = 0.454$ (m^2)；

单管流通面积：$A_1 = \frac{\pi}{4} d_i^2 = 0.000\ 314\ 1$ (m^2)；

传热管数目：$N = 0.454/0.000\ 314\ 1 = 1\ 445$(根)；

1 m 管长管束传热面积：$A_1 = 1\ 445 \times 1 \times \pi \times 0.027 = 122.6$ (m^2)。

(6) 管内换热系数计算。

按式(1.3)计算，其中物性按该段的平均温度取值。

液态段：

$$Re = \frac{d_i \times G_m}{\mu} = \frac{0.02 \times 37.3}{6.54 \times 10^{-5}} = 11\ 406.7$$

$$h_i = 0.023\left(\frac{\lambda}{d_i}\right)(Re)^{0.8}(Pr)^{0.4}$$

$$= 0.023 \times \frac{0.14}{0.02} \times 11\ 406.7^{0.8} \times 1.68^{0.4} = 348.5\ [\mathrm{W/(m^2 \cdot s)}]$$

汽态段：

$$Re = \frac{d_i \times G_m}{\mu} = \frac{0.02 \times 37.3}{1.56 \times 10^{-5}} = 47\ 820.5$$

$$h_i = 0.023\left(\frac{\lambda}{d_i}\right)(Re)^{0.8}(Pr)^{0.4}$$

$$= 0.023 \times \frac{0.055}{0.02} \times 47\ 820.5^{0.8} \times 2.19^{0.4} = 479.6\ [\mathrm{W/(m^2 \cdot s)}]$$

计算结果见表 3.10。

表 3.10　管内换热系数计算结果

物理量	单位	液态段	汽态段
进口温度	℃	−158.3	−82.59
出口温度	℃	−82.59	14
热负荷	kW	5 375.3	9 185.7
平均温度	℃	−120.4	−48.25
密度	$\mathrm{kg/m^3}$	373	148.5
比热容	kJ/(kg · ℃)	3.7	7.7
导热系数	W/(m · ℃)	0.14	0.055
黏度	kg/(m · s)	6.54×10^{-5}	1.56×10^{-5}
Pr 数	—	1.68	2.19
管内质量流速	$\mathrm{kg/(m^2 \cdot s)}$	37.3	37.3
管内 *Re* 数	—	11 406.7	47 820.5
管内换热系数 h_i	$\mathrm{W/(m^2 \cdot s)}$	348.5	479.6

(7) 壳式结构管外换热系数计算。

LNG 汽化器的横断面如图 3.9 所示，尺寸选择如下：

① 壳体内径为 1.8 m；

② 在每一折流板上钻 1 455 个 ϕ27.2 mm 的圆孔，其中 1 445 个孔安装外径为 ϕ27 的传热管，10 个孔安装固定根管；

③ 管间距为 0.035 mm，1 445 根圆管所占的管内截面积为 1.78 $\mathrm{m^2}$，壳体内径截面积为 2.5 $\mathrm{m^2}$；

④ 传热管与折流板的固定按相关工艺进行。

管外对流换热系数计算如下。

循环水平均温度：(27 + 20)/2 = 23.5 (℃)；

在平均温度下水的物性为

密度：$\rho = 997.4\ \mathrm{kg/m^3}$；

导热系数：$\lambda = 0.6$ W/(m · ℃)；

黏度：$\mu = 943 \times 10^{-6}$ kg/(m · s)；

比热容：4.18 kJ/(kg · ℃)；

Pr 数：6.54；

水流量：497.64 kg/s。

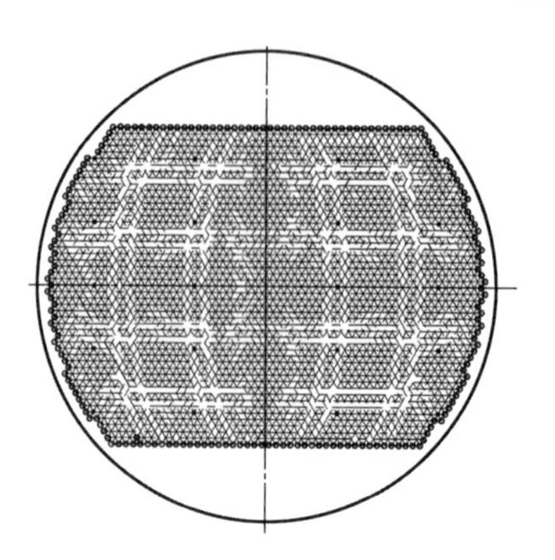

图 3.9 LNG 汽化器的横断面

壳程对流换热系数按式(1.19)计算：

$$h_o = 0.36\left(\frac{\lambda}{d_e}\right)\left(\frac{d_e G_m}{\mu}\right)^{0.55}(Pr)^{1/3}$$

其中，当量直径 $d_e = \dfrac{1.10 p_t^2}{d_o} - d_o = 0.0229\ (\text{m})$，管间距 $p_t = 0.035$ m，管外径 $d_o = 0.027$ m。

最窄面流通面积：

$$A_s = l_b D_i\left(1 - \frac{d_o}{p_t}\right) = 0.5 \times 1.8 \times \left(1 - \frac{0.027}{0.035}\right) = 0.2057\ (\text{m}^2)$$

其中，折流板间距选取 $l_b = 0.5$ m，壳体内径 $D_i = 1.8$ m。

最窄流通截面处的质量流速：

$$G_m = \frac{m}{A_s} = \frac{497.64}{0.2057} = 2419\ [\text{kg}/(\text{m}^2 \cdot \text{s})]$$

其中，水流量 $m = 497.64$ kg/s。

$$h_o = 0.36\left(\frac{\lambda}{d_e}\right)\left(\frac{d_e G_m}{\mu}\right)(Pr)^{1/3}$$

$$= 0.36 \times \left(\frac{0.6}{0.0229}\right) \times \left(\frac{0.0229 \times 2419}{943 \times 10^{-6}}\right)^{0.55} \times 6.54^{1/3} = 7402\ [\text{W}/(\text{m}^2 \cdot ℃)]$$

(8) 传热温差计算(℃)(冷热流体逆流情况)。

管内 LNG－NG 温度/℃：	－158.3	→	－82.59	→	14
管外井水温度 ℃：	20	←	23	←	27
端部温差/℃：	178.3		105.59		13
对数平均温差/℃：		138.8		44.2	
传热温差/℃：	138.8×0.95＝131.86		44.2×0.95＝41.99		

(9) 传热热阻和传热系数。

传热热阻和传热面积的计算见表 3.11。

表 3.11　传热热阻和传热面积的计算

物理量	计算式和单位	液态段	汽态段
管外换热系数	h_o,W/(m^2·℃)	7 402	7 402
管外热阻	$R_o=\frac{1}{h_o}$,(m^2·℃)/W	0.000 135	0.000 135
管内换热系数	h_i,W/(m^2·℃)	348.5	479.6
管内热阻	$R_i=\frac{D_o}{D_i}\times\frac{1}{h_i}$,(m^2·℃)/W	0.003 873 7	0.002 814 8
管壁热阻	$R_w=\frac{D_o}{2k}\times\ln\left(\frac{D_o}{D_i}\right)$ (m^2·℃)/W	0.000 202 5	0.000 202 5
管外污垢热阻	R_{fi},(m^2·℃)/W	0.000 01	0.000 01
总热阻	R,(m^2·℃)/W	0.004 221 2	0.003 162 3
传热系数	$U_o=\frac{1}{R}$,W/(m^2·℃)	236.9	316.2
传热温差	ΔT,℃	131.86	41.99
传热量	Q,kW	5 375.3	9 185.7
传热面积	$A=\frac{Q}{U_o\Delta T}$,m^2	172.0	691.8
分段面积比		0.2	0.8
设计总面积	A,m^2	172.0＋691.8 = 863.8	
安全系数		1.05	
取传热面积	A,m^2	863.8×1.05 = 907	
1 m 长管束传热面积	m^2	122.6	
传热管长度	L,m	907/122.6 = 7.4 (取 7.5 m)	
折流板数		(7.5/0.5)－1 = 14	
实取传热面积	A,m^2	7.5×122.6 = 919.5	

(10) 管壁温度估算。

按 1.7 节相关公式计算。

最低管壁温度处在循环水出口、LNG 进口处。

循环水出口：$T_1=20$ ℃，$h_o=7\ 402$ W/(m^2·℃)；

LNG 进口：$T_2=-158.3$ ℃，$h_i=348.5$ W/(m^2·℃)；

管子外径、内径分别为 27 mm 和 20 mm，管壁导热系数为 20 W/(m·℃)。

计算结果如下：

$$R_1=\frac{1}{h_1}=\frac{1}{7\ 402}=0.000\ 135\ [(\mathrm{m}^2\cdot℃)/\mathrm{W}]$$

$$R_w = \frac{D_o}{2k} \times \ln\left(\frac{D_o}{D_i}\right) = \frac{0.027}{2 \times 20} \times \ln\left(\frac{0.027}{0.02}\right) = 0.000\ 202\ 5\ [(m^2 \cdot ℃)/W]$$

$$R_i = \frac{D_o}{D_i}\frac{1}{h_i} = \frac{0.027}{0.02} \times \frac{1}{348.5} = 0.003\ 873\ 7\ [(m^2 \cdot ℃)/W]$$

$$R = 0.004\ 211\ 2\ (m^2 \cdot ℃)/W$$

$$T_1 - T_2 = 20 - (-158.3) = 178.3\ (℃)$$

$$T_{w1} = T_1 - (R_o/R) \times (T_1 - T_2) = 20 - (0.000\ 135/0.004\ 211\ 2) \times 178.3 = 14.28\ (℃)$$

计算结果表明，在 LNG 进口处，管子外壁温度为 14.28 ℃，不存在冻结风险，且有较大的安全系数。

(11) 设计结果。

整体结构如图 3.8、图 3.9 所示。

传热管直径：$\phi 27 \times 3.5$ mm；

传热管数目：1 445 根；

传热管长度：7.5 m；

传热面积：919.5 m^2；

壳体内径：1.8 m；

壳体长度(约)：8.5 m。

3.5 低压 LNG 小型汽化器

小型汽化器是利用工业余热的直接加热型汽化器，其特点是 LNG 的进口压力为 1.0 MPa，在临界压力之下，与在临界压力之上运行的汽化器相比，其汽化过程和设计计算方法有所不同。由于 LNG 的进口压力为 1.0 MPa，低于甲烷的临界压力(4.59 MPa)，因而 LNG 的汽化过程在 $P-h$ 图中分为 3 个阶段，如图 3.10 所示。

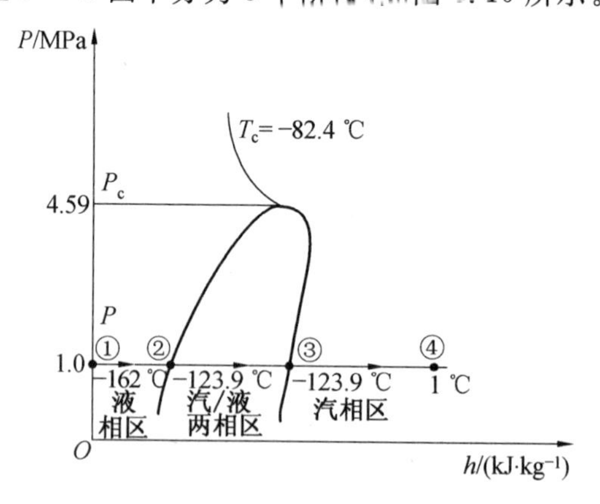

图 3.10 LNG 的汽化过程

从 LNG 进口至 NG 出口的 3 个加热阶段为

(1) 液体单相加热阶段：① → ②；

(2) 在饱和温度下的液相变汽相的汽化阶段:② → ③;

(3) 全部汽化后的单相气体的加热阶段:③ → ④。

因而汽化器的设计也应分 3 个阶段进行。

下面,通过一个设计实例说明低压小型汽化器的设计特点。

(1) 设计参数。

LNG 流量:$G=37.5\ \text{t/d}=1.5625\ \text{t/h}=0.434\ \text{kg/s}$;

LNG 进口温度:−162 ℃;

NG 出口温度:1 ℃;

LNG 进口压力:1.0 MPa;

循环水的进口温度:45 ℃;

循环水的出口温度:20 ℃;

循环水流量由汽化器的热平衡确定。

(2) 热负荷计算。

汽化过程的 3 个换热阶段有 4 个节点:

LNG 进口节点 ①:

1.0 MPa、−162 ℃ 的焓值:$h_1=-0.5\ \text{kJ/kg}$;

饱和 LNG 节点 ②,即开始汽化时的节点:

1.0 MPa、149.1 K(−123.9 ℃)的焓值:$h_2=139\ \text{kJ / kg}$;

汽化过程终点 ③:

1.0 MPa、149.1 K(−123.9 ℃)的焓值:$h_3=554.8\ \text{kJ/kg}$;

气体加热终点 ④:

1.0 MPa、274 K(1 ℃)的焓值:$h_4=846.7\ \text{kJ/kg}$;

液体加热段热负荷:

$$Q_1=G(h_2-h_1)=0.434\times[139-(-0.5)]=60.543\ (\text{kJ/s})$$

设计热负荷:$Q_1=60.543\times1.05=63.57\ (\text{kJ/s})$;

液 / 汽相变段热负荷:

$$Q_2=G(h_3-h_2)=0.434\times(554.8-139)=180.457\ (\text{kJ/s})$$

设计热负荷:$Q_2=180.457\times1.05=189.48\ (\text{kJ/s})$;

气体加热段热负荷:

$$Q_3=G(h_4-h_3)=0.434\times(846.7-554.8)=126.68\ (\text{kJ/s})$$

设计热负荷:$Q_3=126.68\times1.05=133.02\ (\text{kJ/s})$;

总设计热负荷:

$$Q=Q_1+Q_2+Q_3=386.07\ (\text{kJ/s})$$

(3) 循环水流量计算。

循环水平均温度:$(45+20)/2=32.5$ (℃);

循环水比热容:$c_p=4.174\ \text{kJ/(kg·℃)}$;

循环水温降:$\Delta T=45-20=25$ (℃);

循环水流量:

$$G_w = \frac{Q}{c_p \Delta T} = 386.07/(4.174 \times 25) = 3.7\ (\text{kg/s})$$

$$= 13\ 320\ (\text{kg/h}) = 13.32\ (\text{t/h})$$

(4) 烟气流量的推算。

假定余热资源为锅炉排出烟气，在余热回收器中，假定烟气进口温度为 $t_1 = 160$ ℃，烟气出口温度为 $t_2 = 80$ ℃，与循环水之间的换热量为 $Q = 386.07$ kJ/s，烟气的比热容为 $c_p = 1.1$ kJ/(kg・℃)，则所需烟气流量为

$$G_g = \frac{Q}{c_p(t_1 - t_2)} = \frac{386.07}{1.1(160-80)} = 4.387\ (\text{kg/s}) = 15.793\ (\text{t/h})$$

在上述条件下可以对余热回收器进行设计。

(5) 传热温差的计算。

汽化器中的热流体是直接加热 LNG 的循环水，冷流体是 LNG 或 NG，冷热流体之间的传热温差有顺流和逆流两种情况，假定冷热流体为逆向流动时的温度变化如图 3.11 所示。

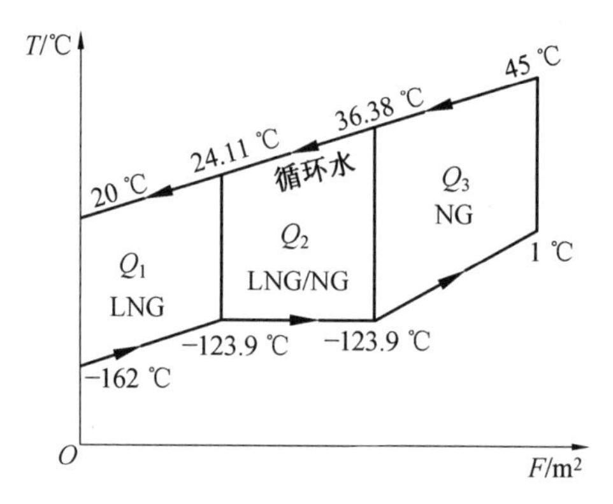

图 3.11　冷热流体逆流时的温度分布

根据各段的热负荷 Q_1、Q_2、Q_3，分别计算出循环水在节点②和节点③处的温度分别为 24.11 ℃ 和 36.38 ℃。由图 3.9 可知，LNG 在 1.0 MPa 下的饱和温度为 −123.9 ℃。

第 1 段传热温差：

热流体：　24.11 ℃　→　20 ℃

冷流体：　−123.9 ℃　←　−162 ℃

端部温差：　148.01 ℃　　182 ℃

对数平均温差：　164.42 ℃

传热温差：　164.42 × 0.95 = 156.2 (℃)

第 2 段传热温差：

热流体：　36.38 ℃　→　24.11 ℃

冷流体：　−123.9 ℃　←　−123.9 ℃

端部温差：　160.28 ℃　　148.01 ℃

对数平均温差：　　154.06 ℃

传热温差：　154.06×1.0＝154.06 (℃)

第 3 段传热温差：

热流体：　45 ℃　→　36.38 ℃

冷流体：　1.0 ℃　←　－123.9 ℃

端部温差：　44 ℃　　160.28 ℃

对数平均温差：　　89.95 ℃

传热温差：　89.95×0.95＝85.45 (℃)

(6) 管型选择和初步设计。

管型的选择见表 3.12。

表 3.12　管型的选择

项目	管型	注
材质	不锈钢(06Cr19Ni10)	无缝管
管型	直管	
外径 /mm	27	
内径 /mm	20	
厚度 /mm	3.5	
管间距 /mm	35	等边布置

初步设计：

为了防止循环水在壁面冻结，需尽量降低管内换热系数，为此，选取较低的管内流速(一般 IFV 型汽化器的 LNG 流速为 1.0 m/s 左右)。现选择

LNG 进口处的液态流速：$v=0.05$ m/s；

管内质量流速：$G_m=v\times\rho=0.05\times394.6=19.73$ [kg/(m^2 · s)]；
其中，在平均温度下 LNG 的密度为 394.6 kg/m^3。

总流通面积：$F=G/G_m=0.434/19.73=0.022$ (m^2)；

单管流通面积：$A_1=\frac{\pi}{4}d_i^2=0.000\ 314\ 1$ (m^2)；

传热管数目：$N=0.022\ /\ 0.000\ 314\ 1=70$(根)；

1 m 长管束传热面积：$A_1=70\times1.0\times\pi\times0.027=5.94$ (m^2)。

(7) 管内换热系数的计算。

① 第 1 段和第 3 段中的管内换热系数。

流体分别为液相和汽相，均属单相流动，可由试验关联式(1.3)计算。

第 1 段(液态段)：

$$Re=\frac{d_i\times G_m}{\mu}=\frac{0.02\times19.73}{5.688\times10^{-5}}=6\ 937$$

$$h_i = 0.023\left(\frac{\lambda}{d_i}\right)(Re)^{0.8}(Pr)^{0.4}$$

$$= 0.023 \times \frac{0.130\ 5}{0.02} \times 6\ 937^{0.8} \times 1.75^{0.4} = 222\ [\mathrm{W/(m^2 \cdot s)}]$$

第 3 段(汽态段):

$$Re = \frac{d_i \times G_m}{\mu} = \frac{0.02 \times 19.73}{0.826\ 2 \times 10^{-5}} = 47\ 761$$

$$h_i = 0.023\left(\frac{\lambda}{d_i}\right)(Re)^{0.8}(Pr)^{0.4}$$

$$= 0.023 \times \frac{0.024}{0.02} \times 47\ 761^{0.8} \times 0.78^{0.4} = 138.4\ [\mathrm{W/(m^2 \cdot s)}]$$

计算中的相关参数见表 3.13。

表 3.13　管内换热系数计算的相关参数

物理量	单位	液态段	汽态段
进口温度	℃	−162	−123.9
出口温度	℃	−123.9	1.0
平均温度	℃	−142.95	−61.45
密度	$\mathrm{kg/m^3}$	394.6	9.67
比热容	kJ/(kg·℃)	4.023	2.262
导热系数	W/(m·℃)	0.130 5	0.024
黏度	kg/(m·s)	5.688×10^{-5}	$0.826\ 2 \times 10^{-5}$
Pr 数	—	1.75	0.78
质量流速	$\mathrm{kg/(m^2 \cdot s)}$	19.73	19.73
管内 *Re* 数	—	6 937	47 761
管内换热系数 h_i	$\mathrm{W/(m^2 \cdot ℃)}$	222	138.4

② 第 2 段 LNG 介质的管内沸腾换热。

管内沸腾时在加热面上所产生的气泡和蒸汽与液体一起流动,从而形成了管内两相流。当壁面温度与饱和温度的温差过大时,会形成膜态沸腾,即在壁面上形成一层汽膜,将液体排到汽膜的外侧,将使换热系数和热流密度大大下降。在本设计参数中,在相变段,沸腾换热的温差为 154.06 ℃,已进入了膜态沸腾区,需应用膜态沸腾的相关公式计算。

参考文献[9][11] 推荐的大容积膜态沸腾的关联式为

$$h = 0.62\left[\frac{gr\rho_v(\rho_l - \rho_v)\lambda_v^3}{\mu_v d(t_w - t_s)}\right]^{1/4} \tag{3.2}$$

式中,除 ρ_l 及 r 的值由饱和温度 t_s 取值外,其余物性均以平均温度 $t_m = (t_w + t_s)/2$ 为定性温度。

由于管壁温度 t_w 未知,将上式中的温差 $(t_w - t_s)$ 用式 $(t_w - t_s) = \frac{q}{h}$ 替代,其中 q 为热

流密度 W/m^2，上式可转化为

$$h = 0.53\left[\frac{gr\rho_v(\rho_l-\rho_v)\lambda_v^3}{\mu_v dq}\right]^{1/3} \tag{3.3}$$

在本设计条件下，相变段内的相关参数如下。

饱和温度：$t_s = -123.9$ ℃（149.1 K）；

平均温度：$t_m = (t_w + t_s)/2 = (5 - 123.9)/2 = -59.45$ ℃；（假定壁温 $t_w = 5$ ℃）

汽化潜热（由物性表可知）：$r = 268.02 + 144.02 = 412.04$ (kJ/kg) $= 412\,040$ (J/kg)；

液体密度：$\rho_l = 358.26$；

蒸汽密度 ：$\rho_v = 9.67$；

蒸汽黏度：$\mu_v = 8.09 \times 10^{-6}$ kg/(m·s)；

蒸汽导热系数：$\lambda_v = 0.023$ W/(m·℃)；

管内径：$d = 0.02$ m；

总沸腾热负荷：$Q_2 = 189.48$ kJ/s；

预设沸腾段传热管长度：1.5 m；传热管总数：70 根；

预设传热面积：$A_2 = 70 \times 1.5 \times \pi \times 0.02 = 6.6$ (m^2)；

预设热流密度：

$$q = Q_2/A_2 = 189\,480/6.6 = 28\,709\ (W/m^2)$$

按计算式(3.3)，沸腾换热系数为

$$\begin{aligned} h &= 0.53\left[\frac{gr\rho_v(\rho_l-\rho_v)\lambda_v^3}{\mu_v dq}\right]^{1/3} \\ &= 0.53\left[\frac{9.8 \times 412.04 \times 10^3 \times 9.67 \times (358.26 - 9.67) \times 0.023^3}{(8.09 \times 10^{-6}) \times 0.02 \times 28\,709}\right]^{1/3} \\ &= 173.4\ [W/(m^2 \cdot s)] \end{aligned}$$

修正系数：考虑到管内膜态沸腾与大容积下的膜态沸腾相比存在汽流的流动影响，乘以修正系数 1.2，则管内沸腾换热系数为：

$$h = 173.4 \times 1.2 = 208.1\ [W/(m^2 \cdot s)]$$

(8) 管外循环水侧换热系数。

选用的管壳式汽化器的结构特点如图 3.12 和 3.13 所示。

70 根管分为 4 排，每排分别为 18、17、18、17 根。排列方式如图 3.13 所示，折流板宽度为 $40 \times 4 = 160$ (mm)，折流板长度为$(17 \times 40) + 140 = 820$ (mm)，其中 140 mm 为折流板未穿孔部分长度。

折流板间距为 300 mm。

在上述结构条件下，计算管外循环水对流换热系数。

循环水平均温度：$(45 + 20)/2 = 32.5.5$ (℃)。

在平均温度下水的物性如下。

密度：$\rho = 995.6$ kg/m^3；

导热系数：$\lambda = 0.618$ W/(m·℃)；

黏度：$\mu = 801.5 \times 10^{-6}$ kg/(m·s)；

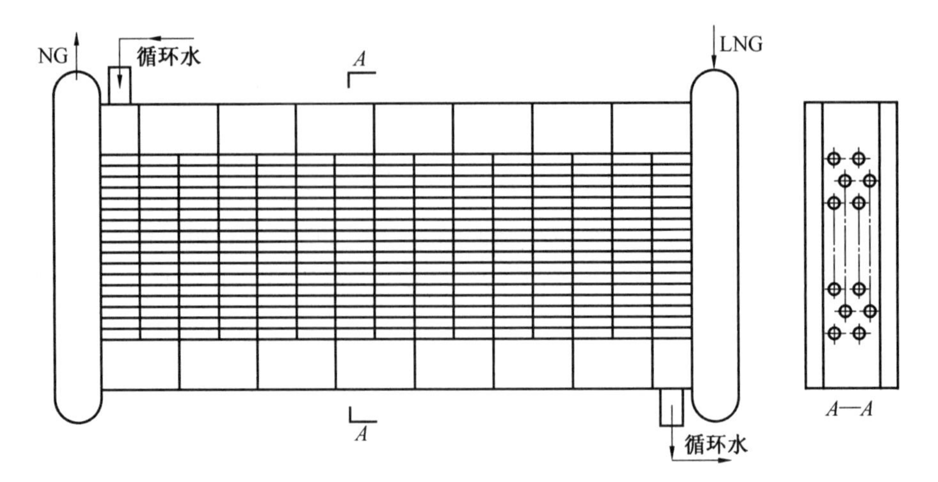

图 3.12　管壳式汽化器的结构形式

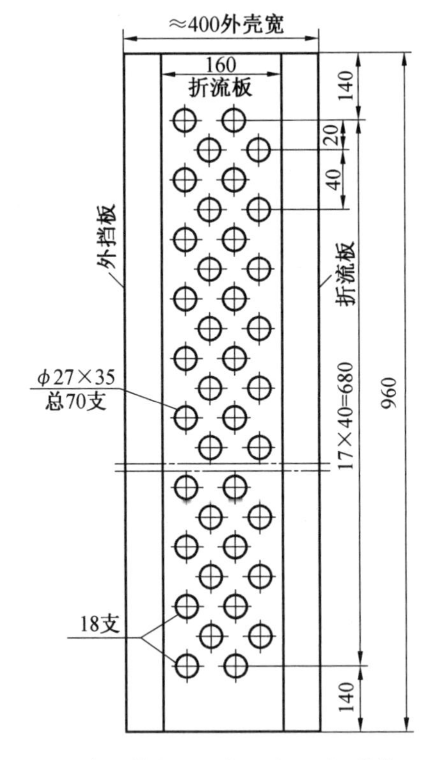

图 3.13　管束的横断面和折流板尺寸(单位:mm)

比热容:4.174 kJ/(kg·℃);

Pr 数:5.42;

水流量:3.7 kg/s。

按试验关联式(3.4)计算叉排管束的管外换热系数

$$h=0.35\left(\frac{\lambda}{D_{\mathrm{o}}}\right)\left(\frac{s_{\mathrm{t}}}{s_{\mathrm{l}}}\right)^{0.2}(Re)^{0.6}(Pr)^{0.36} \tag{3.4}$$

式中　$s_{\mathrm{t}}, s_{\mathrm{l}}$——分别为横向管间距和纵向管间距,分别取 80 mm 和 20 mm。

$$Re = \frac{D_o G_m}{\mu}$$

其中,G_m 为流体流经最窄截面处的质量流速,kg/(m² · s)。

折流板间距:300 mm;

进口处流通横截面积:300 × 160 = 480 000 (mm²) = 0.048 (m²)

进口处质量流速:G = 3.7/0.048 = 77.08 kg/(m² · s)

最窄流通截面 / 进口流通截面:(160 − 2 × 27)/160 = 0.662 5(m²)

最窄流通截面处的质量流速:

$$G_m = 77.08/0.662\ 5 = 116.29\ \text{kg/(m}^2\cdot\text{s)}$$

$$Re = \frac{D_o G_m}{\mu} = \frac{0.027 \times 116.29}{801.5 \times 10^{-6}} = 3\ 917$$

$$h = 0.35\left(\frac{\lambda}{D_o}\right)\left(\frac{s_t}{s_l}\right)(Re)^{0.6}(Pr)^{0.36}$$

$$= 0.35 \times \frac{0.618}{0.027} \times \left(\frac{80}{20}\right)^{0.2} \times 3\ 917^{0.6} \times 5.42^{0.36} = 2\ 780\ [\text{W/(m}^2\cdot℃)]$$

(9) 传热热阻和传热系数。

传热热阻和传热面积的计算见表 3.14。

表 3.14　传热热阻和传热面积的计算

物理量	公式和单位	液态段	蒸发段	汽态段
管外换热系数	h_o,W/(m² · ℃)	2 780	2 780	2 780
管外热阻	$R_o = \frac{1}{h_o}$,(m² · ℃)/W	0.000 359 7	0.000 359 7	0.000 359 7
管内换热系数	h_i,W/(m² · ℃)	222	208.1	138.4
管内热阻	$R_i = \frac{D_o}{D_i} \times \frac{1}{h_i}$,(m² · ℃)/W	0.006 081	0.006 487 2	0.009 754 3
管壁热阻	$R_w = \frac{D_o}{2k} \times \ln\left(\frac{D_o}{D_i}\right)$ k = 20 W/(m · ℃) (m² · ℃)/W	0.000 202 5	0.000 202 5	0.000 202 5
管外污垢热阻	R_{fi},(m² · ℃)/W	0.000 01	0.000 01	0.000 01
总热阻	R,(m² · ℃)/W	0.006 653 2	0.007 057 4	0.010 326 5
传热系数	$U_o = \frac{1}{R}$,W/(m² · ℃)	150.3	141.65	96.84
传热温差	ΔT , ℃	156.2	154.06	85.45
传热量	Q,kW	63.57	189.48	133.02
传热面积	$A = \frac{Q}{U_o \Delta T}$,m²	2.7	8.68	16.07
分段面积比		0.1	0.32	0.58

续表 3.14

物理量	公式和单位	液态段	蒸发段	汽态段
设计总面积	A,m^2	2.7 + 8.68 + 16.07 = 27.45		
安全系数		1.1		
传热面积	A,m^2	27.45 × 1.1 = 30.195		
1 m 长管束传热面积	m^2	5.94		
传热管长度	L,m	30.195/5.94 = 5.08，取 5.0		
实取传热面积	A,m^2	5.94 × 5.0 = 29.7		
折流板数		(5.0/0.3) − 1 = 16		

注:相变段占有管子长度为(27.45/5.94) × 0.32 = 1.48 (m)，与设计中选取的 1.5 m 接近。

(10) 管壁温度估算。

按 1.7 节相关公式计算。

在冷热流体逆流情况下,最低管壁温度发生在循环水出口、LNG 进口处。

循环水出口:$T_1 = 20$ ℃,$h_1 = 2\ 780$ W/(m^2 · ℃);

LNG 进口:$T_2 = -162$ ℃ ,$h_2 = 222$ W/(m^2 · ℃);

管子外径、内径分别为 27 mm 和 20 mm,管壁导热系数为 20 W/(m · ℃)。计算结果如下:

$$R_o = \frac{1}{h_o} = \frac{1}{2\ 780} = 0.000\ 359\ 7\ [(\mathrm{m}^2 \cdot ℃)/\mathrm{W}]$$

$$R_w = \frac{D_o}{2k} \times \ln\left(\frac{D_o}{D_i}\right) = \frac{0.027}{2 \times 20} \times \ln\left(\frac{0.027}{0.02}\right) = 0.000\ 202\ 5\ [(\mathrm{m}^2 \cdot ℃)/\mathrm{W}]$$

$$R_i = \frac{D_o}{D_i}\frac{1}{h_i} = \frac{0.027}{0.02} \times \frac{1}{222} = 0.006\ 081\ [(\mathrm{m}^2 \cdot ℃)/\mathrm{W}]$$

$$R = 0.006\ 643\ 2\ (\mathrm{m}^2 \cdot ℃)/\mathrm{W}$$

$$T_1 - T_2 = 20 - (-162) = 182\ (℃)$$

$$T_{w1} = T_1 - (R_o/R) \times (T_1 - T_2) = 20 - (0.000\ 359\ 7/0.006\ 643\ 2) \times 182 = 10.15\ (℃)$$

计算结果表明,在 LNG 进口处,管子外壁温度为 10.15 ℃,不存在冻结风险,且有较大的安全系数。

(11) 结构形式新方案。

设计的传热管长度为 5.0 m,设备长度约 7 m,为了降低设备长度,推荐如图 3.14 所示的另一种结构方案。该方案的特点是:采用弯管式结构,即 U 形管结构,将 5.0 m 长度传热管变为上下布置的 U 形管,不但可使设备总长度大大缩短,而且便于布置和排水。

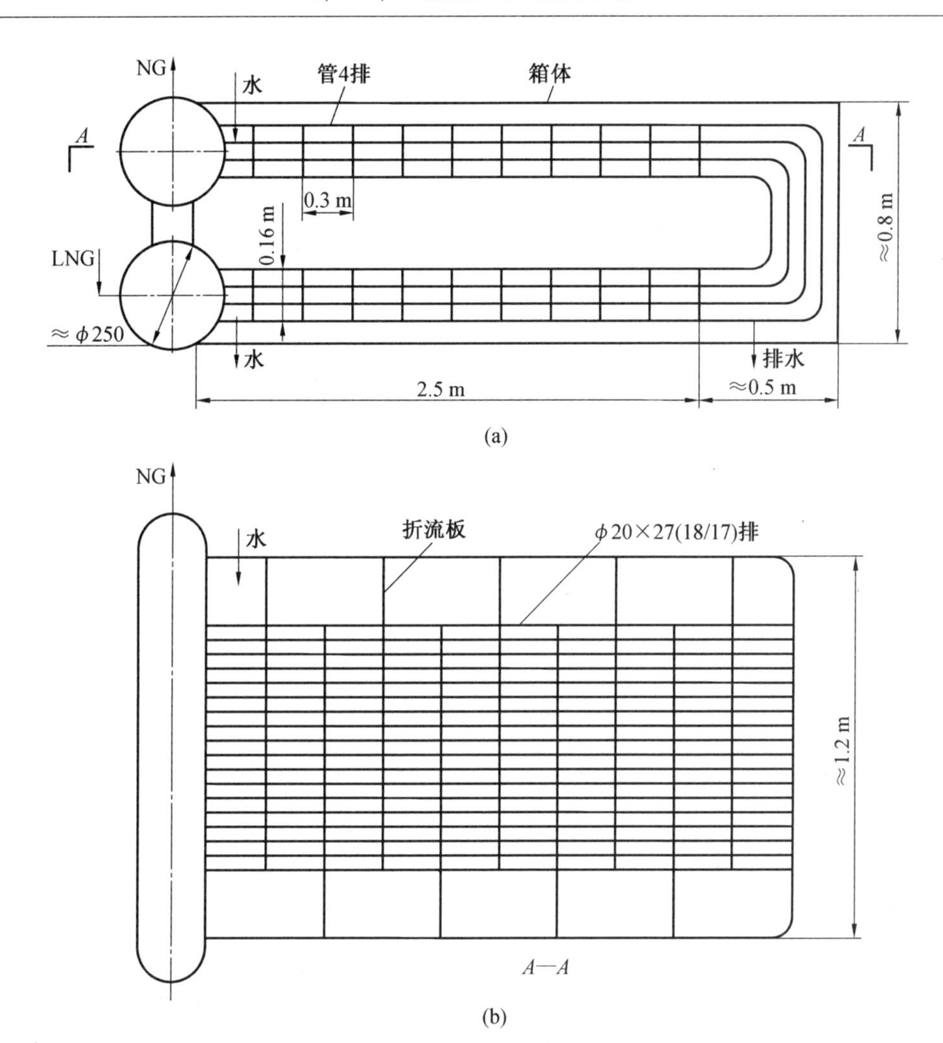

图 3.14　U 形管式汽化器的整体结构

第 4 章　LNG 汽化器的变工况计算

4.1　变工况计算的必要性和计算方法

所谓变工况，是指其运行参数与设计参数不相同的工作状况。LNG 汽化器的用户和设计者之所以重视设备的变工况性能，一是因为现场的运行参数会经常处于变动状态，需要知道运行参数变化后汽化器的工作性能；二是因为在汽化器中参与换热的流体——LND 或海水（或循环水）的温度和流量等参数难以精确控制，甚至难以人为控制（如海水温度），虽然在设计时选取的是固定的参数，但设备经常处于变工况运行中。

LNG 汽化器变工况计算的已知条件包括：冷、热流体的进口温度，冷热流体的流量。需要确定的参数是：冷热流体的出口温度、换热量及中间介质丙烷的温度变化。在 IFV 汽化系统中，由于 LNG 汽化器是由 3 个换热单元 E_1、E_2、E_3 组成，因而需要确定每一个换热单元的传热性能。

变工况计算的原理和方法是传热学中广泛应用的“传热效率－换热单元数法”，下面介绍“传热效率－换热单元数法”及其在变工况计算中的应用。

换热量计算和换热器设计的基本公式为

$$Q=(mc)_h(T_1-T_2) \tag{4.1}$$

$$Q=(mc)_c(t_2-t_1) \tag{4.2}$$

$$Q=UA\Delta T=UAF\Delta T_{ln}=UAF\frac{(T_1-t_2)-(T_2-t_1)}{\ln\dfrac{T_1-t_2}{T_2-t_1}} \tag{4.3}$$

式中　Q—— 传热量，W；

m—— 热流体或冷流体的质量流量，kg/s；

c—— 热流体或冷流体的比定压热容，J/(kg · ℃)；

$(mc)_h$、$(mc)_c$—— 热流体和冷流体的热容量，W/℃；

T_1、T_2—— 热流体的进口温度和出口温度，℃；

t_1、t_2—— 冷流体的进口温度和出口温度，℃；

U、A—— 换热器的传热系数[W/(m² · ℃)]和传热面积(m²)；

ΔT_{ln}、F—— 对数平均温差和温差修正系数，它们都是冷热流体进出口温度的函数。

上述 3 个方程中有 3 个未知数：T_2、t_2、Q，但它们是不能直接求解出来的。要想求解必须利用烦琐的迭代方法。为了方便求解，需首先定义换热器的传热效率

(Effectiveness)ε 如下

$$\varepsilon = 实际传热量 / 最大可能的传热量 = Q/Q_{max} \tag{4.4}$$

实际传热量 Q 可以通过式(4.1) 或(4.2) 表示，而最大可能的传热量对应最大可能的传热温差：热流体进口温度(T_1) 和冷流体进口温度(t_1) 之差($T_1 - t_1$)，而在冷热两种流体中，只有热容量(mc) 为最小的流体才可能拥有这一最大温差。因而，最大可能的传热量可以写为

$$Q_{max} = (mc)_{min}(T_1 - t_1) \tag{4.5}$$

为此，需要计算并选择出具有最小热容量的流体，可能是热流体，也可能是冷流体，其热容量为$(mc)_{min}$，这时，由式(4.4) 和式(4.5) 可知

$$\varepsilon = \frac{Q}{Q_{max}} = \frac{(mc)_{min}(\Delta T)_{min}}{(mc)_{min}(T_1 - t_1)} = \frac{(\Delta T)_{min}}{(T_1 - t_1)} \tag{4.6}$$

式中　$(\Delta T)_{min}$—— 最小热容量流体的进出口温差。

若热流体为最小热容量，则 $\Delta T = T_1 - T_2$；由式(4.6) 可得

$$T_2 = T_1 - \varepsilon(T_1 - t_1)$$

$$Q = (mc)_{min}(T_1 - T_2) \tag{4.7}$$

若冷流体为最小热容量，则 $\Delta T = t_2 - t_1$。

$$t_2 = t_1 + \varepsilon(T_1 - t_1)$$

$$Q = (mc)_{min}(t_2 - t_1) \tag{4.8}$$

式(4.6) 表明，若能求得传热效率 ε，则冷热流体的出口温度及传热量就可很容易地求解出来。经过分析，ε 是两个无因次量的函数，即

$$\varepsilon = f(N, C) \tag{4.9}$$

式中　$N = \dfrac{UA}{(mc)_{min}}$；

$C = \dfrac{(mc)_{min}}{(mc)_{max}}$。

其中，N 称为传热单元数(NTU)，是一个无因次数，与传热系数和传热面积的乘积(UA)成正比，与最小热容量$(mc)_{min}$ 成反比。C 是两个热容量的比值。ε 随换热器的形式不同有不同的表达式，对于 IFV 型 LNG 汽化器中的换热特点，主要有下列两种形式。

(1) 对于凝结器或蒸发器，在一侧换热表面是某种流体的凝结或蒸发，另一侧是另一种单相流体的强迫对流。在这种情况下，相变换热的热容$(mc)_{max}$ 可以看作为无穷大，因而另一侧单相流体总是传热过程中的$(mc)_{min}$，这时

$C = \dfrac{(mc)_{min}}{(mc)_{max}} \to 0$，其传热效率的表达式为

$$\varepsilon = 1 - e^{-N} \quad 或 \quad N = -\ln(1 - \varepsilon) \tag{4.10}$$

对于 IFV 型 LNG 汽化器，凝结器和蒸发器都属于这种情况。在凝结器中，管外为丙烷蒸气的凝结，热容$(mc)_{max}$ 为无穷大，管内 LNG 流体为$(mc)_{min}$。在蒸发器中，管外为丙烷液体的沸腾，热容$(mc)_{max}$ 为无穷大，管内海水流体为$(mc)_{min}$。

(2) 在调温器中，管内为海水，且管内流动的海水互不混合，管外是 NG 气体的横向冲刷，且有横向相互混合的可能，如图 4.1 所示。

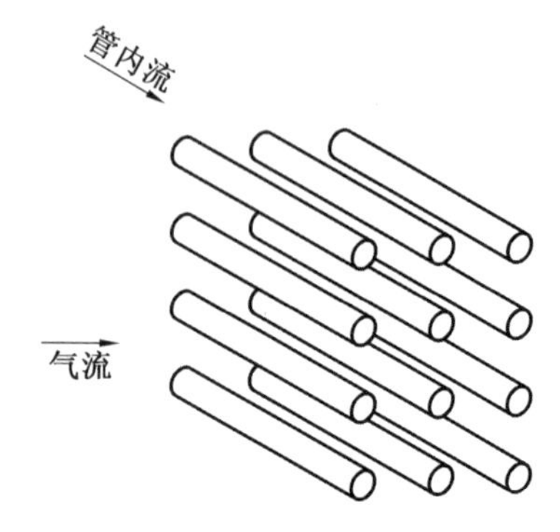

图 4.1　调温器中冷热流体的流动状况

对这种两流体中仅一种流体有混合的错流式热交换器，推荐的 $\varepsilon=f(N,C)$ 计算公式为

当 $(mc)_{\max}$ 为混合流体，$(mc)_{\min}$ 为非混合流体时：

$$\varepsilon=\frac{1-\exp\{-C[1-\exp(-N)]\}}{C} \tag{4.11}$$

当 $(mc)_{\min}$ 为混合流体，$(mc)_{\max}$ 为非混合流体时：

$$\varepsilon=1-\exp\{-\frac{1}{C}[1-\exp(-CN)]\} \tag{4.12}$$

对于调温器，管内是海水，管外是 NG 气体，海水的流量远远大于 NG 流量，海水侧为 $(mc)_{\max}$，是非混合流体，管外 NG 气体侧为 $(mc)_{\min}$，属于可互相混合的流量，因而应该选用式(4.12)计算。

式(4.12)中的变量关系可如图 4.2 所示，当计算出 C 值和 N 值以后，也可以由此图查取相应的 ε 值。

4.2　IFV 型汽化器的变工况特点

IFV 型汽化器的换热系统由三部分组成：蒸发器(E_1)、凝结器(E_2)和调温器(E_3)，如图4.3 所示。

与变工况有关的设计参数如下：

t_1、t_2——LNG/NG 在凝结器中的进出口温度；

t_2、t_3——NG 在调温器中的进出口温度；

m_1——LNG/NG 的质量流量；

T_1、T_2——海水在调温器中的进出口温度；

T_2、T_3——海水在蒸发器中的进出口温度；

m_2——海水的质量流量；

Q_1——蒸发器和凝结器之间的换热量；

Q_2——调温器中 NG 与海水之间的换热量；

T——蒸发器与凝结器之间中间介质的饱和温度；

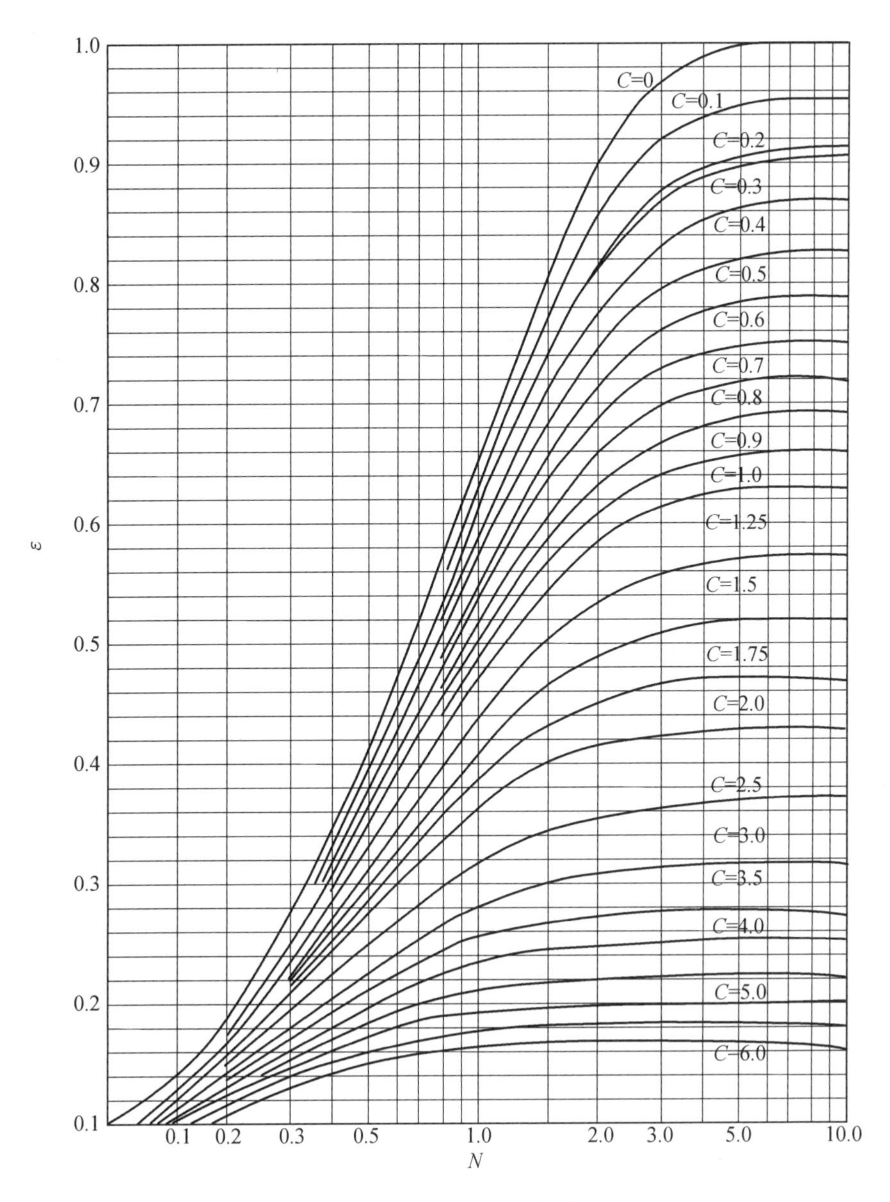

图 4.2　$\varepsilon = f(N,C)$ 曲线图

U_1—— 蒸发器传热系数；

U_2—— 凝结器传热系数；

U_3—— 调温器传热系数；

A_1—— 蒸发器传热面积；

A_2—— 凝结器传热面积；

A_3—— 调温器传热面积。

根据图 4.3 所示的 3 个换热器，其设计数据是互相关联的。当 E_2 和 E_3 的运行参数发生变化之后，蒸发器 E_1 的运行参数也必然随之发生变化。因此，LNG 汽化器变工况计算的程序是：

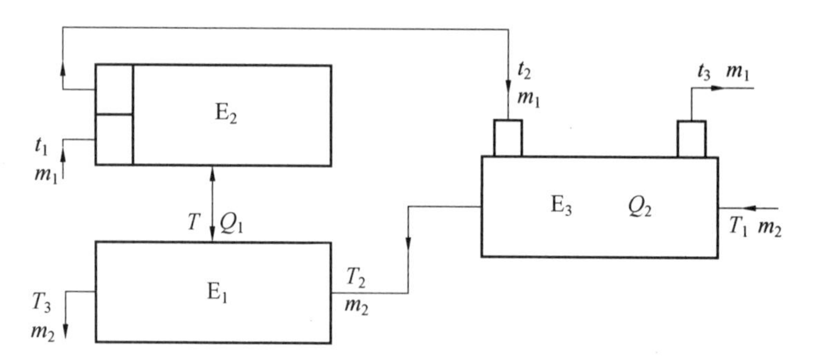

图 4.3 IFV 型汽化器的换热系统

凝结器 E_2 的变工况计算 → 调温器 E_3 的变工况计算 → 蒸发器 E_1 的变工况计算

汽化器变工况计算的依据如下。

对凝结器，为 LNG/NG 与丙烷之间的传热：

$$Q_1=(mc)_c(t_2-t_1) \tag{4.13}$$

$$Q_1=U_2A_2\Delta T_2=U_2A_2\frac{(T-t_1)-(T-t_2)}{\ln\dfrac{T-t_1}{T-t_2}} \tag{4.14}$$

对蒸发器，为海水与丙烷之间的传热：

$$Q_1=(mc)_h(T_2-T_3) \tag{4.15}$$

$$Q_1=U_1A_1\Delta T_3=U_1A_1\frac{(T_2-T)-(T_3-T)}{\ln\dfrac{T_2-T}{T_3-T}} \tag{4.16}$$

在变工况计算中，两个传热过程的热容量$(mc)_c$、$(mc)_h$ 及 U_2A_2、U_1A_1 均为已知，进口温度 t_1、T_2也已知。4个方程有4个未知数：热负荷 Q_1，丙烷温度 T，冷热流体的出口温度 t_2和 T_3。

进行变工况计算的方法如下。

(1) 先假定一个丙烷的温度 T；

(2) 以式(4.13)、式(4.14)为依据，用变工况公式计算凝结器的出口温度 t_2 和热负荷 Q_1；

(3) 以式(4.15)、式(4.16)为依据，用变工况公式计算蒸发器的出口温度 T_3 和热负荷 Q_1；

(4) 将凝结器热负荷和蒸发器热负荷进行比较，若两个热负荷的数值不等，则应重新假定丙烷温度，并重复上述计算，直到两个热负荷的数值基本相等为止。

应当指出，在计算过程中，调温器的计算夹在凝结器和蒸发器之间，也必须顺便计算。丙烷温度 T 的选择要点如下。

(1)LNG/NG、丙烷和海水的温度变化曲线如图 4.4 所示。当冷流体 LNG/NG 的温度水平提高时，会使凝结器的传热温差变小，为了维持热平衡，丙烷温度 T 要升高一点；同样，当海水温度升高时，会使与丙烷之间的温差增大，为了维持热平衡，丙烷温度也要随之升高，计算表明，随着季节的变化，当海水温度明显升高时，丙烷温度会有明显的升高。

(2) 当 LNG/NG 或海水的流量发生变化时，会引起传热系数 U_2A_2、U_1A_1 的变化，为

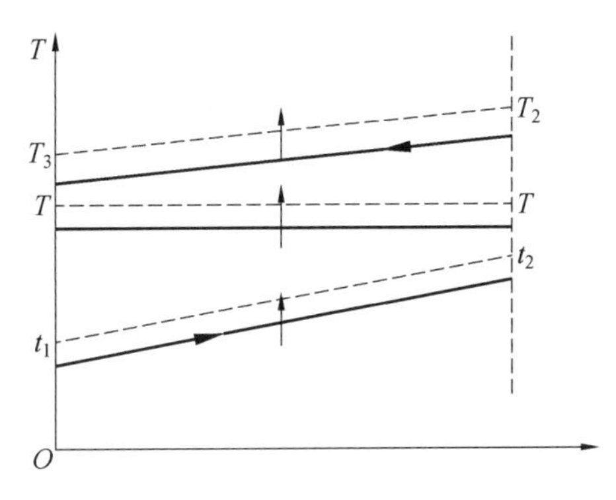

图 4.4　LNG/NG、丙烷和海水的温度变化

了保持热平衡，丙烷温度曲线也会有所移动。例如，当 LNG 的流量减小时，会引起传热量的减少，丙烷温度曲线也会向上移动一点，使传热温差有所增加，同时使蒸发器的传热温差有所减小，以保持二者的热平衡。

在对 LNG 汽化器进行变工况计算之前，最好将图 4.3 所示的原有的各设计参数都标记出来，以便与变工况后的参数进行比较。选取第 2.1 节的汽化器设计例题，原设计参数和设计结果见表 4.1。

表 4.1　某汽化站的设计参数

参数	凝结器(E_2)	蒸发器(E_1)	调温器(E_3)
放热流体	丙烷	海水	海水
吸热流体	LNG/NG	丙烷	NG
换热方式	丙烷凝结	丙烷蒸发	对流
丙烷参数	$T = -10$ ℃	$T = -10$ ℃	
LNG/NG 进出口温度	$t_1 = -165$ ℃ $t_2 = -30$ ℃		$t_2 = -30$ ℃ $t_3 = 0$ ℃
LNG/NG 质量流量	$m_1 = 56.11$ kg/s		$m_1 = 56.11$ kg/s
换热量	Q_2 18 839.4 + 19 706.1 = 38 545.5 (kW)	Q_1 38 545.5 kW	Q_2 6 050 kW
海水进出口温度		$T_2 = 7.35$ ℃ $T_3 = 3.2$ ℃	$T_1 = 8$ ℃ $T_2 = 7.35$ ℃
海水流量		$m_2 = 2\ 322.7$ kg/s	$m_2 = 2\ 322.7$ kg/s
传热系数	$U_2 = 778$ W/m² · ℃	$U_1 = 1\ 476$ W/(m² · ℃)	$U_3 = 646$ W/(m² · ℃)
传热面积	$A_2 = 825.8$ m²	$A_1 = 1\ 711$ m²	$A_3 = 517$ m²

为了确认变工况计算方法和计算公式的可靠性，以表 4.1 所示的原设计参数为条件进行变工况计算。计算方法是：将原设计工况的进口温度、流量及传热面积和传热系数等

相关数据输入到计算式中，最后算出冷热流体的出口温度和换热量，并与原设计数据进行比较。变工况计算中应注意的条件是：传热系数和传热面积的乘积（UA）为常数，其中传热面积 A 应选取设计值。

应当指出的是：在凝结器设计过程中存在两个传热系数，即液态段传热系数和汽态段传热系数，应求出统一的表观传热系数。

表观传热系数 =（液态段传热系数 × 液态段的热负荷占比）+（汽态段传热系数 × 汽态段的热负荷占比）

变工况计算步骤如下。

（1）凝结器 E_2 的变工况计算。

因管内流体由液态和汽态两种流体组成，进口为 −165 ℃，出口为 −30 ℃，应求出其表观比定压热容，即

$$c=\frac{Q_1}{m_1\Delta T}=\frac{38\ 545.5}{56.11\times[-30-(-165)]}=5.09\ [\mathrm{kJ/(kg\cdot ℃)}]$$

然后，可计算出变工况的相关参数：

$(m_1c)=56.11\ \mathrm{kg/s}\times5.09\ \mathrm{kJ/(kg\cdot ℃)}=285.6\ (\mathrm{kW/℃})=285\ 600\ (\mathrm{W/℃})$

（注：1 kW = kJ/s，1 W = J/s）

$$N=\frac{U_2A_2}{(m_1c)_{\min}}=(778\times825.8)/285\ 600=2.249\ 5$$

管内 LNG 为冷流体，为最小热容量，由式(4.10)可得

$$\varepsilon=1-\mathrm{e}^{-N}=0.894\ 5$$

$$t_2=t_1+\varepsilon(T-t_1)$$

其中，t_1、t_2 分别为 LNG 的进口温度和出口温度，T 为热流体丙烷的饱和温度（为常数 −10 ℃）。

$$t_2=t_1+\varepsilon(T-t_1)=(-165)+0.894\ 5[(-10)-(-165)]=-26.4\ (℃)$$

凝结器的换热量：

$$Q=(mc)_{\min}(t_2-t_1)=285.6\times[-26.4-(-165)]=39\ 584\ (\mathrm{kW})$$

比设计值 38 545.5 kW 大 2.6%。

（2）调温器 E_3 的变工况计算。

调温器 NG 的设计进口温度为 −30 ℃，出口温度为 −0 ℃，应求出其表观比定压热容，即

$$c=\frac{Q_2}{m_1\Delta T}=\frac{6\ 050}{56.11\times[0-(-30)]}=3.594\ [\mathrm{kJ/(kg\cdot ℃)}]$$

NG 热容为

$(m_1c)=56.11\ \mathrm{kg/s}\times3.594\ \mathrm{kJ/(kg\cdot ℃)}=201.66\ (\mathrm{kW/℃})=201\ 660\ (\mathrm{W/℃})$

海水设计进口温度为 8 ℃；

海水流量：$m_2=2\ 322.7\ \mathrm{kg/s}$；

海水比热容：$c=4.0\ \mathrm{kJ/(kg\cdot ℃)}$；

海水热容为

$(m_2c)=2\ 322.7\ \mathrm{kg/s}\times4.0\ \mathrm{kJ/(kg\cdot ℃)}=9\ 290.8\ (\mathrm{kW/℃})=9\ 290\ 800\ (\mathrm{W/℃})$

由此可见：$(m_1c) < (m_2c)$，NG 侧为最小热容。

由式(4.9)，按设计面积计算，可得

$$N = \frac{U_3A_3}{(m_1c)_{\min}} = (646 \times 517)/201\ 660 = 1.656$$

$$C = \frac{(mc)_{\min}}{(mc)_{\max}} = 201\ 660/9\ 290\ 800 = 0.021\ 7$$

由式(4.12) 可得

$$\varepsilon = 1 - \exp\{-\frac{1}{C}[1 - \exp(-CN)]\}$$

$$= 1 - \exp\{-\frac{1}{0.021\ 7}[1 - \exp(-0.021\ 7 \times 1.656)]\} = 0.803\ 4$$

NG 出口温度为

$$t_3 = t_2 + \varepsilon(T_1 - t_2) = -26.4 + 0.803[8 - (-26.4)] = 1.22\ (℃)$$

$$Q_2 = (mc)_{\min}(t_3 - t_2) = 201.66 \times [1.22 - (-26.4)] = 5\ 569.8\ (\text{kW})$$

原设计值为 6 050 kW。

海水出口温度为

$$T_2 = T_1 - \frac{Q_2}{C_2m_2} = 8 - \frac{5\ 569.8}{4.0 \times 2\ 322.7} = 7.4\ (℃)$$

原设计值为 7.35 ℃。

(3) 蒸发器 E_1 的变工况计算。

海水进口温度：$T_2 = 7.4$ ℃；

海水流量：$m_2 = 2\ 322.7$ kg/s；

海水比热容：$c = 4.0$ kJ/(kg · ℃)；

海水热容为

$$(m_2c) = 2\ 322.7\ \text{kg/s} \times 4.0\ \text{kJ/(kg} \cdot ℃) = 9\ 290.8\ (\text{kW/℃}) = 9\ 290\ 800\ (\text{W/℃})$$

因管外为相变换热，故海水侧为最小热容。

由式(4.9) 可得

$$N = \frac{U_1A_1}{(m_2c)} = \frac{1\ 476 \times 1\ 711}{9\ 290\ 800} = 0.272$$

$$\varepsilon = 1 - e^{-N} = 0.238$$

海水出口温度为

$$T_3 = T_2 - \varepsilon(T_2 - T) = 7.4 - 0.238[7.4 - (-10)] = 3.26\ (℃)$$

与原设计值 3.2 ℃ 接近。

蒸发器热负荷为

$$Q_1 = (m_2c) \times (T_2 - T_3) = 9\ 290.8 \times (7.4 - 3.26) = 38\ 464\ (\text{kW})$$

与原设计值 38 545.5 kW 接近，相差 0.2%。

与凝结器热负荷 39 584 kW 相差 2.9%。

对原设计的变工况计算表明：变工况计算结果与原设计结果是接近的，温差在 3% 以内。说明变工况的计算方法和计算公式基本是正确的，主要计算误差发生在凝结器的表观传热系数和表观比热容的计算上。

4.3 IFV 型汽化器的变工况计算

在现场运行过程中，IFV 型汽化器的变工况主要有以下三种类型。

(1) 仅进口温度 t_1 或 T_1 发生变化，流量 m_1 或 m_2 不变，求其出口温度和换热量。因流量 m_1 或 m_2 不变，各换热器的传热系数基本保持不变，由图 4.4 可知，随着冷热流体温度水平的变化，中间介质丙烷的温度也随之变化：当冷流体 LNG 的温度提高时，丙烷的运行温度也随之提高；当热流体海水的温度提高时，丙烷的温度也随之提高。

(2) 流量 m_1 或 m_2 发生变化，进口温度 t_1 或 T_1 不变。因流量 m_1 或 m_2 发生变化，各换热器的传热系数会发生一定变化，需对其传热系数重新进行计算，计算公式与原设计所使用的公式相同。应当指出，传热系数和传热量的变化，也会引起丙烷温度的变化，其变化的原则是维持凝结器和蒸发器之间的热平衡。

(3) 进口温度 t_1 或 T_1 和流量 m_1 或 m_2 同时发生变化。这时，丙烷介质温度会发生较大的变化。

在表 4.1 中的某汽化站的设计结果的基础上，本节首先对进口温度发生变化时的变工况进行计算，然后对流量发生变化时的变工况进行计算，继而对进口温度和流量同时发生变化时的变工况进行计算，最后，对海水温度逐渐升高时，进行不同海水温度下的变工况计算。计算中，应特别关注的是丙烷温度的筛选和热平衡的实现。

【例 4.1】 仅 LNG 进口温度发生变化的情况。

凝结器 LNG 的进口温度升至：$t_1 = -150$ ℃；

流量：$m_1 = 56.11$ kg/s；

海水进口温度：$T_1 = 8$ ℃；

海水流量：$m_2 = 2\ 322.7$ kg/s；

推算各出口温度和热负荷。

变工况特点：因凝结器 LNG 的进口温度升高，凝结器的传热温差较小，为了与蒸发器保持热平衡，由图 4.4 所示，中间介质温度会自动升高，初步假定由 −10 ℃ 升至 −9 ℃。

(1) 凝结器的变工况计算。

假定表观比热容不变，则

$(m_1c) = 56.11\ \text{kg/s} \times 5.09\ \text{kJ/(kg·℃)} = 285.6\ (\text{kW/℃}) = 285\ 600\ (\text{W/℃})$

$$N = \frac{U_2A_2}{(m_1c)_{\min}} = (799 \times 812)/285\ 600 = 2.27$$

$$\varepsilon = 1 - e^{-N} = 0.897$$

NG 出口温度为

$$t_2 = t_1 + \varepsilon(T - t_1) = -150 + 0.897[-9 - (-150)] = -23.5\ (℃)$$

其中，T 为丙烷的饱和温度，取值为 −9 ℃。

热负荷：$Q_1 = (m_1c)_{\min}(t_2 - t_1) = 285.6[-23.5 - (-150)] = 36\ 128\ (\text{kW})$

(2) 调温器的变工况计算。

在调温器中 NG 的比热容估算如下

$$c=\frac{Q_2}{m_1\Delta T}=\frac{6\ 050}{56.11\times[0-(-30)]}=3.594\ [\mathrm{kJ/(kg\cdot ℃)}]$$

$$(m_1c)=56.11\ \mathrm{kg/s}\times3.594\ \mathrm{kJ/(kg\cdot ℃)}=201.66\ (\mathrm{kW/℃})=201\ 660\ (\mathrm{W/℃})$$

$$(m_2c)=2\ 322.7\ \mathrm{kg/s}\times4.0\ \mathrm{kJ/(kg\cdot ℃)}=9\ 290.8\ (\mathrm{kW/℃})=9\ 290\ 800\ (\mathrm{W/℃})$$

$$(m_1c)<(m_2c)$$

$$N=\frac{U_3A_3}{(m_1c)_{\min}}=646\times517/201\ 660=1.656$$

$$C=\frac{(mc)_{\min}}{(mc)_{\max}}=201\ 660/9\ 290\ 800=0.021\ 7$$

由式(4.12)可得

$$\varepsilon=1-\exp\{-\frac{1}{C}[1-\exp(-CN)]\}$$

$$=1-\exp\{-\frac{1}{0.021\ 7}[1-\exp(-0.021\ 7\times1.656)]\}=0.803$$

NG 的出口温度为

$$t_3=t_2+\varepsilon(T_1-t_2)=-23.5+0.803[8-(-23.5)]=1.8\ (℃)$$

$$Q_2=(m_1c)_{\min}(t_3-t_2)=201.66[1.8-(-23.5)]=5\ 102\ (\mathrm{kW})$$

调温器海水出口温度为

$$T_2=T_1-\frac{Q_2}{c_2m_2}=8-\frac{5\ 102}{9\ 290.8}=7.45\ (℃)$$

(3) 蒸发器的变工况计算。

海水进口温度:$T_2=7.45$ ℃;

海水流量:$m_2=2\ 322.7$ kg/s;

海水比热容:$c=4.0$ kJ/(kg·℃);

海水热容为

$$(m_2c)=2\ 322.7\ \mathrm{kg/s}\times4.0\ \mathrm{kJ/(kg\cdot ℃)}=9\ 290.8\ (\mathrm{kW/℃})=9\ 290\ 800\ (\mathrm{W/C})$$

因管外为相变换热,故海水侧为最小热容。

由式(4.9)可得

$$N=\frac{U_1A_1}{(m_2c)}=\frac{1\ 476\times1\ 711}{9\ 290\ 800}=0.272$$

$$\varepsilon=1-\mathrm{e}^{-N}=0.238$$

海水出口温度为

$$T_3=T_2-\varepsilon(T_2-T)=7.45-0.238[7.45-(-9)]=3.53\ (℃)$$

$$Q_1=(m_2c)(T_2-T_3)=9\ 290.8(7.45-3.53)=36\ 420\ (\mathrm{kW})$$

凝结器热负荷:$Q_1=36\ 128$ kW。

两个热负荷基本相等,误差为 0.8%,说明选取的介质温度为 −9 ℃ 是正确的。

由凝结器热负荷计算海水出口温度:

$$T_3 = T_2 - \frac{Q_1}{(m_2 c)} = 7.45 - \frac{36\ 128}{9\ 290.8} = 3.56$$

由此可见,对于仅仅进口温度发生变化的情况,可直接应用变工况公式计算。计算结果如图 4.5 所示。

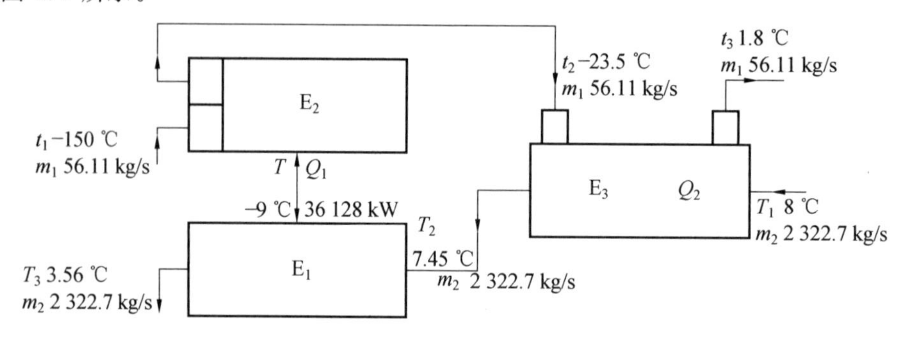

图 4.5　仅温度发生变化时的计算结果

【例 4.2】　仅流量发生变化时的变工况计算。

在原设计流量的基础上,冷热流体流量均有 20% 下降。

凝结器 LNG 的进口温度:$t_1 = -165$ ℃;

LNG 流量:$m_1 = 56.11$ kg/s $\times 0.8 = 44.888$ (kg/s);

海水进口温度:$T_1 = 8$ ℃;

海水流量:$m_2 = 2\ 322.7$ kg/s $\times 0.8 = 1\ 858.16$ (kg/s)。

变工况特点:冷流体 LNG 的流量下降,导致凝结器的传热系数下降,传热量减少,为了保持与蒸发器的热平衡,中间介质丙烷饱和温度会自动升高。初步假定其饱和温度由 −10 ℃ 升高至 −9 ℃。

此外,需要重新计算变工况后的传热系数。

(1) 凝结器的变工况计算。

① 传热系数的变工况计算。

参照表 4.1 的原设计数据和相关公式。

液态段:

$$Re = \frac{d_i \times G_m}{\mu} = \frac{0.016 \times (410.3 \times 0.8)}{6.54 \times 10^{-5}} = 80\ 303$$

$$h_i = 0.023\left(\frac{\lambda}{d_i}\right)(Re)^{0.8}(Pr)^{0.4}$$

$$= 0.023 \times \frac{0.14}{0.016} \times 80\ 303^{0.8} \times 1.68^{0.4} = 2\ 078\ [\mathrm{W/(m^2 \cdot s)}]$$

汽态段:

$$Re = \frac{d_i \times G_m}{\mu} = \frac{0.016 \times 410.3 \times 0.8}{1.56 \times 10^{-5}} = 336\ 657$$

$$h_i = 0.023\left(\frac{\lambda}{d_i}\right)(Re)^{0.8}(Pr)^{0.4}$$

$$= 0.023 \times \frac{0.055}{0.016} \times 336\ 657^{0.8} \times 2.19^{0.4} = 2\ 857\ [\mathrm{W/(m^2 \cdot s)}]$$

管外凝结换热系数

$$G=\frac{m}{L\times n_s}=\frac{101.8\ \text{kg/s}\times 0.8}{9.5\ \text{m}\times 74.2}=0.1155\ [\text{kg/(m·s)}]$$

$$Re=\frac{4G}{\mu_l}=\frac{4\times 0.1155}{1.397\times 10^{-4}}=3308$$

代入丙烷的相关物性，

$$h=0.0077\times\left(\frac{\lambda_l^3\rho_l^2 g}{\mu_l^2}\right)^{1/3}\left(\frac{4G}{\mu_l}\right)^{0.4}$$

$$=0.0077\times\left[\frac{0.1112^3\times 542^2\times 9.8}{(1.397\times 10^{-4})^2}\right]^{1/3}\times 3308^{0.4}=1147\ [\text{W/(m}^2\cdot℃)]$$

变工况后的凝结器热阻和传热系数的计算见表 4.2。

表 4.2　变工况后的凝结器热阻和传热系数的计算

物理量	公式和单位	液态段	汽态段	注
管外换热系数	h_o W/(m^2·℃)	1 147	1 147	
管外热阻	$R_o=1/h_o$ (m^2·℃)/W	0.000 872	0.000 872	
管内换热系数	h_i W/(m^2·℃)	2 078	2 857	
管内热阻	$R_i=\frac{D_o}{D_i}\times\frac{1}{h_i}$ (m^2·℃)/W	0.000 601 5	0.000 437 5	(m^2·℃)/W
管壁热阻	$R_w=\frac{D_o}{2k}\times\ln\left(\frac{D_o}{D_i}\right)$ (m^2·℃)/W	0.000 111 5	0.000 111 5	管材 $k=$ 20 W/(m·℃)
管内污垢热阻	R_{fi} (m^2·℃)/W	0.000 01	0.000 01	选取
总热阻	R，(m^2·℃)/W	0.001 595	0.001 431	
传热系数	$U_2=\frac{1}{R}$	627	699	W/(m^2·℃)
各段热负荷	kW	18 839.4×0.8	19 706.1×0.8	因流量下降 20%
热负荷占比		0.49	0.51	
表观传热系数	W/(m^2·℃)	627×0.49＋699×0.51 ＝663.7	原传热系数为 778	
传热温差	ΔT，℃	108.6	40.77	

② 凝结器的变工况计算。

$$c=5.09\ \text{kJ/(kg·℃)}$$

$$(m_1c)=44.888\ \text{kg/s}\times 5.09\ \text{kJ/(kg·℃)}=228.48\ \text{kW/℃}=228480\ \text{W/℃}$$

$$N=\frac{U_2A_2}{(m_1c)_{\min}}=(663.7\times 825.8)/228480=2.4$$

$$\varepsilon = 1 - e^{-N} = 0.91$$

NG 出口温度为

$$t_2 = t_1 + \varepsilon(T - t_1) = -165 + 0.91 \times [-9 - (-165)] = -23\ (℃)$$

其中，T 为丙烷的饱和温度，为 -9 ℃。

热负荷：$Q_1 = (m_1 c)_{\min}(t_2 - t_1) = 228.48 \times [-23 - (-165)] = 32\,444\ (\mathrm{kW})$

(2) 调温器的变工况计算。

传热系数的变工况计算(相关参数见表 4.1 的原设计)。

管内换热系数为

$$Re = \frac{d_i \times G_m}{\mu} = \frac{0.016\,4 \times 4\,080 \times 0.8}{1\,230 \times 10^{-6}} = 43\,520$$

$$h_i = 0.023\left(\frac{\lambda}{d_i}\right)(Re)^{0.8}(Pr)^{0.3}$$

$$= 0.023 \times \frac{0.56}{0.016\,4} \times 43\,520^{0.8} \times 10.29^{0.3} = 8\,124\ [\mathrm{W/(m^2 \cdot ℃)}]$$

管外换热系数为

$$G_m = \frac{m}{A_s} = \frac{56.11\ \mathrm{kg/s} \times 0.8}{0.289\ \mathrm{m^2}} = 155.36\ [\mathrm{kg/(m^2 \cdot s)}]$$

$$d_e = \frac{1.10 P_t^2}{d_o} - d_o = \frac{1.1 \times 0.028^2}{0.02} - 0.02 = 0.023\,12\ (\mathrm{m})$$

$$h_o = 0.36\left(\frac{\lambda}{d_e}\right)\left(\frac{d_e G_m}{\mu}\right)^{0.55}(Pr)^{1/3}$$

$$= 0.36 \times \frac{0.043\,2}{0.023\,12} \times \left(\frac{0.023\,12 \times 155.36}{1.331 \times 10^{-5}}\right)^{0.55} \times (1.125)^{1/3} = 679\ [\mathrm{W/(m^2 \cdot ℃)}]$$

传热系数和传热面积计算结果见表 4.3。

表 4.3　传热系数和传热面积计算结果

物理量	计算式	数值	注
管内热阻	$R_i = \frac{D_o}{D_i} \times \frac{1}{h_i}$	0.000 150 1	$(\mathrm{m^2 \cdot ℃})/\mathrm{W}$
管外热阻	$R_o = 1/h_o$	0.001 472 7	$(\mathrm{m^2 \cdot ℃})/\mathrm{W}$
管壁热阻	$R_w = \frac{D_o}{2k} \times \ln\left(\frac{D_o}{D_i}\right)$	0.000 099 2	$(\mathrm{m^2 \cdot ℃})/\mathrm{W}$ $k = 20\ \mathrm{W/(m \cdot ℃)}$
管内污垢热阻	R_{fi}	0.000 01	$(\mathrm{m^2 \cdot ℃})/\mathrm{W}$
管外污垢热阻	R_{fo}	0.000 01	$(\mathrm{m^2 \cdot ℃})/\mathrm{W}$
总热阻	R	0.001 742	$(\mathrm{m^2 \cdot ℃})/\mathrm{W}$
传热系数	$U_3 = \frac{1}{R}$	574	原设计值为 646 W/(m² · ℃)

在调温器中 NG 的比热容估算为

$$c=\frac{Q_2}{m_1\Delta T}=\frac{6\ 050}{56.11\times[0-(-30)]}=3.594\ [\text{kJ/(kg}\cdot℃)]$$

$$(m_1c)=44.888\ \text{kg/s}\times 3.594\ \text{kJ/(kg}\cdot℃)=161.33\ (\text{kW}/℃)=161\ 330\ (\text{W}/℃)$$

$$(m_2c)=1\ 858.16\ \text{kg/s}\times 4.0\ \text{kJ/(kg}\cdot℃)=7\ 432.64\ (\text{kW}/℃)=7\ 432\ 640\ (\text{W}/℃)$$

$$(m_1c)<(m_2c)$$

$$N=\frac{U_3A_3}{(m_1c)_{\min}}=574\times 517/161\ 330=1.839$$

$$C=\frac{(mc)_{\min}}{(mc)_{\max}}=161\ 330/7\ 432\ 640=0.021\ 7$$

由式(4.12)可得

$$\begin{aligned}\varepsilon&=1-\exp\{-\frac{1}{C}[1-\exp(-CN)]\}\\&=1-\exp\{-\frac{1}{0.021\ 7}\times[1-\exp(-0.021\ 7\times 1.839)]\}=0.835\end{aligned}$$

NG 的出口温度为

$$t_3=t_2+\varepsilon(T_1-t_2)=-23+0.835\times[8-(-23)]=2.9\ (℃)$$

调温器热负荷为

$$Q_2=(m_1c)_{\min}(t_3-t_2)=161.33\times[2.9-(-23)]=4\ 178\ (\text{kW})$$

调温器海水出口温度为

$$T_2=T_1-\frac{Q_2}{c_2m_2}=8-\frac{4\ 178}{4.0\times 1\ 858.16}=7.44\ (℃)$$

(3) 蒸发器的变工况计算。

① 传热系数的变工况计算。

管内换热系数：

$$Re=\frac{d_i\times G_m}{\mu}=\frac{0.016\ 4\times 3\ 672\times 0.8}{1\ 230\times 10^{-6}}=39\ 168$$

$$\begin{aligned}h_i&=0.023\left(\frac{\lambda}{d_i}\right)(Re)^{0.8}(Pr)^{0.3}\\&=0.023\times\frac{0.56}{0.0164}\times 39\ 168^{0.8}\times 11.6^{0.3}=7\ 740\ [\text{W/(m}^2\cdot℃)]\end{aligned}$$

管外热流密度：

$$q=\frac{32\ 444\ 000\ \text{W}}{1\ 711\ \text{m}^2}=18\ 962\ (\text{W/m}^2)$$

其中，$A=1\ 711\ \text{m}^2$ 为传热面积，$Q=32\ 444$ kW 为凝结器换热量。

丙烷饱和温度 $T=-9$ ℃，饱和压力 $P=3.556\ 9$ bar，临界压力 $P_c=42.42$ bar，$R=P/P_c=3.556\ 9/42.42=0.083\ 85$。

将上述各数值代入关联式，则

$$\begin{aligned}h&=0.106\ P_c^{0.69}(1.8R^{0.17}+4R^{1.2}+10R^{10})\times q^{0.7}\\&=1.949\times q^{0.7}=1\ 924.5\ [\text{W/(m}^2\cdot℃)]\end{aligned}$$

考虑蒸气流动对换热的增强，实取 $h=1\ 924.5\times1.08=2\ 078\ [\mathrm{W/(m^2\cdot ℃)}]$

蒸发器计算结果见表 4.4。

表 4.4　蒸发器计算结果

物理量	计算式和单位	计算结果	注
管内热阻	$R_i=\frac{D_o}{D_i}\times\frac{1}{h_i}$ $(\mathrm{m^2\cdot ℃})/\mathrm{W}$	0.000 157 5	$h_i=7\ 740$ $\mathrm{W/(m^2\cdot ℃)}$
管外热阻	$R_o=1/h_o$ $(\mathrm{m^2\cdot ℃})/\mathrm{W}$	0.000 481 2	$h_o=2\ 078$ $\mathrm{W/(m^2\cdot ℃)}$
管壁热阻	$R_w=\frac{D_o}{2k}\times\ln\left(\frac{D_o}{D_i}\right)$	0.000 099 2	$(\mathrm{m^2\cdot ℃})/\mathrm{W}$ $k=20\ \mathrm{W/(m\cdot ℃)}$
管内污垢热阻	R_{fi}，$(\mathrm{m^2\cdot ℃})/\mathrm{W}$	0.000 01	选取
总热阻	R，$(\mathrm{m^2\cdot ℃})/\mathrm{W}$	0.000 747 9	
传热系数	$U_1=\frac{1}{R}$ $\mathrm{W/(m^2\cdot ℃)}$	1 337	原设计为 1 476 $\mathrm{W/(m^2\cdot ℃)}$

② 变工况计算。

海水进口温度：$T_2=7.44$ ℃；

海水流量：$m_2=1\ 858.16$ kg/s；

海水比热容：$c=4.0\ \mathrm{kJ/(kg\cdot ℃)}$；

海水热容：

$(m_2c)=1\ 858.16\ \mathrm{kg/s}\times4.0\ \mathrm{kJ/(kg\cdot ℃)}=7\ 432.64\ (\mathrm{kW/℃})=7\ 432\ 640\ (\mathrm{W/℃})$

因管外为相变换热，故海水侧为最小热容。

由式(4.9)可得

$$N=\frac{U_1A_1}{(m_2c)}=\frac{1\ 337\times1\ 711}{7\ 432\ 640}=0.307\ 8$$

$$\varepsilon=1-\mathrm{e}^{-N}=0.265$$

海水出口温度为

$$T_3=T_2-\varepsilon(T_2-T)=7.44-0.265\times[7.44-(-9)]=3.08\ (℃)$$

蒸发器热负荷为

$$Q_1=(m_2c)(T_2-T_3)=7\ 432.64\times(7.44-3.08)=32\ 406\ (\mathrm{kW})$$

凝结器热负荷为 $Q_1=32\ 444$ kW，

二者相差：$(32\ 444-32\ 406)/32\ 444\times100\%=0.1\%$。说明选取的丙烷介质温度为 -9 ℃ 是正确的。

按凝结器热负荷计算海水出口温度，可得

$$T_3=T_2-\frac{Q_1}{(m_2c)}=7.44-\frac{32\ 444}{7\ 432.6}=3.1\ (℃)$$

仅流量变化时的变工况计算结果如图 4.6 所示。

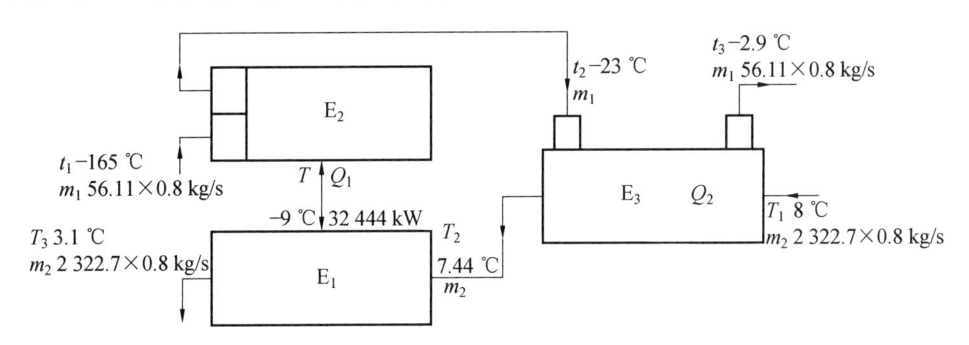

图 4.6　仅流量变化时的变工况结果

【例 4.3】　汽化器的进口温度和流量均发生变化的情况。

该工况除进口温度发生变化之外，冷热流体流量均有 20% 下降。

凝结器 LNG 的进口温度：$t_1 = -150$ ℃；

LNG 流量：$m_1 = 56.11 \times 0.8 = 44.888$ (kg/s)；

海水进口温度：$T_1 = 10$ ℃；

海水流量：$m_2 = 2\ 322.7 \times 0.8 = 1\ 858.16$ (kg/s)。

(1) 凝结器的变工况计算。

按例 4.2 流量下降 20% 计算结果。

LNG 比热容：$c = 5.09$ kJ/(kg·℃)；

$$(m_1 c) = 44.888\ \text{kg/s} \times 5.09\ \text{kJ/(kg·℃)} = 228.48\ (\text{kW/℃}) = 228\ 480\ (\text{W/℃})$$

$$N = \frac{U_2 A_2}{(m_1 c)_{\min}} = 663.7 \times 825.8/228\ 480 = 2.4$$

$$\varepsilon = 1 - e^{-N} = 0.91$$

NG 出口温度为

$$t_2 = t_1 + \varepsilon(T - t_1) = -150 + 0.91 \times [-5.8 - (-150)] = -18.78\ (℃)$$

其中，T 为丙烷的饱和温度，取值为 −5.8 ℃。

凝结器热负荷为

$$Q_1 = (m_1 c)_{\min}(t_2 - t_1) = 228.48 \times [-18.78 - (-150)] = 29\ 982\ (\text{kW})$$

(2) 调温器的变工况计算。

按例 4.2 流量下降 20% 计算结果。

$$\text{LNG 比热容：} c = \frac{Q_2}{m_1 \Delta T} = \frac{6\ 050}{56.11 \times [0 - (-30)]} = 3.594\ [\text{kJ/(kg·℃)}]$$

$$(m_1 c) = 44.888\ \text{kg/s} \times 3.594\ \text{kJ/(kg·℃)} = 161.33\ (\text{kW/℃}) = 161\ 330\ (\text{W/℃})$$

$$(m_2 c) = 1\ 858.16\ \text{kg/s} \times 4.0\ \text{kJ/(kg·℃)} = 7\ 432.64\ (\text{W/℃}) = 7\ 432\ 640\ (\text{W/℃})$$

$$(m_1 c) < (m_2 c)$$

$$N = \frac{U_3 A_3}{(m_1 c)_{\min}} = 574 \times 517/161\ 330 = 1.839$$

$$C = \frac{(mc)_{\min}}{(mc)_{\max}} = 161\ 330/7\ 432\ 640 = 0.021\ 7$$

由式(4.12)可得

$$\varepsilon = 1 - \exp\{-\frac{1}{C}[1-\exp(-CN)]\}$$

$$= 1 - \exp\{-\frac{1}{0.0217}[1-\exp(-0.0217\times 1.839)]\} = 0.835$$

NG 的出口温度为

$$t_3 = t_2 + \varepsilon(T_1 - t_2) = -18.78 + 0.835\times[10-(-18.78)] = 5.25\ (℃)$$

调温器热负荷为

$$Q_2 = (m_1 c)_{\min}(t_3 - t_2) = 161.33\times[5.25-(-18.78)] = 3\ 877\ (\text{kW})$$

调温器海水出口温度为

$$T_2 = T_1 - \frac{Q_2}{c_2 m_2} = 10 - \frac{3\ 877}{4.0\times 1\ 858.16} = 9.478\ (℃)$$

(3) 蒸发器的变工况计算。

海水进口温度：$T_2 = 9.478$ ℃；

海水流量：$m_2 = 1\ 858.16$ kg/s；

海水比热容：$c = 4.0$ kJ/(kg·℃)；

海水热容：

$(m_2 c) = 1\ 858.16\ \text{kg/s}\times 4.0\ \text{kJ/(kg·℃)} = 7\ 432.64\ (\text{kW/℃}) = 7\ 432\ 640\ (\text{W/℃})$

因管外为相变换热，故海水侧为最小热容。

管内换热系数：

$$Re = \frac{d_i\times G_m}{\mu} = \frac{0.0164\times 3\ 672\times 0.8}{1\ 230\times 10^{-6}} = 39\ 168$$

$$h_i = 0.023\left(\frac{\lambda}{d_i}\right)(Re)^{0.8}(Pr)^{0.3}$$

$$= 0.023\times\frac{0.56}{0.0164}\times 39\ 168^{0.8}\times 11.6^{0.3} = 7\ 740\ [\text{W/(m}^2\cdot℃)]$$

管外热流密度：$q = \dfrac{Q}{A} = \dfrac{29\ 982\ 000\ \text{W}}{1\ 711\ \text{m}^2} = 17\ 523\ (\text{W/m}^2)$。

其中，$A = 1\ 711\ \text{m}^2$ 为传热面积，$Q = 29\ 982$ kW 为凝结器换热量。

丙烷饱和温度 $T = -5.8$ ℃，饱和压力 $P = 3.923$ bar，

临界压力 $P_c = 42.42$ bar，$R = P/P_c = 3.923/42.42 = 0.092\ 48$

将上述各数值代入关联式，则

$$h = 0.106\ P_c^{0.69}(1.8R^{0.17} + 4R^{1.2} + 10R^{10})\times q^{0.7}$$

$$= 2.013\times q^{0.7} = 1\ 881\ [\text{W/(m}^2\cdot℃)]$$

考虑到蒸气流动对换热的增强，实取 $h = 1\ 881\times 1.08 = 2\ 031\ [\text{W/(m}^2\cdot℃)]$。

蒸发器计算结果见表 4.5。

表 4.5　蒸发器计算结果

物理量	公式和单位	计算结果	注
管内热阻	$R_i = \frac{D_o}{D_i} \times \frac{1}{h_i}$ (m²·℃)/W	0.000 157 5	h_i = 7 740 W/(m²·℃)
管外热阻	$R_o = 1/h_o$ (m²·℃)/W	0.000 492 3	h_o = 2 031 W/(m²·℃)
管壁热阻	$R_w = \frac{D_o}{2k} \times \ln\left(\frac{D_o}{D_i}\right)$ (m²·℃)/W	0.000 099 2	k = 20 W/(m²·℃)
管内污垢热阻	R_{fi}，(m²·℃)/W	0.000 01	选取
总热阻	R，(m²·℃)/W	0.000 759	
传热系数	$U_1 = \frac{1}{R}$，W/(m²·℃)	1 317	例 4.2 中为 1 337

蒸发器变工况计算如下。

$$N = \frac{U_1 A_1}{(m_2 c)} = \frac{1\ 317 \times 1\ 711}{7\ 432\ 640} = 0.303$$

$$\varepsilon = 1 - e^{-N} = 0.261\ 5$$

海水出口温度为

$$T_3 = T_2 - \varepsilon(T_2 - T) = 9.478 - 0.261\ 5[9.478 - (-5.8)] = 5.48\ (℃)$$

蒸发器热负荷为

$$Q_1 = (m_2 c)(T_2 - T_3) = 7\ 432.64 \times (9.478 - 5.48) = 29\ 716\ (\text{kW})$$

凝结器热负荷：Q_1 = 29 982 kW，二者基本相同，相差 0.09%。说明选取的丙烷介质温度为 −5.8 ℃ 是正确的。变工况计算结果如图 4.7 所示。

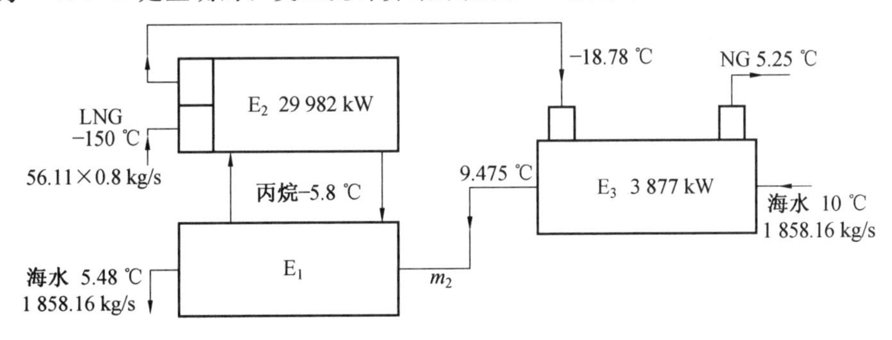

图 4.7　变工况计算结果

【例 4.4】　进口温度和流量都变，流量变化更大一些的情况。

凝结器 LNG 的进口温度：t_1 = −150 ℃；

LNG 流量：m_1 = 56.11 kg/s × 0.6 = 33.666 (kg/s)；

海水进口温度：T_1 = 15 ℃；

海水流量：$m_2=2\ 322.7\ \text{kg/s}\times 0.6=1\ 393.62\ (\text{kg/s})$。

在上述条件下，推算各出口温度和热负荷。

该变工况特点：因冷热流体的进口温度同时升高，流量大幅下降，将使丙烷温度明显升高，初步选取丙烷温度为 0.2 ℃。

(1) 凝结器的变工况计算。

① 传热系数的变工况计算。

液态段：

$$Re=\frac{d_i\times G_m}{\mu}=\frac{0.016\times(410.3\times 0.6)}{6.54\times 10^{-5}}=60\ 228$$

$$h_i=0.023\left(\frac{\lambda}{d_i}\right)(Re)^{0.8}(Pr)^{0.4}$$

$$=0.023\times\frac{0.14}{0.016}\times 60\ 228^{0.8}\times 1.68^{0.4}=1\ 650\ [\text{W/(m}^2\cdot\text{s)}]$$

汽态段：

$$Re=\frac{d_i\times G_m}{\mu}=\frac{0.016\times 410.3\times 0.6}{1.56\times 10^{-5}}=252\ 493$$

$$h_i=0.023\left(\frac{\lambda}{d_i}\right)(Re)^{0.8}(Pr)^{0.4}$$

$$=0.023\times\frac{0.055}{0.016}\times 232\ 493^{0.8}\times 2.19^{0.4}=2\ 270\ [\text{W/(m}^2\cdot\text{s)}]$$

管外凝结换热系数(假定丙烷凝结量同比下降至 0.6) 为

$$G=\frac{m}{L\times n_s}=\frac{101.8\ \text{kg/s}\times 0.6}{9.5\ \text{m}\times 74.2}=0.086\ 6\ [\text{kg/(m}\cdot\text{s)}]$$

$$Re=\frac{4G}{\mu_l}=\frac{4\times 0.086\ 6}{1.397\times 10^{-4}}=2\ 481$$

代入丙烷的相关物性，换热系数为

$$h=0.007\ 7\times\left(\frac{\lambda_l^3\rho_l^2 g}{\mu_l^2}\right)^{1/3}\left(\frac{4G}{\mu_l}\right)^{0.4}$$

$$=0.007\ 7\times\left[\frac{0.112^3\times 542^2\times 9.8}{(1.397\times 10^{-4})^2}\right]^{1/3}\times 2\ 481^{0.4}=1\ 022\ [\text{W/(m}^2\cdot℃)]$$

凝结器热阻和传热系数的计算结果见表 4.6。

表 4.6　凝结器热阻和传热系数的计算结果

物理量	公式	液态段	汽态段	单位
管外换热系数	h_o	1 022	1 022	W/(m² · ℃)
管外热阻	$R_o=1/h_o$	0.000 978 4	0.000 978 4	(m² · ℃)/W
管内换热系数	h_i	1 650	2 270	W/(m² · ℃)
管内热阻	$R_i=\frac{D_o}{D_i}\times\frac{1}{h_i}$	0.000 757 5	0.000 550 6	(m² · ℃)/W

续表 4.6

物理量	公式	液态段	汽态段	单位
管壁热阻	$R_w = \frac{D_o}{2k} \times \ln\left(\frac{D_o}{D_i}\right)$	0.000 111 5	0.000 111 5	(m² · ℃)/W k = 20 W/(m² · ℃)
管内污垢热阻	R_{fi}	0.000 01	0.000 01	(m² · ℃)/W
总热阻	R	0.001 857 4	0.001 650 5	(m² · ℃)/W
传热系数	$U_o = \frac{1}{R}$	538	606	W/(m² · ℃)
热负荷占比		0.49	0.51	
表观传热系数		538 × 0.49 + 606 × 0.51 = 572.68		W/(m² · ℃)
总传热面积		825.8		m²

② 变工况计算。

LNG 比热容：$c = 5.09\ \mathrm{kJ/(kg \cdot ℃)}$。

$(m_1 c) = 33.666\ \mathrm{kg/s} \times 5.09\ \mathrm{kJ/(kg \cdot ℃)} = 171.36\ (\mathrm{kW/℃}) = 171\ 360\ (\mathrm{W/℃})$

按设计面积计算如下。

$$N = \frac{U_2 A_2}{(m_1 c)_{\min}} = 572.68 \times 825.8 / 171\ 360 = 2.76$$

$$\varepsilon = 1 - \mathrm{e}^{-N} = 0.936\ 7$$

NG 出口温度为

$$t_2 = t_1 + \varepsilon(T - t_1) = -150 + 0.936\ 7 \times [0.2 - (-150)] = -9.308\ (℃)$$

其中，T 为热流体丙烷的饱和温度，取值为 0.2 ℃。

凝结器热负荷为

$$Q_1 = (m_1 c)_{\min}(t_2 - t_1) = 171.36 \times [-9.308 - (-150)] = 24\ 109\ (\mathrm{kW})$$

(2) 调温器的变工况计算。

调温器中 NG 的比热容按原设计参数估算为

$$c = \frac{Q_2}{m_1 \Delta T} = \frac{6\ 050}{56.11 \times [0 - (-30)]} = 3.594\ [\mathrm{kJ/(kg \cdot ℃)}]$$

$$(m_1 c) = 33.666\ \mathrm{kg/s} \times 3.594\ \mathrm{kJ/(kg \cdot ℃)} = 120.995\ 6\ (\mathrm{kW/℃}) = 120\ 995.6\ (\mathrm{W/℃})$$

$$(m_2 c) = 1\ 393.62\ \mathrm{kg/s} \times 4.0\ \mathrm{kJ/(kg \cdot ℃)} = 5\ 574.48\ (\mathrm{W/℃}) = 5\ 574\ 480\ (\mathrm{W/℃})$$

$$(m_1 c) < (m_2 c)$$

传热系数的变工况计算。

管内水侧：

$$Re = \frac{d_i \times G_m}{\mu} = \frac{0.016\ 4 \times 4\ 080 \times 0.6}{1\ 230 \times 10^{-6}} = 32\ 640$$

$$h_i = 0.023\left(\frac{\lambda}{d_i}\right)(Re)^{0.8}(Pr)^{0.4}$$

$$=0.023\times\frac{0.56}{0.016\ 4}\times 32\ 640^{0.8}\times 10.29^{0.3}=6\ 454\ [\mathrm{W/(m^2\cdot ℃)}]$$

管外 NG 侧：

$$G_m=\frac{m}{A_s}=\frac{56.11\ \mathrm{kg/s}\times 0.6}{0.289\ \mathrm{m^2}}=116.5\ [\mathrm{kg/(m^2\cdot s)}]$$

$$d_e=\frac{1.10P_t^2}{d_o}-d_o=\frac{1.1\times 0.028^2}{0.02}-0.02=0.023\ 12\ (\mathrm{m})$$

$$h_o=0.36\left(\frac{\lambda}{d_e}\right)\left(\frac{d_e u_o \rho}{\mu}\right)^{0.55}Pr^{1/3}$$

$$=0.36\times\left(\frac{0.043\ 2}{0.023\ 12}\right)\times\left(\frac{0.023\ 12\times 116.5}{1.331\times 10^{-5}}\right)^{0.55}\times 1.125^{1/3}=580\ [\mathrm{W/(m^2\cdot ℃)}]$$

调温器传热计算结果见表 4.7。

表 4.7　调温器传热计算结果

物理量	公式	数值	单位
管内水侧热阻	$R_i=\frac{D_o}{D_i}\times\frac{1}{h_i}$	0.000 188 9	(m²·℃)/W
管外 NG 热阻	$R_o=1/h_o$	0.001 724 1	(m²·℃)/W
管壁热阻	$R_w=\frac{D_o}{2k}\times\ln\left(\frac{D_o}{D_i}\right)$	0.000 099 2	(m²·℃)/W
管内污垢热阻	R_{fi}	0.000 01	(m²·℃)/W
管外污垢热阻	R_{fo}	0.000 01	(m²·℃)/W
总热阻	R	0.002 032 2	(m²·℃)/W
传热系数	$U_o=\frac{1}{R}$	492	W/(m²·℃)
原传热面积	A	517	m²

$$N=\frac{U_2A_2}{(m_1c)_{\min}}=(492\times 517)/120\ 995.6=2.1$$

$$C=\frac{(mc)_{\min}}{(mc)_{\max}}=120\ 995.6/5\ 574\ 480=0.021\ 7$$

由式(4.12)可得

$$\varepsilon=1-\exp\{-\frac{1}{C}[1-\exp(-CN)]\}$$

$$=1-\exp\{-\frac{1}{0.021\ 7}[1-\exp(-0.021\ 7\times 2.1)]\}=0.872$$

NG 的出口温度为

$$t_3=t_2+\varepsilon(T_1-t_2)=-9.308+0.872[15-(-9.308)]=11.89\ (℃)$$

调温器热负荷为

$$Q_2=(m_1c)_{\min}(t_3-t_2)=120.995\ 6\times[11.89-(-9.308)]=2\ 564.7\ (\mathrm{kW})$$

调温器海水出口温度为

$$T_2 = T_1 - \frac{Q_2}{c_2 m_2} = 15 - \frac{2\ 564.7}{5\ 574.48} = 14.54\ (℃)$$

(3) 蒸发器的变工况计算。

海水进口温度：$T_2 = 14.54$ ℃；

海水流量：$m_2 = 1\ 393.62$ kg/s；

海水比热容：$c = 4.0$ kJ/(kg・℃)；

海水热容：

$(m_2 c) = 1\ 393.62$ kg/s × 4.0 kJ/(kg・℃) = 5 574.48 (kW/℃) = 5 574 480 (W/℃)

因管外为相变换热，故海水侧为最小热容。

传热系数的变工况计算。

管内水侧：

$$Re = \frac{d_i \times G_m}{\mu} = \frac{0.016\ 4 \times 3\ 672 \times 0.6}{1\ 230 \times 10^{-6}} = 29\ 376$$

$$h_i = 0.023 \left(\frac{\lambda}{d_i}\right) (Re)^{0.8} (Pr)^{0.3}$$

$$= 0.023 \times \frac{0.56}{0.016\ 4} \times 29\ 376^{0.8} \times 11.6^{0.3} = 6\ 149\ [\mathrm{W/(m^2 \cdot ℃)}]$$

管外 LNG 侧：

热流密度：$q = \dfrac{24\ 109\ 000\ \mathrm{W}}{1\ 711\ \mathrm{m^2}} = 14\ 090.6\ (\mathrm{W/m^2})$

其中，$A = 1\ 711\ \mathrm{m^2}$ 为初选传热面积，$Q = 24\ 109$ kW 为凝结器换热量。

将上述各数值代入关联式，则

$$h = 0.106\ P_c^{0.69} (1.8R^{0.17} + 4R^{1.2} + 10R^{10}) \times q^{0.7}$$

$$= 2.124 \times q^{0.7} = 1\ 704\ [\mathrm{W/(m^2 \cdot ℃)}]$$

考虑蒸汽流动对换热的增强，实取 $h = 1\ 704 \times 1.08 = 1\ 840\ [\mathrm{W/(m^2 \cdot ℃)}]$。

蒸发器传热计算结果见表 4.8。

表 4.8 蒸发器传热计算结果

物理量	公式	计算结果	注
管内热阻	$R_i = \frac{D_o}{D_i} \times \frac{1}{h_i}$	0.000 198 3	h_i = 6 149 W/(m² ・℃)
管外热阻	$R_o = 1/h_o$	0.000 543 4	h_o = 1 840 W/(m² ・℃)
管壁热阻	$R_w = \frac{D_o}{2k} \times \ln\left(\frac{D_o}{D_i}\right)$	0.000 099 2	管材 k = 20 W/(m² ・℃)
管内污垢热阻	R_{fi}	0.000 01	选取
总热阻	R	0.000 850 9	(m² ・℃)/W
传热系数	$U_o = \frac{1}{R}$	1 175	W/(m² ・℃)
计算传热面积	$A = \frac{Q}{U_o \Delta T}$	1 711	m²

注：热阻单位为(m² ・℃)/W。

由式(4.9),按4.2节中所设流量下降40%,计算结果得

$$N=\frac{U_1A_1}{(m_2c)}=\frac{1\ 175\times 1\ 711}{5\ 574\ 480}=0.36$$

$$\varepsilon=1-e^{-N}=0.302\ 3$$

海水出口温度为

$$T_3=T_2-\varepsilon(T_2-T)=14.54-0.302\ 3(14.54-0.2)=10.205\ (℃)$$

蒸发器热负荷为

$$Q_1=(m_2c)(T_2-T_3)=5\ 574.48\times(14.54-10.205)=24\ 165.4\ (\mathrm{kW})$$

凝结器热负荷:$Q_1=24\ 109$ kW。

二者相差约0.2%,说明丙烷的饱和温度选取0.2 ℃是合适的。

变工况计算结果如图4.8所示。

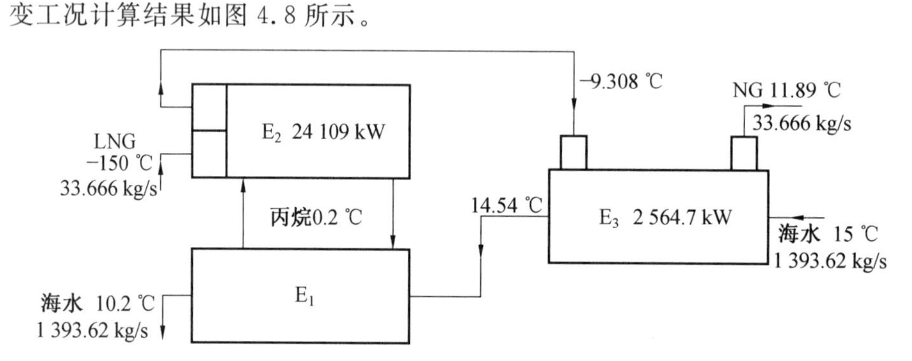

图4.8 变工况计算结果

4.4 海水温度变化时的变工况计算

当建立在海边的大型汽化器投入运行之后,经常遇到的情况是:虽然LNG的流量和进口温度不变,海水的流量也不变,但是,由于天气和季节的变化,海水进口温度会随之变化,而且,海水温度的变化是不能人为控制的。因此,本节专门讨论仅海水温度变化时的变工况计算。

1.汽化器的原设计和变工况计算要求

一座建立在海边的大型汽化器的原设计条件和参数如图4.9所示,原设计结果见表4.9。

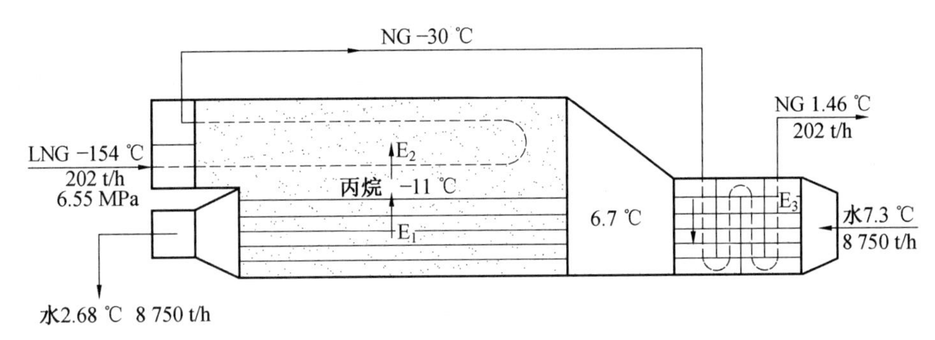

图 4.9　设计条件和参数

表 4.9　原设计结果

参数	凝结器(E_2)	蒸发器(E_1)	调温器(E_3)
放热流体	丙烷	海水	海水
吸热流体	LNG/NG	丙烷	NG
换热方式	丙烷凝结	丙烷蒸发	对流
丙烷参数	−11 ℃/饱和	−11 ℃/饱和	
LNG/NG 状态	超临界		超临界
LNG/NG 进出口温度 /℃	−154 →−30		−30 →1.46
LNG/NG 压力 /MPa	6.55		6.5
LNG/NG 质量流量	56.11 kg/s (202 t/h)		56.11 kg/s (202 t/h)
换热量 /kW	39 344.4	39 344.4	5 853.8
总设计热负荷 /kW	39 344.4＋5 853.8 ＝ 45 198.2		
海水进出口温度 /℃		6.7 →2.68	7.3 →6.7
海水流量		2 431 kg/s (8 750 t/h)	2 431 kg/s (8 750 t/h)
传热系数 / [$W\cdot(m^2\cdot ℃)^{-1}$]	776.76 / 853.24	1 505.7	746.6
传热温差 /℃	103.2 / 39.6	15.6	15.11
计算传热面积 /m^2	174.3＋750.9 ＝ 925.2	1 675	518.4
实取传热面积 /m^2	937	1 704	521.5
传热元件	不锈钢圆管	不锈钢圆管	不锈钢圆管
圆管(OD/ID)/mm	16/12.8	20/17.6	20/16
圆管形式	U 形管	直管	直管
管长 /m	20.8(平均)	9.6	2.8
管子数目 / 根	863	2 825	2 964

根据当地海水的气象记录，随着季节的变化，海水的最低温度为 4.8 ℃，最高温度为 29.1 ℃。汽化器的设计海水进口温度为 7.3 ℃，需要在上述设计的基础上进行变工况计算，变工况计算的海水温度从 4.8 ℃ 逐渐增加到 30 ℃，共选取 7 个海水温度值进行变工况计算。变工况计算的条件如下。

(1) 凝结器 E_2、蒸发器 E_1 和调温器 E_3 的传热面积不变，流量不变。由于流量不变，可以认为传热系数基本保持不变；

(2) LNG 的进口温度不变，仅仅海水进口温度发生变化；

(3) 在海水进口温度发生变化后，要求计算出：

① 海水出口温度；

② 汽化后 NG 的出口温度；

③ 汽化器的总热负荷；

④ 中间换热介质丙烷的饱和温度。

在变工况的计算过程中，涉及的相关温度及热量参数如图 4.10 所示。

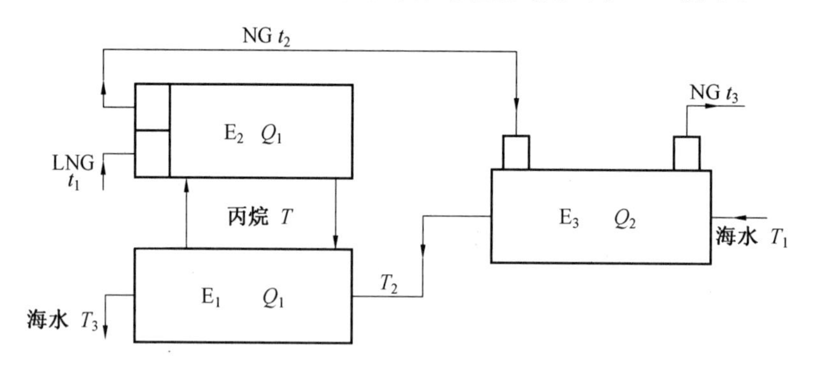

图 4.10 变工况计算中的温度和热量参数

图中 T_1、T_2、T_3—— 海水的进口温度、E_3 的出口温度和 E_1 的出口温度；

t_1、t_2、t_3——LNG 的进口温度、E_2 的出口温度和最后从 E_3 的出口温度；

T—— 中间介质丙烷的运行温度；

Q_1——E_1 和 E_2 之间的换热量；

Q_2——E_3 的换热量。

变工况计算的顺序是：E_2 的变工况计算 → E_3 的变工况计算 → E_1 的变工况计算

计算结果的正确与否，应保证：E_2 的吸热量 = E_1 的散热量，两个热量 Q_1 的偏差应控制在 1% 以内。为此，应采用“试凑”法或“迭代”法，多次改变丙烷运行温度 T 的取值，直到在 E_1、E_2 中间达到热平衡为止。

2. 分别在几种不同的海水进口温度下，进行变工况计算

【例 4.5】 海水温度为 4.8 ℃ 时的变工况计算。

当海水温度达到最低温度 4.8 ℃ 时，其他参数不变，求 NG 和海水的出口温度和热负荷。

凝结器 LNG 的进口温度：$t_1 = -154$ ℃；

LNG 流量：$m_1 = 56.11$ kg/s；

海水进口温度：$T_1 = 4.8$ ℃；

海水流量：$m_2 = 2\ 431$ kg/s。

(1) 凝结器的变工况计算。

$$c = \frac{Q_1}{m_1 \Delta T} = \frac{39\ 344.4}{56.11 \times [(-30) - (-154)]} = 5.65\ [\mathrm{kJ/(kg \cdot ℃)}]$$

$$(m_1 c) = 56.11\ \mathrm{kg/s} \times 5.65\ \mathrm{kJ/(kg \cdot ℃)} = 317\ (\mathrm{kW/℃}) = 317\ 000\ (\mathrm{W/℃})$$

表观传热系数：将液态段和汽态段的传热系数按其热负荷占比计算。

液态段热负荷为 13 971.66 kW，在总热负荷占比为 0.36；

汽态段热负荷为 25 372.7 kW，在总热负荷占比为 0.64。

表观传热系数为

$$U_2 = 776.76 \times 0.36 + 853.24 \times 0.64 = 825.7\ [\mathrm{W/(m^2 \cdot ℃)}]$$

$$N = \frac{U_2 A_2}{(m_1 c)_{\min}} = 825.7 \times 925.2 / 317\ 000 = 2.41$$

$$\varepsilon = 1 - \mathrm{e}^{-N} = 0.91$$

NG 出口温度为

$$t_2 = t_1 + \varepsilon(T - t_1) = -154 + 0.91 \times [-14 - (-154)] = -26.6\ (℃)$$

其中，T 为丙烷的饱和温度，取值为 -14 ℃。

凝结器热负荷为

$$Q_1 = (m_1 c)_{\min}(t_2 - t_1) = 317 \times [-26.6 - (-154)] = 40\ 385.8\ (\mathrm{kW})$$

(2) 调温器的变工况计算。

在调温器中 NG 的比热容估算为

$$c = \frac{Q_2}{m_1 \Delta T} = \frac{5\ 853.8}{56.11 \times [1.46 - (-30)]} = 3.31\ [\mathrm{kJ/(kg \cdot ℃)}]$$

$$(m_1 c) = 56.11\ \mathrm{kg/s} \times 3.316\ \mathrm{kJ/(kg \cdot ℃)} = 186.06\ (\mathrm{kW/℃}) = 186\ 060\ (\mathrm{W/℃})$$

$$(m_2 c) = 2\ 431\ \mathrm{kg/s} \times 4.0\ \mathrm{kJ/(kg \cdot ℃)} = 9\ 724\ (\mathrm{kW/℃}) = 9\ 724\ 000\ (\mathrm{W/℃})$$

$$(m_1 c) < (m_2 c)$$

$$N = \frac{U_3 A_3}{(m_1 c)_{\min}} = 746.6 \times 518.4 / 186\ 060 = 2.08$$

$$C = \frac{(mc)_{\min}}{(mc)_{\max}} = 186\ 060 / 9\ 724\ 000 = 0.019\ 1$$

由式(4.12)可得

$$\varepsilon = 1 - \exp\{-\frac{1}{C}[1 - \exp(-CN)]\}$$

$$= 1 - \exp\{-\frac{1}{0.019\ 1}[1 - \exp(-0.019\ 1 \times 2.08)]\} = 0.87$$

NG 的出口温度为

$$t_3 = t_2 + \varepsilon(T_1 - t_2) = -26.6 + 0.87 \times [4.8 - (-26.6)] = 0.718\ (℃)$$

调温器热负荷为

$$Q_2 = (m_1 c)_{\min}(t_3 - t_2) = 186.06 \times [0.718 - (-26.6)] = 5\ 082.8\ (\mathrm{kW})$$

调温器海水出口温度为

$$T_2 = T_1 - \frac{Q_2}{c_2 m_2} = 4.8 - \frac{5\ 082.8}{9\ 724} = 4.277\ (℃)$$

(3) 蒸发器的变工况计算。

海水进口温度：$T_2 = 4.277$ ℃；

海水流量：$m_2 = 2\ 431$ kg/s；

海水比热容：$c = 4.0$ kJ/(kg·℃)；

海水热容：

$(m_2 c) = 2\ 431\ \text{kg/s} \times 4.0\ \text{kJ/(kg·℃)} = 9\ 724\ (\text{kW/℃}) = 9\ 724\ 000\ (\text{W/℃})$

因管外为相变换热，故海水侧为最小热容。

$$N = \frac{U_1 A_1}{(m_2 c)} = \frac{1\ 505.7 \times 1\ 675}{9\ 724\ 000} = 0.259\ 4$$

$$\varepsilon = 1 - e^{-N} = 0.228$$

海水出口温度为

$$T_3 = T_2 - \varepsilon(T_2 - T) = 4.277 - 0.228 \times [4.277 - (-14)] = 0.11\ (℃)$$

蒸发器热负荷为

$$Q_1 = (m_1 c)(T_2 - T_3) = 9\ 724 \times (4.277 - 0.11) = 40\ 520\ (\text{kW})$$

凝结器热负荷：$Q_1 = 40\ 385.8$ kW。

二者相差 0.25%，说明选择丙烷温度为 −14 ℃ 是正确的。

汽化器总热负荷为

$$Q = Q_1 + Q_2 = 40\ 385.8 + 5\ 082.8 = 45\ 468.6\ (\text{kW})$$

【例 4.6】 海水温度为 10 ℃ 时的变工况计算。

(1) 凝结器 E_2 的变工况计算。

管内流体 LNG 的表观比定压热容为

$$c = \frac{Q_1}{m_1 \Delta T} = \frac{30\ 344.4}{56.11 \times [(-30) - (-154)]} = 5.65\ [\text{kJ/(kg·℃)}]$$

$$(m_1 c) = 56.11\ \text{kg/s} \times 5.65\ \text{kJ/(kg·℃)} = 317\ (\text{kW/℃}) = 317\ 000\ (\text{W/℃})$$

表观传热系数为

$$U_2 = 776.76 \times 0.36 + 853.24 \times 0.64 = 825.7\ [\text{W/(m}^2\text{·℃)}]$$

$$N = \frac{U_2 A_2}{(m_1 c)_{\min}} = 825.7 \times 925.2 / 317\ 000 = 2.41$$

$$\varepsilon = 1 - e^{-N} = 0.91$$

NG 出口温度为

$$t_2 = t_1 + \varepsilon(T - t_1) = -154 + 0.91 \times [-9.3 - (-154)] = -22.32(℃)$$

其中，T 为丙烷的饱和温度，取值为 −9.3 ℃。

凝结器热负荷：

$$Q_1 = (m_1 c)_{\min}(t_2 - t_1) = 317 \times [-22.32 - (-154)] = 41\ 742.6\ (\text{kW})$$

(2) 调温器 E_3 的变工况计算。

在调温器中 NG 的比热容估算为

$$c=\frac{Q_2}{m_1\Delta T}=\frac{5\ 853.8}{56.11\times[1.46-(-30)]}=3.316\ [\text{kJ/(kg}\cdot{}^\circ\text{C)}]$$

$$(m_1c)=56.11\ \text{kg/s}\times3.316\ \text{kJ/(kg}\cdot{}^\circ\text{C)}=186.06\ (\text{kW/}{}^\circ\text{C})=186\ 060\ (\text{W/}{}^\circ\text{C})$$

$$(m_2c)=2\ 431\ \text{kg/s}\times4.0\ \text{kJ/(kg}\cdot{}^\circ\text{C)}=9\ 724\ (\text{kW/}{}^\circ\text{C})=9\ 724\ 000\ (\text{W/}{}^\circ\text{C})$$

$$(m_1c)<(m_2c)$$

$$N=\frac{U_3A_3}{(m_1c)_{\min}}=746.6\times518.4/186\ 060=2.08$$

$$C=\frac{(mc)_{\min}}{(mc)_{\max}}=186\ 060/9\ 724\ 000=0.019\ 1$$

由式(4.12)可得

$$\begin{aligned}\varepsilon&=1-\exp\{-\frac{1}{C}[1-\exp(-CN)]\}\\&=1-\exp\{-\frac{1}{0.019\ 1}[1-\exp(-0.019\ 1\times2.08)]\}=0.87\end{aligned}$$

NG 的出口温度为

$$t_3=t_2+\varepsilon(T_1-t_2)=-22.32+0.87\times[10-(-21.32)]=5.8\ ({}^\circ\text{C})$$

调温器热负荷为

$$Q_2=(m_1c)_{\min}(t_3-t_2)=186.06\times[5.8-(-22.32)]=5\ 232\ (\text{kW})$$

调温器海水出口温度为

$$T_2=T_1-\frac{Q_2}{c_2m_2}=10-\frac{5\ 232}{9\ 724}=9.462\ ({}^\circ\text{C})$$

(3) 蒸发器的变工况计算。

海水进口温度：$T_2=9.462$ ℃；

海水流量：$m_2=2\ 431$ kg/s；

海水比热容：$c=4.0$ kJ/(kg·℃)；

海水热容：

$$(m_2c)=2\ 431\ \text{kg/s}\times4.0\ \text{kJ/(kg}\cdot{}^\circ\text{C)}=9\ 724\ (\text{kW/}{}^\circ\text{C})=9\ 724\ 000\ (\text{W/}{}^\circ\text{C})$$

因管外为相变换热，故海水侧为最小热容。

$$N=\frac{U_1A_1}{(m_2c)}=\frac{1\ 505.7\times1\ 675}{9\ 724\ 000}=0.259\ 4$$

$$\varepsilon=1-e^{-N}=0.228$$

海水出口温度为

$$T_3=T_2-\varepsilon(T_2-T)=9.462-0.228\times[9.462-(-9.3)]=5.184\ ({}^\circ\text{C})$$

蒸发器热负荷：$Q_1=(m_2c)(T_2-T_3)=9\ 724\times(9.462-5.184)=41\ 599$ (kW)

凝结器热负荷为

$$Q_1=(m_1c)_{\min}(t_2-t_1)=317\times[-22.32-(-154)]=41\ 742.6\ (\text{kW})$$

二者相差 0.3%，说明选择丙烷饱和温度为 −9.3 ℃ 是正确的。

汽化器总热负荷：$Q=41\ 742.6+5\ 232=46\ 974.6$ (kW)。

【例 4.7】　海水温度为 15 ℃ 时的变工况计算。

（1）凝结器 E_2 的变工况计算。

管内流体 LNG 的表观比定压热容为

$$c=\frac{Q_1}{m_1\Delta T}=\frac{39\ 344.4}{56.11\times[(-30)-(-154)]}=5.65\ [\mathrm{kJ/(kg\cdot ℃)}]$$

$$(m_1c)=56.11\ \mathrm{kg/s}\times 5.65\ \mathrm{kJ/(kg\cdot ℃)}=317\ (\mathrm{kW/℃})=317\ 000\ (\mathrm{W/℃})$$

表观传热系数为

$$U_2=776.76\times 0.36+853.24\times 0.64=825.7\ [\mathrm{W/(m^2\cdot ℃)}]$$

$$N=\frac{U_2A_2}{(m_1c)_{\min}}=825.7\times 925.2/317\ 000=2.41$$

$$\varepsilon=1-e^{-N}=0.91$$

NG 出口温度为

$$t_2=t_1+\varepsilon(T-t_1)=-154+0.91\times[-5-(-154)]=-18.41\ (℃)$$

其中，T 为丙烷的饱和温度，取值 -5.0 ℃。

凝结器热负荷：

$$Q_1=(m_1c)_{\min}(t_2-t_1)=317\times[-18.41-(-154)]=42\ 982\ (\mathrm{kW})$$

（2）调温器 E_3 的变工况计算。

在调温器中 NG 的比热容估算为

$$c=\frac{Q_2}{m_1\Delta T}=\frac{5\ 853.8}{56.11\times[1.46-(-30)]}=3.316\ [\mathrm{kJ/(kg\cdot ℃)}]$$

$$(m_1c)=56.11\ \mathrm{kg/s}\times 3.316\ \mathrm{kJ/(kg\cdot ℃)}=186.06\ (\mathrm{kW/℃})=186\ 060\ (\mathrm{W/℃})$$

$$(m_2c)=2\ 431\ \mathrm{kg/s}\times 4.0\ \mathrm{kJ/(kg\cdot ℃)}=9\ 724\ (\mathrm{kW/℃})=9\ 724\ 000\ (\mathrm{W/℃})$$

$$(m_1c)<(m_2c)$$

$$N=\frac{U_3A_3}{(m_1c)_{\min}}=746.6\times 518.4/186\ 060=2.08$$

$$C=\frac{(mc)_{\min}}{(mc)_{\max}}=186\ 000/9\ 724\ 000=0.019\ 1$$

由式(4.12)可得

$$\varepsilon=1-\exp\{-\frac{1}{C}[1-\exp(-CN)]\}$$

$$=1-\exp\{-\frac{1}{0.019\ 1}[1-\exp(-0.019\ 1\times 2.08)]\}=0.87$$

NG 的出口温度为

$$t_3=t_2+\varepsilon(T_1-t_2)=-18.41+0.87\times[15-(-18.41)]=10.657\ (℃)$$

调温器热负荷为

$$Q_2=(m_1c)_{\min}(t_3-t_2)=186.06\times[10.657-(-18.41)]=5\ 408\ (\mathrm{kW})$$

调温器海水出口温度为

$$T_2=T_1-\frac{Q_2}{c_2m_2}=15-\frac{5\ 408}{9\ 724}=14.444\ (℃)$$

（3）蒸发器的变工况计算。

海水进口温度：$T_2=14.444$ ℃；

海水流量：$m_2=2\ 431\ \mathrm{kg/s}$；

海水比热容：$c=4.0\ \mathrm{kJ/(kg\cdot ℃)}$；

海水热容为

$(m_2c)=2\ 431\ \mathrm{kg/s}\times 4.0\ \mathrm{kJ/(kg\cdot ℃)}=9\ 724\ (\mathrm{kW/℃})=9\ 724\ 000\ (\mathrm{W/℃})$

因管外为相变换热，故海水侧为最小热容。

$$N=\frac{U_1A_1}{(m_2c)}=\frac{1\ 505.7\times 1\ 675}{9\ 724\ 000}=0.259\ 4$$

$$\varepsilon=1-\mathrm{e}^{-N}=0.228$$

海水出口温度为

$T_3=T_2-\varepsilon(T_2-T)=14.444-0.228\times[14.444-(-5.0)]=10.01\ (℃)$

蒸发器热负荷：$Q_1=(m_2c)(T_2-T_3)=9\ 724\times(14.444-10.01)=43\ 116\ (\mathrm{kW})$；

凝结器热负荷：$Q_1=42\ 982\ \mathrm{kW}$；

二者相差 0.3%，说明选择丙烷温度为 −5 ℃ 是正确的。

汽化器总热负荷：$Q=42\ 982+5\ 408=48\ 390\ (\mathrm{kW})$。

【例 4.8】　海水温度为 20 ℃ 时的变工况计算。

(1) 凝结器 E_2 的变工况计算。

管内流体的表观比定压热容为

$$c=\frac{Q_1}{m_1\Delta T}=\frac{39\ 344.4}{56.11\times[(-30)-(-154)]}=5.65\ [\mathrm{kJ/(kg\cdot ℃)}]$$

$(m_1c)=56.11\ \mathrm{kg/s}\times 5.65\ \mathrm{kJ/(kg\cdot ℃)}=317\ (\mathrm{kW/℃})=317\ 000\ (\mathrm{W/℃})$

表观传热系数为

$$U_2=776.76\times 0.36+853.24\times 0.64=825.7\ [\mathrm{W/(m^2\cdot ℃)}]$$

$$N=\frac{U_2A_2}{(m_1c)_{\min}}=825.7\times 925.2/317\ 000=2.41$$

$$\varepsilon=1-\mathrm{e}^{-N}=0.91$$

NG 出口温度为

$t_2=t_1+\varepsilon(T-t_2)=-154+0.91\times[-0.5-(-154)]=-14.315\ (℃)$

凝结器热负荷为

$Q_1=(m_1c)_{\min}(t_2-t_1)=317\times[-14.315-(-154)]=44\ 280\ (\mathrm{kW})$

(2) 调温器 E_3 的变工况计算。

在调温器中 NG 的比热容估算为

$$c=\frac{Q_2}{m_1\Delta T}=\frac{5\ 853.8}{56.11\times[1.46-(-30)]}=3.316\ [\mathrm{kJ/(kg\cdot ℃)}]$$

$(m_1c)=56.11\ \mathrm{kg/s}\times 3.316\ \mathrm{kJ/(kg\cdot ℃)}=186.06\ (\mathrm{kW/℃})=186\ 060\ (\mathrm{W/℃})$

$(m_2c)=2\ 431\ \mathrm{kg/s}\times 4.0\ \mathrm{kJ/(kg\cdot ℃)}=9\ 724\ (\mathrm{kW/℃})=9\ 724\ 000\ (\mathrm{W/℃})$

$$(m_1c)<(m_2c)$$

$$N=\frac{U_3A_3}{(m_1c)_{\min}}=746.6\times 518.4/186\ 060=2.08$$

$$C=\frac{(mc)_{\min}}{(mc)_{\max}}=186\ 060/9\ 724\ 000=0.019\ 1$$

由式(4.12)可得

$$\varepsilon = 1 - \exp\{-\frac{1}{C}[1 - \exp(-CN)]\}$$

$$= 1 - \exp\{-\frac{1}{0.019\,1}[1 - \exp(-0.019\,1 \times 2.08)]\} = 0.87$$

NG 的出口温度为

$$t_3 = t_2 + \varepsilon(T_1 - t_2) = -14.315 + 0.87 \times [20 - (-14.315)] = 15.539\ (℃)$$

调温器热负荷为

$$Q_2 = (m_1 c)_{\min}(t_3 - t_2) = 186.06 \times [15.539 - (-14.315)] = 5\,554.6\ (\mathrm{kW})$$

调温器海水出口温度为

$$T_2 = T_1 - \frac{Q_2}{c_2 m_2} = 20 - \frac{5\,554.6}{9\,724} = 19.429\ (℃)$$

(3) 蒸发器的变工况计算。

海水进口温度:$T_2 = 19.429$ ℃;

海水流量:$m_2 = 2\,431$ kg/s;

海水比热容:$c = 4.0$ kJ/(kg·℃);

海水热容为

$$(m_2 c) = 2\,431\ \mathrm{kg/s} \times 4.0\mathrm{kJ/(kg \cdot ℃)} = 9\,724\ (\mathrm{kW/℃}) = 9\,724\,000\ (\mathrm{W/℃})$$

因管外为相变换热,故海水侧为最小热容。

$$N = \frac{U_1 A_1}{(m_2 c)_{\min}} = \frac{1\,505.7 \times 1\,675}{9\,724\,000} = 0.259\,4$$

$$\varepsilon = 1 - e^{-N} = 0.228$$

海水出口温度为

$$T_3 = T_2 - \varepsilon(T_2 - T) = 19.429 - 0.228 \times [19.429 - (-0.5)] = 14.885\ (℃);$$

蒸发器热负荷:$Q_1 = (m_2 c)(T_2 - T_3) = 9\,724 \times (19.429 - 14.885) = 44\,186$ (kW);

凝结器热负荷:$Q_1 = 44\,280$ kW;

二者相差 0.2%;

说明选择丙烷运行温度为 −0.5 ℃ 是正确的。

汽化器总热负荷:$Q = 44\,280 + 5\,554.6 = 49\,834.6$ (kW)。

【例 4.9】 海水温度为 25 ℃ 时的变工况计算。

(1) 凝结器 E_2 的变工况计算。

管内流体的表观比定压热容为

$$c = \frac{Q_1}{m_1 \Delta T} = \frac{39\,344.4}{56.11 \times [(-30) - (-154)]} = 5.65\ [\mathrm{kJ/(kg \cdot ℃)}]$$

$$(m_1 c) = 56.11\ \mathrm{kg/s} \times 5.65\ \mathrm{kJ/(kg \cdot ℃)} = 317\ (\mathrm{kW/℃}) = 317\,000\ (\mathrm{W/℃})$$

表观传热系数为

$$U_2 = 776.76 \times 0.36 + 853.24 \times 0.64 = 825.7\ [\mathrm{W/(m^2 \cdot ℃)}]$$

$$N = \frac{U_2 A_2}{(m_1 c)_{\min}} = 825.7 \times 925.2 / 317\,000 = 2.41$$

$$\varepsilon = 1 - e^{-N} = 0.91$$

NG 出口温度为

$$t_2 = t_1 + \varepsilon(T - t_1) = -154 + 0.91 \times [4.0 - (-154)] = -10.22\ (℃)$$

其中,T 为丙烷的饱和温度,取值为 4.0 ℃。

凝结器热负荷为

$$Q_1 = (m_1 c)_{\min}(t_2 - t_1) = 317 \times [-10.22 - (-154)] = 45\ 578\ (\mathrm{kW})$$

(2) 调温器 E_3 的变工况计算。

调温器中 NG 的比热容估算为

$$c = \frac{Q_2}{m_1 \Delta T} = \frac{5\ 853.8}{56.11 \times [1.46 - (-30)]} = 3.316\ [\mathrm{kJ/(kg \cdot ℃)}]$$

$$(m_1 c) = 56.11\ \mathrm{kg/s} \times 3.316\ \mathrm{kJ/(kg \cdot ℃)} = 186.06\ (\mathrm{kW/℃}) = 186\ 060\ (\mathrm{W/℃})$$

$$(m_2 c) = 2\ 431\ \mathrm{kg/s} \times 4.0\ \mathrm{kJ/(kg \cdot ℃)} = 9\ 724\ (\mathrm{kW/℃}) = 9\ 724\ 000\ (\mathrm{W/℃})$$

$$(m_1 c) < (m_2 c)$$

$$N = \frac{U_3 A_3}{(m_1 c)_{\min}} = 746.6 \times 518.4 / 186\ 060 = 2.08$$

$$C = \frac{(mc)_{\min}}{(mc)_{\max}} = 186\ 060 / 9\ 724\ 000 = 0.019\ 1$$

由式(4.12)可得

$$\varepsilon = 1 - \exp\left\{-\frac{1}{C}[1 - \exp(-CN)]\right\}$$

$$= 1 - \exp\left\{-\frac{1}{0.019\ 1}[1 - \exp(-0.019\ 1 \times 2.08)]\right\} = 0.87$$

NG 的出口温度为

$$t_3 = t_2 + \varepsilon(T_1 - t_2) = -10.22 + 0.87 \times [25 - (-10.22)] = 20.42\ (℃)$$

调温器热负荷为

$$Q_2 = (m_1 c)_{\min}(t_3 - t_2) = 186.06 \times [20.42 - (-10.22)] = 5\ 700.9\ (\mathrm{kW})$$

调温器海水出口温度为

$$T_2 = T_1 - \frac{Q_2}{c_2 m_2} = 20 - \frac{5\ 700.6}{9\ 724} = 24.414\ (℃)$$

(3) 蒸发器的变工况计算。

海水进口温度:$T_2 = 24.414$ ℃;

海水流量:$m_2 = 2\ 431$ kg/s;

海水比热容:$c = 4.0$ kJ/(kg · ℃);

海水热容为

$$(m_2 c) = 2\ 431\ \mathrm{kg/s} \times 4.0\ \mathrm{kJ/(kg \cdot ℃)} = 9\ 724\ (\mathrm{kW/℃}) = 9\ 724\ 000\ (\mathrm{W/℃})$$

因管外为相变换热,故海水侧为最小热容。

$$N = \frac{U_1 A_1}{(m_2 c)_{\min}} = \frac{1\ 505.7 \times 1\ 675}{9\ 724\ 000} = 0.259\ 4$$

$$\varepsilon = 1 - e^{-N} = 0.228$$

海水出口温度：

$T_3 = T_2 - \varepsilon(T_2 - T) = 24.414 - 0.228 \times [24.414 - (4.0)] = 19.76$ (℃)；

蒸发器热负荷：$Q_1 = (m_2c)(T_2 - T_3) = 9\ 724 \times (24.414 - 19.76) = 45\ 255$ (kW)；

凝结器热负荷：$Q_1 = 45\ 578$ kW；

二者相差 0.7%；

说明选择丙烷运行温度为 4.0 ℃ 是正确的。

汽化器总热负荷：$Q = 45\ 578 + 5\ 700.9 = 51\ 278.9$ (kW)。

【例 4.10】 海水温度为 30 ℃ 时的变工况计算。

(1) 凝结器 E_2 的变工况计算。

管内流体的表观比定压热容为

$$c = \frac{Q_1}{m_1 \Delta T} = \frac{39\ 344.4}{56.11 \times [(-30) - (-154)]} = 5.65\ [\text{kJ/(kg} \cdot ℃)]$$

$$(m_1 c) = 56.11\ \text{kg/s} \times 5.65\ \text{kJ/(kg} \cdot ℃) = 317\ (\text{kW/℃}) = 317\ 000\ (\text{W/℃})$$

表观传热系数为

$$U_2 = 776.76 \times 0.36 + 853.24 \times 0.64 = 825.7\ [\text{W/(m}^2 \cdot ℃)]$$

$$N = \frac{U_2 A_2}{(m_1 c)_{\min}} = 825.7 \times 925.2 / 317\ 000 = 2.41$$

$$\varepsilon = 1 - \mathrm{e}^{-N} = 0.91$$

NG 出口温度为

$$t_2 = t_1 + \varepsilon(T - t_1) = -154 + 0.91 \times [8.2 - (-154)] = -6.398\ (℃)$$

其中，T 为丙烷的饱和温度，取值为 8.2 ℃。

凝结器热负荷为

$$Q_1 = (m_1 c)_{\min}(t_2 - t_1) = 317 \times [-6.398 - (-154)] = 46\ 790\ (\text{kW})$$

(2) 调温器 E_3 的变工况计算。

在调温器中 NG 的比热容估算为

$$c = \frac{Q_2}{m_1 \Delta T} = \frac{5\ 853.8}{56.11 \times [1.46 - (-30)]} = 3.316\ [\text{kJ/(kg} \cdot ℃)]$$

$$(m_1 c) = 56.11\ \text{kg/s} \times 3.316\ \text{kJ/(kg} \cdot ℃) = 186.06\ (\text{kW/℃}) = 186\ 060\ (\text{W/℃})$$

$$(m_2 c) = 2\ 431\ \text{kg/s} \times 4.0\ \text{kJ/(kg} \cdot ℃) = 9\ 724\ (\text{kW/℃}) = 9\ 724\ 000\ (\text{W/℃})$$

$$(m_1 c) < (m_2 c)$$

$$N = \frac{U_3 A_3}{(m_1 c)_{\min}} = 746.6 \times 518.4 / 186\ 060 = 2.08$$

$$C = \frac{(mc)_{\min}}{(mc)_{\max}} = 186\ 060 / 9\ 724\ 000 = 0.019\ 1$$

由式(4.12)可得

$$\begin{aligned}\varepsilon &= 1 - \exp\{-\frac{1}{C}[1 - \exp - (CN)]\} \\ &= 1 - \exp\{-\frac{1}{0.019\ 1}[1 - \exp(-0.019\ 1 \times 2.08)]\} = 0.87\end{aligned}$$

NG 的出口温度为

$$t_3 = t_2 + \varepsilon(T_1 - t_2) = -6.398 + 0.87 \times [30 - (-6.398)] = 25.268\ (℃)$$

调温器热负荷为

$$Q_2 = (m_1 c)_{\min}(t_3 - t_2) = 186.06 \times [25.268 - (-6.398)] = 5\ 892\ (\mathrm{kW})$$

调温器海水出口温度为

$$T_2 = T_1 - \frac{Q_2}{c_2 m_2} = 30 - \frac{5\ 892}{9\ 724} = 29.394\ (℃)$$

(3) 蒸发器的变工况计算。

海水进口温度：$T_2 = 29.394$ ℃；

海水流量：$m_2 = 2\ 431$ kg/s；

海水比热容：$c = 4.0$ kJ/(kg・℃)；

海水热容为

$(m_2 c) = 2\ 431$ kg/s × 4.0 kJ/(kg・℃) = 9 724 (kW/℃) = 9 724 000 (W/℃)

因管外为相变换热，故海水侧为最小热容。

$$N = \frac{U_1 A_1}{(m_2 c)_{\min}} = \frac{1\ 505.7 \times 1\ 675}{9\ 724\ 000} = 0.259\ 4$$

$$\varepsilon = 1 - \mathrm{e}^{-N} = 0.228$$

海水出口温度为

$$T_3 = T_2 - \varepsilon(T_2 - T) = 29.394 - 0.228 \times (29.394 - 8.2) = 24.562\ (℃)$$

蒸发器热负荷：$Q_1 = (m_2 c)(T_2 - T_3) = 9\ 724 \times (29.394 - 24.562) = 46\ 986$ (kW)

凝结器热负荷：$Q_1 = 46\ 790$ kW；

二者相差 0.4%；

说明选择丙烷运行温度为 8.2 ℃ 是正确的。

汽化器总热负荷：$Q = 46\ 790 + 5\ 892 = 52\ 682$ (kW)。

3. 计算结果汇总和说明

不同海水温度下的变工况计算结果见表 4.10。

表 4.10　不同海水温度下的变工况计算结果

海水进口温度 /℃	4.8	10	15	20	25	30
海水出口温度 /(t・h^{-1})	0.11	5.184	10.01	15.539	19.76	24.562
海水流量 /(t・h^{-1})	8 750	8 750	8 750	8 750	8 750	8 750
LNG 流量 /(t・h^{-1})	202	202	202	202	202	202
LNG 进口温度 /℃	−154	−154	−154	−154	−154	−154
NG 出口温度 /℃	0.718	5.8	10.657	14.885	20.42	25.268
丙烷饱和温度 /℃	−14	−9.3	−5.0	−0.5	4.0	8.2
凝结器热负荷 /kW	40 385.8	41 742.6	42 982	44 280	45 578	46 790
蒸发器热负荷 /kW	40 520	41 599	43 116	44 186	45 255	46 986
E_1、E_2 热平衡相差 /%	0.25	0.3	0.3	0.2	0.7	0.4
调温器热负荷 /kW	5 082.8	5 232	5 408	5 554.6	5 700.9	5 892
汽化器总热负荷 /kW	45 468.6	46 974.6	48 390	49 834.6	51 278.9	52 682

变工况计算结果也可以形象地如图 4.11 ～ 4.14 所示。

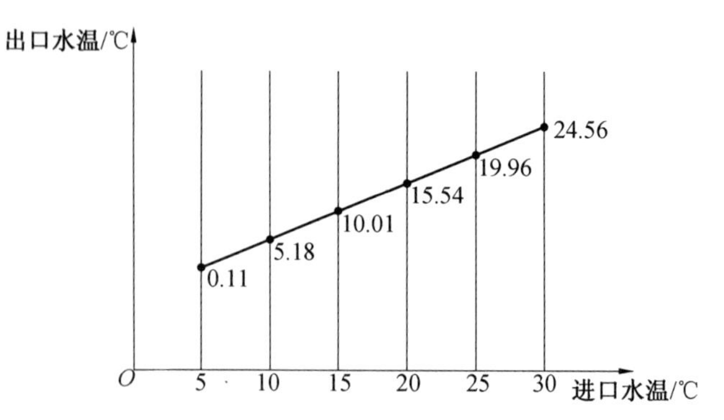

图 4.11　进口水温和出口水温之间的变化关系

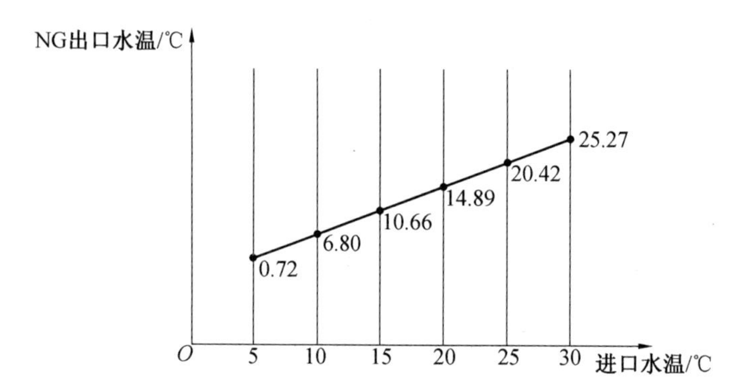

图 4.12　进口水温和 NG 出口水温之间的变化关系

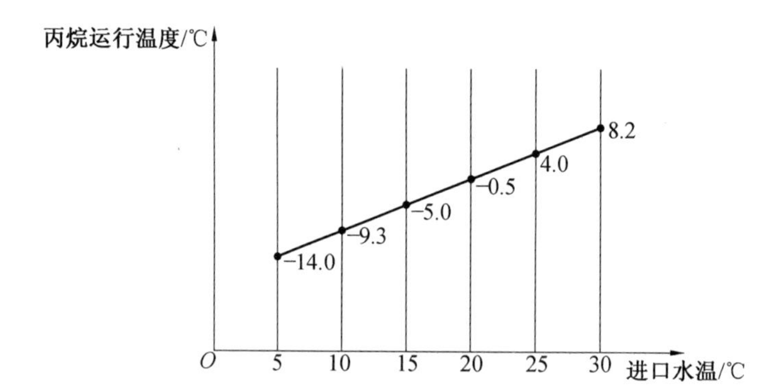

图 4.13　进口水温和丙烷运行温度之间的变化关系

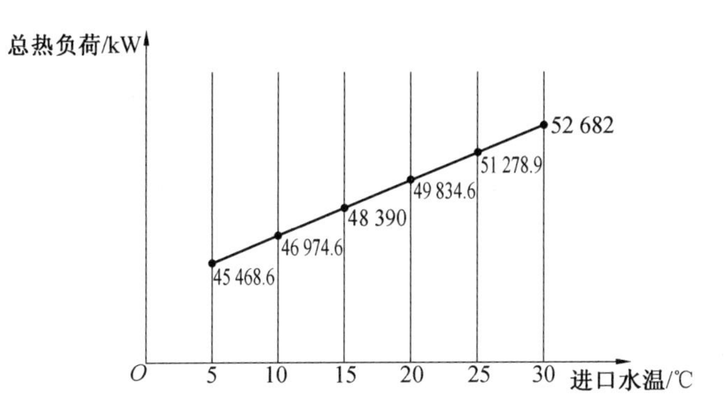

图 4.14　进口水温和汽化器总热负荷之间的变化关系

对以上计算结果的理论解释如下。

虽然热源海水和冷源 LNG 之间不是直接传热，只有间接的传热关系，但仍可以用普遍的传热公式加以说明，即

$$Q=U\times A\times \Delta T$$

式中　U—— 传热系数，因冷热流体的流量不变，U 为常数；

A—— 传热面积，因设备已给定，传热面积为常数；

ΔT—— 传热温差，即热流体海水与冷流体天然气之间的温度差，海水进口温度的升高使传热温差增大，由传热公式可见，可导致传热量 Q 的增加。

身边的相似案例：冬季的集中供暖系统，在供水量不变的情况下，随着供暖热水温度的提高，供应的热量要增加，室内气温会升高。

变工况数据的解释：表 4.9 中在海水温度为 7.3 ℃ 下的原设计热负荷为 45 198.2 kW，而海水进口温度为 5 ℃ 左右的变工况计算出的热负荷为 45 820.3 kW，高于原设计热负荷，其原因在于：在设计中，E_1、E_2、E_3 都有一定的设计余量，即所选取的传热面积要大于所需传热面积。而在变工况计算中，所采用的传热面积是带有设计余量的较大的传热面积，因而导致热负荷的增加。此外，变工况计算中选用的表观比定压热容和表观传热系数等都会产生一定的计算误差。总之，变工况计算结果基本上是可靠的，可对汽化器的设计和现场运行起到一定的指导作用。

4.5　直接加热型汽化器的变工况计算

与使用中间介质的 IFV 型汽化器不同，直接加热型汽化器是用温度较高的流体（一般为循环水）直接加热 LNG 的汽化器。由于不采用中间介质，这种直接加热型汽化器结构简单，制造容易，成本较低，特别适用于中小型汽化器。

根据第 3 章的讲解，直接加热型汽化器一般选用循环水作为加热流体，循环水的热量多来自工业余热，因而，直接加热型汽化器是一种节能环保的汽化设备。需要解决的关键问题是寻找合适的工业余热作为汽化器的热源，并保证余热载体循环水在汽化器的传热过程中不会冻结。

直接加热型汽化器在运行过程中也经常会遇到运行参数发生变化的情况，因而也需要进行变工况计算。

【例 4.11】 通过 3.4 节中例 3.3"利用发电厂余热的直接加热型汽化器"中的例题，作为原设计实例，进行变工况计算。

(1) 原设计参数。

该汽化器采用如图 3.8 所示的管壳式结构，LNG 走管内，循环水以横向交叉流的形式走管外，汽化器的设计参数为

LNG 流量：61 t/h(16.94 kg/s)；

LNG 进口温度：−158.3 ℃；

NG 出口温度：14 ℃；

LNG 进口压力：4.65 MPa；

循环水进口温度：27 ℃；

循环水出口温度：20 ℃；

循环水流量：1 791.5 t/h(497.6 kg/s)；

设计热负荷：$Q=14\ 561$ kW；

设计选取的管束参数为

外径：27 mm；厚度：3.5 mm；内径：20 mm；管间距：35 mm；

传热管数目：$N=1\ 445$ 根；排列方式：等边三角形。

原设计提供的最终设计结果见表 3.11。

(2) 在原设计参数下的变工况计算。

以上述设计例题为例，依据该设计参数进行变工况计算：

LNG 进口温度为−158.3 ℃，NG 出口温度为 14 ℃，质量流量为 $m_1=16.94$ kg/s，热负荷 $Q=14\ 561$ kW。

表观比定压热容为

$$c=\frac{Q_1}{m_1\Delta T}=\frac{14\ 561}{16.94\times[14-(-158.3)]}=4.99\ [\mathrm{kJ/(kg\cdot ℃)}]$$

LNG/NG 热容：

$(m_1c)=16.94\ \mathrm{kg/s}\times 4.99\ \mathrm{kJ/(kg\cdot ℃)}=84.53\ (\mathrm{kW/℃})=84\ 530\ (\mathrm{W/℃})$

循环水流量：$m=497.6$ kg/s；

循环水在平均温度下的比热容：$c=4.18$ kJ/(kg·℃)；

循环水热容：

$(m_2c)=497.6\ \mathrm{kg/s}\times 4.18\ \mathrm{kJ/(kg\cdot ℃)}=2\ 078\ (\mathrm{kW/℃})=2\ 078\ 000\ (\mathrm{W/℃})$

由此可见，$(m_1c)<(m_2c)$，NG 侧为最小热容。

由式(4.9)，

$$N=\frac{UA}{(m_1c)_{\min}}=(286.86\times 863.8)/\ 84\ 530=2.93$$

$$C=\frac{(mc)_{\min}}{(mc)_{\max}}=84\ 530/2\ 078\ 000=0.040\ 68$$

其中，传热面积 A 按设计面积取值，由表 4.10 可知，$A=863.8\ \mathrm{m^2}$；U 为表观传热系

数，由表 4.10 可知 $U=286.86\ \mathrm{W/(m^2 \cdot ℃)}$。

由式(4.12)可得

$$\varepsilon = 1-\exp\{-\frac{1}{C}[1-\exp(-CN)]\}$$
$$=1-\exp\{-\frac{1}{0.040\,68}[1-\exp(-0.040\,68\times 2.93)]\}=0.936\,8$$

NG 的出口温度为

$$t_2=t_1+\varepsilon(T_1-t_1)=-158.3+0.936\,8\times[27-(-158.3)]=15.3\ (℃)$$

汽化器热负荷为

$$Q=(mc)_{\min}(t_2-t_1)=84.53\times[15.3-(-158.3)]=14\,674\ (\mathrm{kW})$$

原设计值为 14 561 kW，与变工况计算值相差 0.8 %。

水出口温度(原设计水进口温度为 27 ℃)为

$$T_2=T_1-\frac{Q}{c_2 m_2}=27-\frac{14\,674}{4.18\times 497.6}=19.95\ (℃)$$

原设计水出口温度为 20 ℃，与变工况计算值相差 0.3%。

(3) 进口水温和流量发生变化时的变工况计算。

由于余热的利用情况发生了变化，因此循环水的进口温度由 27 ℃ 升高至 40 ℃，同时，循环水的流量减少 40%，LNG 的进口温度和流量保持不变，试计算 NG 和循环水的出口温度和换热量。

① 传热系数的重新计算。

由于循环水的流量发生了变化，因而管外换热系数和传热系数发生了变化，需要重新计算传热系数。

水流量：$m=497.64\ \mathrm{kg/s}\times 0.6=298.6\ (\mathrm{kg/s})$；

管外水侧换热系数：参照 3.4 节的计算过程，即

$$h_o=0.36\left(\frac{\lambda}{d_e}\right)\left(\frac{d_e G_m}{\mu}\right)^{0.55}(Pr)^{1/3}$$
$$=0.36\times\frac{0.6}{0.022\,9}\times\left(\frac{0.022\,9\times 2\,419\times 0.6}{943\times 10^{-6}}\right)^{0.55}\times 6.54^{1/3}=5\,589\ [\mathrm{W/(m^2\cdot ℃)}]$$

变工况后的传热系数计算结果见表 4.11。

表 4.11　变工况后的传热系数计算结果

物理量	计算式和单位	液态段	汽态段
管外换热系数	h_o，$\mathrm{W/(m^2\cdot ℃)}$	5 589	5 589
管外热阻	$R_o=\frac{1}{h_o}$，$\mathrm{(m^2\cdot ℃)/W}$	0.000 178 9	0.000 178 9
管内换热系数	h_i，$\mathrm{W/(m^2\cdot ℃)}$	348.5	479.6
管内热阻	$R_i=\frac{D_o}{D_i}\times\frac{1}{h_i}$，$\mathrm{(m^2\cdot ℃)/W}$	0.003 873 7	0.002 814 8

续表 4.11

物理量	公式和单位	液态段	汽态段
管壁热阻	$R_w = \frac{D_o}{2k} \times \ln\left(\frac{D_o}{D_i}\right)$ (m²·℃)/W	0.000 202 5	0.000 202 5
管外污垢热阻	R_{fi},(m²·℃)/W	0.000 01	0.000 01
总热阻	R,(m²·℃)/W	0.004 265 1	0.003 206 2
传热系数	$U_o = \frac{1}{R}$,W/(m²·℃)	234.5	311.9
表观传热系数	U,W/(m²·℃)	234.5×0.37+311.9×0.63=283.3	

在计算表观传热系数时,假定液态段和汽态段的热负荷的占比不变。计算表明,仅仅水流量发生变化时,对传热系数的影响很小,因为水侧的热阻在总传热热阻中的占比很小。

② 变工况计算。

LNG/NG 比热容近似选取变工况之前的比热容,即

$$c = \frac{Q}{m_1 \Delta T} = \frac{14\ 561}{16.94 \times [14 - (-158.3)]} = 4.99\ [\text{kJ/(kg·℃)}]$$

LNG/NG 的热容:

$(m_1 c) = 16.94\ \text{kg/s} \times 4.99\ \text{kJ/(kg·℃)} = 84.53\ (\text{kW/℃}) = 84\ 530\ (\text{W/℃})$

循环水流量为:$m_2 = 497.6 \times 0.6 = 298.6\ (\text{kg/s})$;

循环水在平均温度下的比热容:$c = 4.18\ \text{kJ/(kg·℃)}$;

循环水热容:

$(m_2 c) = 298.6\ \text{kg/s} \times 4.18\ \text{kJ/(kg·℃)} = 1\ 248\ (\text{kW/℃}) = 1\ 248\ 000\ (\text{W/℃})$

由此可见:$(m_1 c) < (m_2 c)$,NG 侧为最小热容。

按式(4.9)计算,即

$$N = \frac{U_3 A_3}{(m_1 c)_{\min}} = (283.3 \times 863.8)/84\ 530 = 2.895$$

$$C = \frac{(mc)_{\min}}{(mc)_{\max}} = 84\ 530/1\ 248\ 000 = 0.067\ 7$$

其中,传热面积 A 由表 4.10 按设计面积取值,

表观传热系数,由表 4.11 取值,$U = 283.3\ \text{W/(m}^2\text{·℃)}$。

按式(4.12)计算,即

$$\begin{aligned}\varepsilon &= 1 - \exp\{-\frac{1}{C}[1 - \exp(-CN)]\} \\ &= 1 - \exp\{-\frac{1}{0.067\ 7}[1 - \exp(-0.067\ 7 \times 2.895)]\} = 0.927\ 8\end{aligned}$$

NG 的出口温度为

$t_2 = t_1 + \varepsilon(T_1 - t_1) = -158.3 + 0.927\ 8 \times [40 - (-158.3)] = 25.68\ (℃)$

其中,变工况后的水进口温度为 40 ℃;

汽化器热负荷为

$$Q=(mc)_{\min}(t_2-t_1)=84.53\times[25.68-(-158.3)]=15\ 552\ (\mathrm{kW})$$

水出口温度为

$$T_2=T_1-\frac{Q}{c_2 m_2}=40-\frac{15\ 552}{4.18\times 298.6}=27.54\ (℃)$$

变工况计算表明，当循环水进口温度升高，流量下降后，汽化器的换热量增加，NG 和循环水的出口温度都有明显的提高。

③ 计算结果的验证。

a. 按变工况后的进出口温度计算汽化器的传热温差。

热流体温度 /℃：40　　→　　27.54

冷流体温度 /℃：25.68　←　　−158.3

端部温差 /℃：14.32　　　　185.84

对数平均温差（℃）为

$$\Delta T_{\ln}=(185.84-14.32)/\ln(185.84/14.32)=66.92\ (℃)$$

对冷热流体交叉流动：

传热温差：$\Delta T=66.92\times 0.95=63.6\ (℃)$。

b. 按传热公式计算汽化器的传热温差。

$$\Delta T=\frac{Q}{A\times U}=\frac{15\ 552\ 000}{863.8\times 283.3}=63.55\ (℃)$$

上式中传热量 Q 是变工况计算出来的热负荷。

结论：传热温度 ΔT 的两种计算结果基本相同，说明变工况计算的依据公式和计算结果是正确的。

(4)LNG 流量发生变化时的变工况计算。

在上述循环水的进口温度和流量发生变化的基础上，LNG 的流量也同时发生变化：LNG 的流量降低了 20%，试计算变化后的热负荷及冷热流体的出口温度。

① 管内 LNG 换热系数和传热系数的重新计算。

管内 LNG 流量减少 20%，原管内质量流速 $G_m=37.3\ \mathrm{kg/(m^2\cdot s)}$；

变化后管内质量流速：$G_m=37.3\times 0.8=29.84\ [\mathrm{kg/(m^2\cdot s)}]$。

参照 3.4 节的相关计算。

液态段：

$$Re=\frac{d_i\times G_m}{\mu}=\frac{0.02\times 29.84}{6.54\times 10^{-5}}=9\ 125.38$$

$$h_i=0.023\left(\frac{\lambda}{d_i}\right)(Re)^{0.8}(Pr)^{0.4}$$

$$=0.023\times\frac{0.14}{0.02}\times 9\ 125.38^{0.8}\times 1.68^{0.4}=291.8\ [\mathrm{W/(m^2\cdot ℃)}]$$

汽态段：

$$Re=\frac{d_i\times G_m}{\mu}=\frac{0.02\times 29.84}{1.56\times 10^{-5}}=38\ 256.4$$

$$h_i = 0.023\left(\frac{\lambda}{d_i}\right)(Re)^{0.8}(Pr)^{0.4}$$

$$= 0.023 \times \frac{0.055}{0.02} \times 38\ 256.4^{0.8} \times 2.19^{0.4} = 401.2\ [\mathrm{W/(m^2 \cdot ℃)}]$$

计算中假定公式中的相关物性值保持不变。

变工况后传热系数的重新计算见表 4.12。

表 4.12　变工况后传热系数的重新计算

物理量	计算式和单位	液态段	汽态段
管外换热系数	h_o,W/(m² · ℃)	5 589	5 589
管外热阻	$R_o = \frac{1}{h_o}$,(m² · ℃)/W	0.000 178 9	0.000 178 9
管内换热系数	h_i,W/(m² · ℃)	291.8	401.2
管内热阻	$R_i = \frac{D_o}{D_i} \times \frac{1}{h_i}$,(m² · ℃)/W	0.004 626 4	0.003 364 9
管壁热阻	$R_w = \frac{D_o}{2k} \times \ln\left(\frac{D_o}{D_i}\right)$ (m² · ℃)/W	0.000 202 5	0.000 202 5
管外污垢热阻	R_{fi},(m² · ℃)/W	0.000 01	0.000 01
总热阻	R,(m² · ℃)/W	0.005 017 8	0.003 756 3
传热系数	$U_o = \frac{1}{R}$,W/(m² · ℃)	199.3	266.2
表观传热系数	U,W/(m² · ℃)	199.3 × 0.37 + 266.2 × 0.63 = 241.45	

在计算表观传热系数时,假定液态段和汽态段的热负荷的占比不变:液态段占 0.37,汽态段占 0.63。

② 变工况计算。

LNG/NG 热容为

$(m_1c) = 16.94\ \mathrm{kg/s} \times 4.99\ \mathrm{kJ/(kg \cdot ℃)} \times 0.8 = 67.62\ (\mathrm{kW/℃}) = 67\ 620\ (\mathrm{W/℃})$

循环水流量:$m_2 = 497.6 \times 0.6 = 298.6\ (\mathrm{kg/s})$;

循环水在平均温度下的比热容:$c = 4.18\ \mathrm{kJ/(kg \cdot ℃)}$;

循环水热容为

$(m_2c) = 298.6\ \mathrm{kg/s} \times 4.18\ \mathrm{kJ/(kg \cdot ℃)} = 1\ 248\ (\mathrm{kW/℃}) = 1\ 248\ 000\ (\mathrm{W/℃})$

由此可见:$(m_1c) < (m_2c)$,NG 侧为最小热容。

按式(4.9) 计算,即

$$N = \frac{U_3A_3}{(m_1c)_{\min}} = (241.45 \times 863.8)/67\ 620 = 3.084$$

$$C = \frac{(mc)_{\min}}{(mc)_{\max}} = 67\ 620/1\ 248\ 000 = 0.054\ 18$$

其中,传热面积 A 由表 4.11 按设计面积取值,表观传热系数按表 4.13 取值,$U = 241.45\ \mathrm{W/(m^2 \cdot ℃)}$;

按式(4.12) 计算,得

$$\varepsilon = 1 - \exp\{-\frac{1}{C}[1 - \exp(-CN)]\}$$

$$= 1 - \exp\{-\frac{1}{0.054\ 18}[1 - \exp(-0.054\ 18 \times 3.084)]\} = 0.941\ 6$$

NG 的出口温度为

$$t_2 = t_1 + \varepsilon(T_1 - t_1) = -158.3 + 0.941\ 6 \times [40 - (-158.3)] = 28.42\ (℃)$$

汽化器热负荷为

$$Q = (mc)_{\min}(t_2 - t_1) = 67.62 \times [28.42 - (-158.3)] = 12\ 626\ (\text{kW})$$

水出口温度为

$$T_2 = T_1 - \frac{Q}{c_2 m_2} = 40 - \frac{12\ 626}{4.18 \times 298.6} = 29.88\ (℃)$$

变工况计算表明，当 LNG 的流量减少后，NG 和水的出口温度会上升，汽化器的热负荷下降。

③ 计算结果的验证。

a. 按变工况后的进出口温度计算汽化器的传热温差。

热流体温度 /℃：	40	→	29.88
冷流体温度 /℃：	28.42	←	−158.3
端部温差 /℃：	11.58		188.18

对数平均温差(℃)为

$$\Delta T_{\ln} = (188.18 - 11.58)/\ln(188.18/11.58) = 63.34\ (℃)$$

对冷热流体交叉流动：

传热温差：　$\Delta T = 63.34 \times 0.95 = 60.17$ (℃)。

b. 按传热公式计算汽化器的传热温差。

$$\Delta T = \frac{Q}{A \times U} = \frac{12\ 626\ 000}{863.8 \times 241.45} = 60.54\ (℃)$$

上式中传热量 Q 是变工况计算出来的热负荷。

结论：考虑到温差修正系数 0.95 是选取的数值，会有一定的误差，因此，传热温度 ΔT 的两种计算结果相差 0.6%，可以认为是基本相同的，说明变工况计算依据的公式和计算结果是正确的。

第5章 LNG汽化器的冷能利用

5.1 冷能发电原理

在环境温度以下的介质所具有的能量可称为“冷能”。介质的温度离环境温度越低，则具有的冷能就越大。在LNG汽化器中，LNG的进口温度为－165～－150 ℃，与环境温度有较大的温差，因而具有一定的冷能。LNG具有的冷能在汽化过程中会释放出来，如何回收和利用这部分冷能，使其产生一定的经济效益，是节能环保的一个重要课题。目前，回收和利用这部分冷能主要有两种技术方案：一个方案是利用冷能发电，将部分冷能转换为高级能源——电力；另一个方案是冷能的直接利用——与需要冷却降温的工质直接换热，将冷量直接传递给需要降温的流体，例如，和空分系统结合在一起，使氮气降温液化；和CO_2液化系统结合在一起，使CO_2气体降温和液化；等等。

冷能发电装置(Cryogenic Power Generation Plant，CPP)是利用海水作为热源，在完成LNG汽化的同时，利用LNG和海水之间的温差发电的装置。冷能发电的原理如图5.1所示。发电的中间介质是丙烷，中间介质丙烷在与海水换热的蒸发器中吸收了足够的能量，所产生的蒸气具有较高的焓值，将蒸发器产生的蒸气先输入汽轮机中进行发电，发电后排出的蒸气温度和压力都有所下降，然后再进入凝结器中凝结，将热量传给LNG。从凝结器排出的凝结液通过泵加压后回流到蒸发器中。

如图5.1所示，透平发电机依靠中间介质丙烷在蒸发器和凝结器之间的压差(焓差)发电，为此，需要将蒸发器和凝结器分成上下两个换热器，即E_1和E_2，将发电设备安装在中间，其中E_1为中间介质蒸发器，E_2为中间介质凝结器，E_3为天然气加热器(即调温器)。在E_1和E_2中间有透平发电机和凝液加压泵。

冷能发电系统的特点是：

(1)由于冷能发电主要依靠中间介质在蒸发器和凝结器之间的温差和压差发电，因而蒸发器和凝结器中的饱和温度或饱和压力的选择至关重要；

(2)因热源是海水，海水温度的变化将对发电功率和相关参数产生直接影响；

(3)进入冷能发电系统的介质是丙烷的饱和蒸汽，不是过热蒸气，与通常的发电系统不同，因而要选用适宜的透平设备——透平膨胀机。

应当指出，在IFV汽化系统中，汽化后的天然气仍具有很高的压力，计算表明，当LNG的进口压力为8.0 MPa时，汽化后NG的出口压力为7.5 MPa左右，产生的高压NG可以远距离输送，也可以就近降压，变为低压天然气。一般，进入城外的天然气压力需降至0.75 MPa左右。为了利用汽化后天然气的这一压差，降压的方式之一就是以高

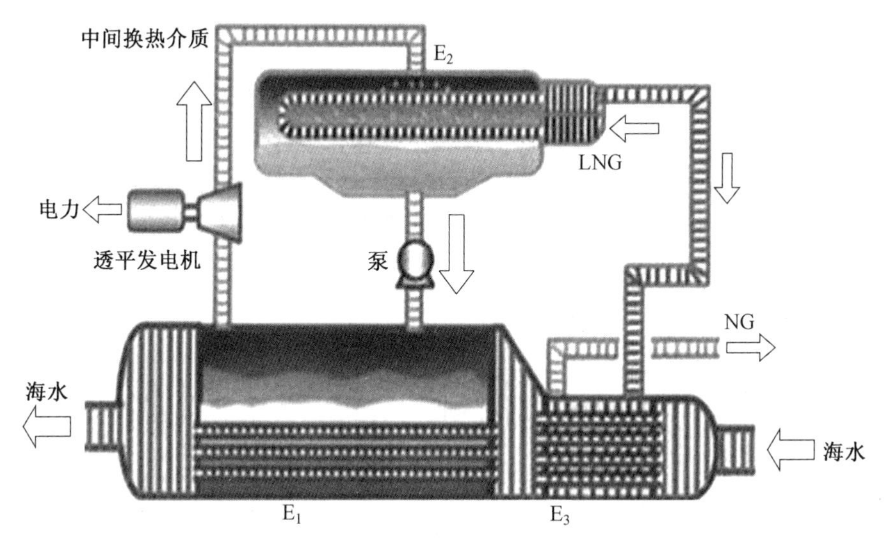

图 5.1　冷能发电的原理

压天然气为工质，通过透平发电机发电，如图 5.2 所示。在发电的同时，从透平膨胀机出来的天然气温度会有显著下降，还可以作为制冷机的冷源。图中，透平 N 的发电介质是 NG，而透平 P 的发电介质是丙烷。

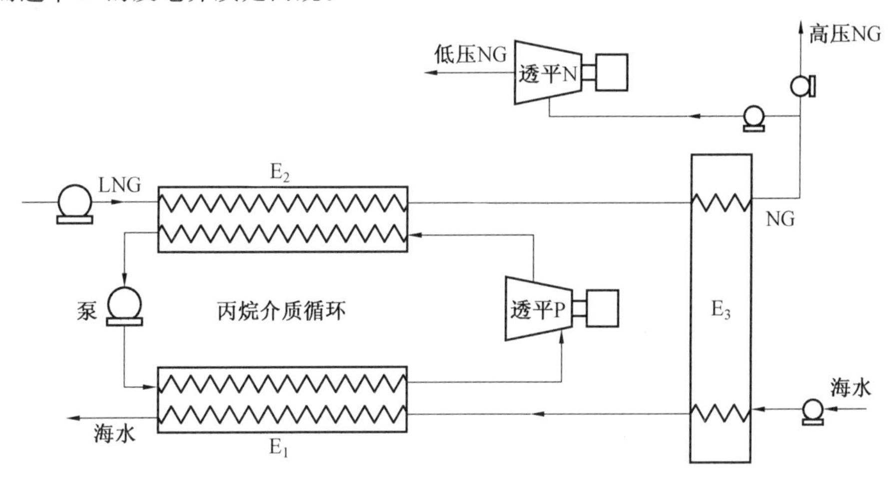

图 5.2　LNG 汽化器系统的冷能发电方式

其实，如图 5.1 所示的既发电又供热的循环系统在常规的热能利用中是经常被采用的。如图 5.3 所示的就是一组热电联产的发电和供热系统。在锅炉中产生的高温高压的水蒸气，并不是直接用于供热，而是先通过背压式透平机组发电，当蒸汽温度降至一定值时，进入换热器中，加热供热用的热水，换热后的工质水经给水泵加压后进入锅炉循环系统。由此可见，其工作原理与丙烷介质冷能发电的原理是相同的。

应当指出，热电联产是一种最节能环保的能源利用方式，可以做到“高温高用、低温低用”，提高能源利用的质量和效率。同理，丙烷介质的冷能发电也应属于节能环保的能源利用方式。

中间介质丙烷的冷能发电系统是一种特殊形式的蒸气动力装置循环，该热力学循环

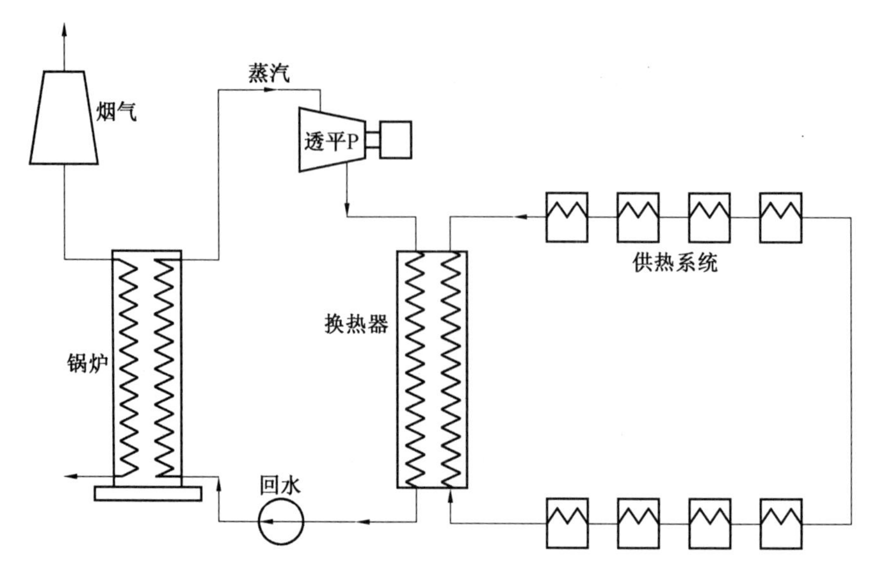

图 5.3　热电联产的发电和供热系统

称为朗肯循环(Rankine Cycle System)。朗肯循环在 $T-S$ 图上的表示如图 5.4 所示。纵坐标为工质的绝对温度 T(K),横坐标为工质的比熵 S[kJ/(kg·K)]。

朗肯循环不但清楚地显示了丙烷介质的所有热力学过程,而且是对各热力过程热负荷进行计算的依据。

如图 5.4 所示,曲线下面的区域是湿蒸汽区,即饱和液体和饱和蒸汽共存的区域,该区域的左侧是过冷液体区,右侧是过热蒸汽区。

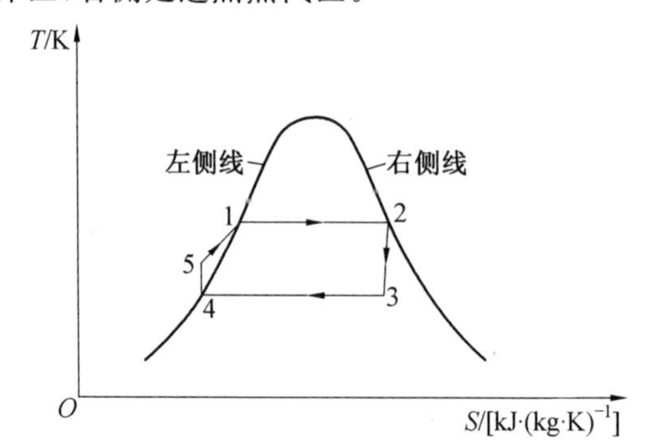

图 5.4　冷能发电的朗肯循环 $T-S$ 图

左侧曲线代表的状态是饱和液体,右侧曲线代表的是饱和蒸汽线。

(1)过程 1→2 是丙烷在蒸发器中的等温吸热过程,将丙烷饱和液体变为饱和蒸汽。

(2)过程 2→3 是丙烷饱和蒸汽在汽轮机中的膨胀做功过程,该过程接近等熵过程。

(3)过程 3→4 是丙烷在凝结器中的等温放热过程,丙烷饱和蒸汽凝结成饱和液体。

(4)过程 4→5 是饱和液体在凝液泵中的增压过程。

(5) 过程 5 → 1 是液态丙烷在 E_1 中的升温过程,在 1 点达到饱和,然后进入 1 → 2 丙烷在 E_1 中的等温蒸发过程。所以,5 → 1 → 2 都是在 E_1 中进行的吸热过程,3 → 4 是在 E_2 中进行的凝结放热过程。整个循环 2 → 3 → 4 → 5 → 1 → 2 所包含的面积代表发电机组对外输出的功。

丙烷介质的朗肯循环在压力－焓（$P-h$）图上的表示如图 5.5 所示。通过 $P-h$ 图可以清楚地看出循环中的各点在焓值上的变化。

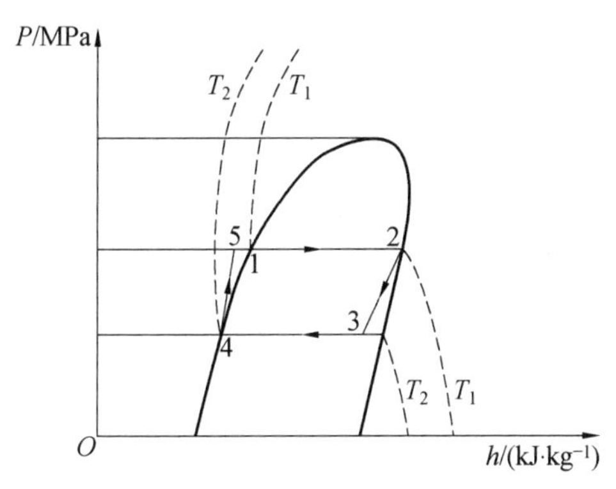

图 5.5　冷能发电的朗肯循环 $P-h$ 图

5.2　冷能发电的过程分析和热平衡

在汽化器的发电循环中，海水 — 丙烷 —LNG 各介质的温度变化可以更直观地表示，如图 5.6 所示。

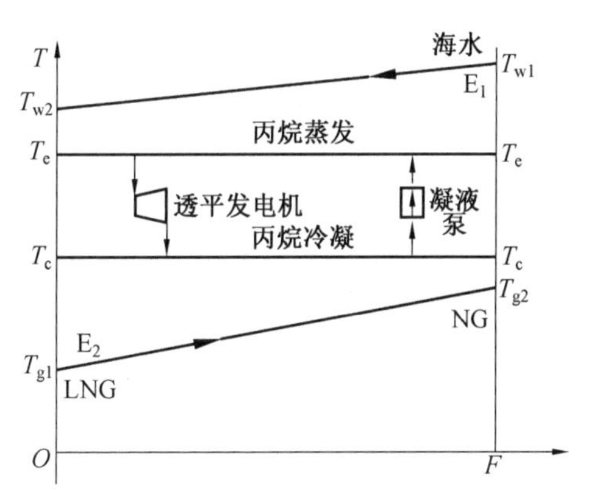

图 5.6　发电系统中各介质的温度变化

图 5.6 中，纵坐标为温度 T，海水与丙烷的换热器，即丙烷蒸发器 E_1，换热温度较高，在图的上部；而丙烷与 LNG 的换热器，即丙烷冷凝器 E_2，换热温度较低，位于图的下部。在 E_1 和 E_2 中间安装发电用透平和凝液泵。图中横坐标为换热面积 F，虽然 E_1、E_2 有不同的传热面积，但统一用 F 表示。图中，各处温度的表示如下。

T_{w1}、T_{w2}—— 海水在 E_1 中的进口和出口温度；

T_e —— 丙烷在 E_1 中的饱和温度 ；

T_c—— 丙烷在 E_2 中的饱和温度 ；

T_{g1}、T_{g2} ——LNG 的进口温度和出口温度。

由图5.6可见，丙烷发电系统的温差范围被限制在海水温度和LNG/NG的温度之间，因而其发电功率要受到上下两个温度曲线的制约。此外，当海水进口温度 T_{w1} 升高时，或NG的出口温度 T_{g2} 降低时，丙烷在 E_1 中的饱和温度 T_e 和在 E_2 中的饱和温度 T_c 会有更大的温差，从而增加发电透平的功率。

因此，为了提高发电功率，应采取以下措施。

(1) 提高热源海水的进口温度。因为海水的进口温度随气候的变化而变化，一般在5～30 ℃之间变化。可以断定，随着海水温度的升高，发电功率会随之升高。

(2) 降低NG的出口温度 T_{g2}，在没有发电功能的IFV系统中，通常选择NG的出口温度 T_{g2} 为－20 ℃左右，在冷能发电的系统中，NG的出口温度 T_{g2} 应当选择低于－30 ℃。例如，当 T_{g2} 降至－60～－40 ℃时，丙烷蒸气在汽轮机的出口温度 T_c 可降至－50～－30 ℃；T_{g2} 的下降必然导致凝结器 E_2 热负荷的下降，E_2 减少的热负荷转交给调温器 E_3 完成，E_3 的热负荷增大后，其传热面积要有所增加。

在冷能发电系统中，蒸发器 E_1 的供热负荷为 Q_1，冷凝器 E_2 的吸热量为 Q_2，而发电机组的吸热量为 Q_d。显然，根据热平衡原则，$Q_1 = Q_2 + Q_d$。所以，在冷能发电系统中，从海水中吸取的热量，不但要满足透平发电的需求，还要满足LNG汽化的需求。在此情况下，海水的流量要有所加大，或海水的进出口温差要有所增加。

在设计中，系统中各项热负荷的计算次序为：

(1) 设定透平的进出口压力和温度；同时，选定凝结器 E_2 的出口温度 T_{g2}；

(2) 计算凝结器的热负荷 Q_2，由此求出丙烷流量；

(3) 根据丙烷蒸气进出透平的焓差和流量，计算透平发电功率(热负荷) Q_d；

(4) 根据热平衡原则，计算蒸发器热负荷($Q_1 = Q_2 + Q_d$)，由此求出海水流量。

下面，通过两个例题说明冷能发电系统的设计要点。

【例5.1】 如图5.6所示，以丙烷为介质的冷能发电系统的相关参数如下。

海水在 E_1 中的进口温度：$T_{w1} = 6.2$ ℃；

海水在 E_1 中的出口温度：$T_{w2} = 2.15$ ℃；

丙烷在 E_1 中的蒸发温度：$T_e = -10$ ℃；压力：0.345 3 MPa；

丙烷在 E_2 中的凝结温度：$T_c = -28$ ℃；压力：0.18 MPa；

LNG的进口温度：$T_{g1} = -160$ ℃；

NG的出口温度：$T_{g2} = -32$ ℃；

LNG的流量：$G_2 = 175\ 000$ kg/h。

根据以上参数，热平衡计算如下。

(1) E_2 热负荷计算。

LNG流量：$G_2 = 175\ 000\ \text{kg/h} = 175\ 000/3\ 600 = 48.61\ (\text{kg/s})$；

LNG进口压力：8.0 MPa；

LNG进口温度：－160 ℃；进口焓值：17.1 kJ/kg；

LNG出口温度：－32 ℃；出口焓值：645.8 kJ/kg；

换热量：$Q_2 = 48.61 \times (645.8 - 17.1) = 30\ 561\ (\text{kW})$；

取安全系数1.05，实取设计热负荷：$Q_2 = 30\ 561 \times 1.05 = 32\ 089\ (\text{kW})$；

丙烷凝结温度：-28 ℃；

丙烷汽化潜热：$r=410.26$ kJ/kg；

丙烷凝结量：$G_g=Q_2/r=32\ 089/410.26=78.2$ (kg/s)。

(2) 发电机组的热力设计。

汽轮机蒸汽进口温度：-10 ℃(263 K)；压力：0.345 3 MPa；

焓值：$h_1=563.653$ kJ/kg；比熵：$S=5.66$ kJ/(kg·K)；

汽轮机蒸汽出口温度 ：-28 ℃ (245 K)；压力：0.174 MPa；

焓值：$h_2=542.78$ kJ/kg；比熵：$S=5.69$ kJ/(kg·K)；

丙烷蒸气的膨胀过程基本是一个等熵过程，在透平膨胀机的出口，会有少量的液滴出现。为简化计算，其出口仍按饱和状态计算。

焓差：$\Delta h=563.653-542.78=20.873$ (kJ/kg)；

发电供热负荷为

$$Q_d=G_g\times\Delta h=78.2\ \text{kg/s}\times 20.873\ \text{kJ/kg}=1\ 632.3\ (\text{kW})$$

机组发电量为

$$D=Q_d\times\eta_1\times\eta_2=1\ 632.2\ \text{kW}\times 0.96\times 0.98=1\ 535.6\ (\text{kW})$$

其中，η_1、η_2 分别为汽轮机效率和发电机效率。

(3) 蒸发器 E_1 热平衡计算。

热负荷：$Q_1=Q_2+Q_d=32\ 089+1\ 632.3=33\ 721.3$ (kW)；

考虑散热损失，取安全系数 1.05，则实取蒸发器热负荷为

$$Q_1=33\ 721.3\ \text{kW}\times 1.05=35\ 407.4\ (\text{kW})$$

入水口温度：$T_{w1}=6.2$ ℃；焓值：26.1 kJ/kg；

出水口温度：$T_{w1}=2.15$ ℃；焓值：9.05 kJ/kg；

海水流量：$G_1=Q_1/\Delta h=(35\ 407.4\ \text{kJ/s})/(26.1-9.05)\ \text{kJ/kg}=2\ 076.7\ (\text{kg/s})=$ 7 476 (t/h)

由上述热平衡计算可知，冷能发电的热负荷 Q_d 和 E_2 所需的热负荷 Q_2 一样，都来自海水，即 $Q_1=Q_2+Q_d$。说明为了发电的需要，从海水中要多吸取出一部分能量，即海水的流量要有所增加。

此计算例题表明：该冷能发电机组的发电能力较弱，发电热负荷 Q_d 只占 E_1 热负荷 Q_1 的 5% 左右，其原因在于汽轮机的进出口蒸汽温度和压力受到丙烷运行参数的限制，为了提高发电量，应改变相关参数。

【例 5.2】　降低 NG 在 E_2 中的出口温度，由 -32 ℃ 降至 -62 ℃，同时，降低丙烷蒸气在透平中的出口温度，由 -24 ℃ 降至 -42 ℃。

海水在 E_1 中的进口温度：$T_{w1}=7.0$ ℃；

海水在 E_1 中的出口温度：$T_{w2}=2.2$ ℃；

丙烷在 E_1 中的饱和温度：$T_e=-8$ ℃；压力：0.393 3 MPa；

丙烷在 E_2 中的饱和温度：$T_c=-42$ ℃；压力：0.244 5 MPa；

LNG 在 E_2 中的进口温度：$T_{g1}=-160$ ℃；

NG 在 E_2 中的出口温度：$T_{g2}=-62$ ℃；

LNG 的流量:$G_2=175\ 000$ kg/h。

根据以上参数,热平衡计算如下。

(1)E_2 热负荷计算。

LNG 流量:$G_2=175\ 000$ kg/h $=48.61$ kg/s;

LNG 进口压力:7.8 MPa;

进口温度:-160 ℃;进口焓值:18.75 kJ/kg;

出口温度:-62 ℃;出口焓值:434.5 kJ/kg;

换热量:$Q_2=48.61$ kg/s $\times(434.5-18.75)$kJ/kg $=20\ 210$ (kW);

实取设计热负荷:$Q_2=20\ 210$ kW $\times 1.05=21\ 220$ (kW);

丙烷凝结温度:-42 ℃(231 K);

丙烷汽化潜热:$r=427.8$ kJ/kg;

丙烷凝结量:$G_g=Q_2/r=21\ 220$ kW / 427.8 kJ/kg $=49.6$ (kg/s)。

(2) 发电机组的热力设计。

汽轮机蒸汽进口温度 :-8 ℃;压力:0.356 MPa;

焓值:$h_1=889.36$ kJ/kg;

汽轮机蒸汽出口温度 :-42 ℃;压力:0.101 MPa;

焓值:$h_2=849.4$ kJ/kg;

焓差:$\Delta h=889.36-849.4=39.96$ (kJ/kg);

发电供热负荷:$Q_d=G_g\times\Delta h=49.6$ kg/s $\times 39.96$ kJ/kg $=1\ 982$ (kW);

机组发电量:$D=Q_d\times\eta_1\times\eta_2=1\ 982\times 0.96\times 0.98=1\ 865$ (kW);

式中 η_1、η_2—— 汽轮机效率和发电机效率。

(3) 蒸发器 E_1 的热平衡计算。

热负荷:$Q_1=Q_2+Q_d=21\ 220+1\ 982=23\ 202$ (kW);

考虑散热损失,取安全系数 1.05,则实取蒸发器热负荷为

$$Q_1=23\ 202\ \text{kW}\times 1.05=24\ 362\ (\text{kW})$$

入水口温度:$T_{w1}=7.0$ ℃;出水口温度:$T_{w2}=2.2$ ℃,

$$\Delta T=7.0-2.2=4.8\ (℃)$$

海水比热容:$c=4.0$ kJ/(kg·℃);

海水流量:$G_1=Q_1/\Delta T\times c=23\ 202$ kW /4.8 ℃ $\times$ 4.0 kJ/(kg·℃) $=$ 1 208 (kg/s) $=$ 4 350 (t/h)

应当指出,上述两个例题中的计算结果,仅仅针对与发电有关的 E_1、E_2 两个换热器,即中间介质丙烷的热力学过程。对整个系统而言,从海水吸收的总热量应等于($Q_2+Q_d+Q_3$),其中 Q_3 是调温器的热负荷。

【例 5.3】 降低 NG 在 E_2 中的出口温度,由 -32 ℃ 降至 -52 ℃,同时,降低丙烷蒸气在透平中的出口温度,降至 -40 ℃。

海水在 E_1 中的进口温度:$T_{w1}=7.0$ ℃;

海水在 E_1 中的出口温度:$T_{w2}=2.2$ ℃;

丙烷在 E_1 中的饱和温度:$T_e=-8$ ℃;压力:0.393 3 MPa;

丙烷在 E_2 中的饱和温度：$T_c = -40$ ℃；压力：0.244 5 MPa；

LNG 的进口温度：$T_{g1} = -160$ ℃；

NG 的出口温度：$T_{g2} = -52$ ℃；

LNG 的流量：$G_2 = 240\ 000$ kg/h。

根据以上参数，热平衡计算如下。

(1)E_2 热负荷计算。

LNG 流量：$G_2 = 240\ 000$ kg/h $= 66.67$ kg/s；

LNG 进口压力：7.8 MPa；

进口温度：－160 ℃；进口焓值：18.75 kJ/kg；

出口温度：－50 ℃；出口焓值：520.63 kJ/kg；

换热量：$Q_2 = 66.67$ kg/s × (520.63 － 18.75)kJ/kg = 33 460 (kW)；

实取设计热负荷：$Q_2 = 33\ 460$ kW × 1.05 = 35 133 (kW)；

丙烷凝结器中的饱和温度：－40 ℃(233 K)；

丙烷汽化潜热：$r = 425.7$ kJ/kg；

丙烷凝结量：$G_g = Q_2 / r = 35\ 133 / 425.7 = 82.53$ (kg/s)。

(2) 发电机组的热力设计。

汽轮机蒸汽进口温度 ：－8 ℃；压力：0.356 MPa；

焓值：$h_1 = 889.36$ kJ/kg；

汽轮机蒸汽出口温度：－40 ℃；压力：0.11 MPa；

焓值：$h_2 = 851.7$ kJ/kg；

焓差：$\Delta h = 889.36 - 851.7 = 37.66$ (kJ/kg)；

发电供热负荷：$Q_d = G_g \times \Delta h = 82.53 \times 37.66 = 3\ 198$ (kW)；

机组发电量：$D = Q_d \times \eta_1 \times \eta_2 = 3\ 108 \times 0.96 \times 0.98 = 3\ 044$ (kW)；

(3) 蒸发器 E_1 热平衡计算。

热负荷：$Q_1 = Q_2 + Q_d = 35\ 133 + 3\ 198 = 38\ 331$ (kW)；

考虑散热损失和透平出口处的含湿量，取安全系数 1.05，则实取蒸发器热负荷为

$$Q_1 = 38\ 331\ \text{kW} \times 1.05 = 40\ 248\ (\text{kW})$$

水进口温度：$T_{w1} = 7.0$ ℃；水出口温度：$T_{w2} = 2.2$ ℃，

$$\Delta T = 7.0 - 2.2 = 4.8\ (℃)$$

海水比热容：$c = 4.0$ kJ/(kg・℃)；

海水流量：$G_1 = Q_1 / \Delta T \times c = 40\ 248$ kW/[4.8 ℃ × 4.0 kJ/(kg・℃)] = 2 096 (kg/s) = 7 546 (t/h)

(4) 调温器 E_3 热负荷计算。

NG 进口温度：－50 ℃；NG 进口焓值：520.63 kJ/kg；

NG 出口温度：0 ℃；NG 出口焓值：739.4 kJ/kg；

NG 流量：66.67 kg/s；

NG 热负荷：$Q_3 = 66.67$ kg/s × (739.4 － 520.63)kJ/kg = 14 585 (kW)；

海水温差：$\Delta T = 14\ 585$ kW /[2 096 kg/s × 4.0 kJ/(kg・℃)] = 1.74 (℃)；

海水进口温度：7.0＋1.74＝8.74（℃）；

海水供给的总热量为

$$Q = Q_2 + Q_d + Q_3 = 35\ 133 + 3\ 198 + 14\ 585 = 52\ 916\ (\text{kW})。$$

5.3 冷能发电系统的热力设计

IFV 型汽化器的冷能发电系统的设计要点如下。

(1) 将 LNG 至 NG 的加热过程进行温度分配，关键是选择或确定凝结器 E_2 的 NG 出口温度 T_{g2}，如图 5.6 所示。为了充分利用 LNG 的冷能，应选择偏低的 NG 出口温度 T_{g2}。

(2) 根据 NG 出口温度 T_{g2}，选择并确定发电透平的丙烷出口温度，即丙烷在 E_2 中的饱和温度 T_c，如图 5.6 所示。显然，T_c 应高于 T_{g2}，并保持一定的端部温差。

(3) 根据预定的海水在 E_1 中的出口温度 T_{w2}，选择并确定发电透平的丙烷蒸气进口温度，即丙烷在 E_1 中的饱和温度 T_e，如图 5.6 所示。显然，T_e 应低于 T_{w2}，并保持一定的端部温差。

(4) 在上述各关键温度选择之后，计算系统中各部件的热负荷，计算顺序为：E_2 热负荷 → E_3 热负荷 → 发电透平热负荷 → E_1 热负荷，其中 E_1 热负荷＝E_2 热负荷＋发电透平热负荷，系统总热负荷＝E_1 热负荷＋E_3 热负荷。

(5) 分别进行 E_2、E_3、E_1 换热器的设计，选择透平型号，确定供电能力。

(6) 对冷能发电系统的经济性进行分析。

【例 5.4】 通过设计要求，进行两个方案的设计计算。给定的主要参数如下。

LNG 流量：205 t/h；

LNG 压力：8 MPa；

E_2 进口温度：－162 ℃；

E_3 出口温度：1 ℃；

海水进口温度：8 ℃；

海水出口温度：3.0 ℃；

发电量：尽量在 2 500～3 000 kW 之间。

1. 方案 1

(1) 参数选择。

① NG 的 E_2 出口温度：－52 ℃；

② 丙烷透平出口温度：－42 ℃，比 E_2 出口温度－52 ℃ 高 10 ℃；

③ 丙烷透平进口温度：－8 ℃，比海水出口温度 3.0 ℃ 低 11 ℃。

(2) 热平衡计算。

LNG 的进口温度：T_{g1}＝－162 ℃；

LNG 的流量：G_2＝205 000 kg/h；

NG 在 E_2 中的出口温度：-52 ℃；

丙烷蒸气在透平中的出口温度：-42 ℃；

海水在 E_3 中的进口温度：$T_{w1}=8.0$ ℃；

海水在 E_1 中的出口温度：$T_{w2}=3.0$ ℃；

丙烷在 E_1 中的蒸发温度：$T_e=-8$ ℃；压力：0.368 MPa；

丙烷在 E_2 中的凝结温度：$T_c=-42$ ℃；压力：0.101 MPa。

根据以上参数，热平衡计算如下。

① E_2 热负荷计算。

LNG 流量：$G_2=205\ 000$ kg/h $=56.94$ kg/s；

LNG 进口压力：8.0 MPa；

进口温度：-162 ℃；进口焓值：10.28 kJ/kg；

出口温度：-52 ℃；出口焓值：544.8 kJ/kg；

换热量：$Q_2=56.94\ \text{kg/s}\times(544.8-10.28)\text{kJ/kg}=30\ 436\ (\text{kW})$；

实取热负荷：$Q_2=30\ 436\ \text{kW}\times1.05=31\ 958\ (\text{kW})$；

丙烷凝结温度：-42 ℃(231 K)；

丙烷汽化潜热：$r=427.8$ kJ/kg；

丙烷凝结量：$G_g=Q_2/r=31\ 958\ \text{kW}/427.8\ \text{kJ/kg}=74.7\ (\text{kg/s})$。

② 发电机组的热力设计。

汽轮机蒸汽进口温度：-8 ℃；压力：0.356 MPa；

焓值：$h_1=889.36$ kJ/kg；

汽轮机蒸汽出口温度：-42 ℃；压力：0.101 MPa；

焓值：$h_2=849.37$ kJ/kg；

焓差：$\Delta h=889.36-849.37=39.99\ (\text{kJ/kg})$；

凝结器 E_2 需要的丙烷流量：$G_g=74.7$ kg/s；

发电供热负荷：$Q_d=G_g\times\Delta h=74.7\ \text{kg/s}\times39.99\ \text{kJ/kg}=2\ 987\ (\text{kW})$；

机组发电量：$D=Q_d\times\eta_1\times\eta_2=2\ 987\times0.96\times0.98=2\ 810\ (\text{kW})$。

③ 蒸发器 E_1 热平衡。

热负荷：$Q_1=Q_2+Q_d=31\ 958+2\ 987=34\ 945\ (\text{kW})$。

E_1 热负荷的另一计算方法如下。

假定液泵排往蒸发器的液体温度仍为 -42 ℃，为饱和液体，其焓值为 421.57 kJ/kg，从蒸发器排出的是 -8 ℃ 的饱和蒸汽，其焓值为 889.36 kJ/kg，二者焓升为

$$\Delta h=889.36-421.57=467.79\ (\text{kJ/kg})$$

丙烷的流量为 74.7 kg/s，则蒸发器的热负荷为

$$Q_1=74.7\ \text{kg/s}\times467.79\ \text{kJ/kg}=34\ 944\ (\text{kW})$$

由此可见，两个计算结果是相同的。

④ 调温器 E_3 热负荷。

NG 进口温度：-52 ℃；进口焓值：544.8 kJ/kg；

NG 出口温度:1 ℃;出口焓值:759.5 kJ/kg;

NG 流量:56.94 kg/s;

NG 热负荷:$Q_3 = 56.94$ kg/s × (759.5 − 544.8)kJ/kg = 12 225 (kW);

⑤ 海水流量和温度。

海水总放热量:$Q = Q_1 + Q_3 = 34\ 945 + 12\ 225 = 47\ 170$ (kW);

海水总温差:$\Delta T = 8 - 3 = 5$ (℃);

海水流量:$G_w = \dfrac{Q}{\Delta T c_p} = 47\ 170$ kW/[5 ℃ × 4 kJ/(kg · ℃)] = 2 358.5 (kg/s) = 8 490.6 (t/h);

海水从 E_3 中的出口温度为

$$T_2 = T_1 - \frac{Q_3}{G_w c_p} = 8 - [12\ 225\ \text{kW}/(2\ 358.5\ \text{kg/s} \times 4\ \text{kJ/kg} \cdot ℃)] = 6.7\ (℃)$$

海水在 E_3 中的温度降落:8 − 6.7 = 1.3 (℃);

海水从 E_1 中的出口温度:3.0 ℃;

海水在 E_1 中的温度降落:6.7 − 3 = 3.7 (℃)。

(3) 凝结器 E_2 的设计。

① 热负荷分配。

LNG 的临界温度为 190.41 K(−82.59 ℃);

a. 液态换热段:−162 ℃ → −82.59 ℃;

−162 ℃ 下的焓值:10.28 kJ/kg;

−82.59 ℃ 下的焓值:319.82 kJ/kg;

液态段热负荷:(319.82 − 10.28) kJ/kg × 56.94 kg/s = 17 625.2 (kW);

设计热负荷:17 625.2 × 1.05 = 18 506.5 (kW)。

b. 汽态换热段:−82.59 ℃ → −52 ℃;

−82.59 ℃ 下的焓值:319.82 kJ/kg;

−52 ℃ 下的焓值:544.8 kJ/kg;

汽态段热负荷:(544.8 − 319.82) kJ/kg × 56.94 kg/s = 12 810.4 (kW);

设计热负荷:12 810.4 × 1.05 = 13 450.9 (kW);

总设计热负荷:18 506.5 + 13 450.9 = 31 957.4 (kW);

原热平衡计算值:31 958 kW。

② 传热元件选型。

设计选取的管型见表 5.1。

表 5.1　管型的选择

项目	管型	注
材质	不锈钢(06Cr19Ni10)	无缝管
管型	U 形弯管	
外径 /mm	20	
厚度 /mm	2.0	考虑管内高压
内径 /mm	16	
管间距 /mm	28	
排列方式	等边三角形	

③ 初步设计。

LNG 管内液态流速：$v=0.9\ \text{m/s}$；

管内质量流速为

$$G_m = v\times\rho = 0.9\ \text{m/s}\times 370\ \text{kg/m}^3 = 333\ [\text{kg/(m}^2\cdot\text{s)}]$$

其中，LNG 在平均温度下的密度为 370 kg/m^3；

总流通面积：$F=(56.94\ \text{kg/s})/\ 333\ \text{kg/(m}^2\cdot\text{s)}=0.171\ (\text{m}^2)$；

单管流通面积：$A_1=\frac{\pi}{4}d_i^2=0.000\ 201\ (\text{m}^2)$；

U 形管数目：$N=0.171\ \text{m}^2/0.000\ 201\ \text{m}^2=851$(根)；

1 m 管长传热面积为

$$A_1 = 851\times 1\ \text{m}\times\pi\times 0.02\ \text{m}=53.47\ (\text{m}^2)$$

1 mU 形管传热面积为

$$A_1 = 851\times 2\ \text{m}\times\pi\times 0.02\ \text{m}=106.94\ (\text{m}^2)$$

④ 管内换热系数计算。

按公式(1.3) 计算，其中物性按各段的平均温度取值。

液态段：

$$Re=\frac{d_i\times G_m}{\mu}=\frac{0.016\times 333}{6.54\times 10^{-5}}=81\ 468$$

$$h_i = 0.023\left(\frac{\lambda}{d_i}\right)(Re)^{0.8}(Pr)^{0.4}$$

$$=0.023\times\frac{0.14}{0.016}\times 81\ 468^{0.8}\times 1.68^{0.4}=2\ 102\ [\text{W/(m}^2\cdot{}^\circ\text{C)}]$$

汽态段：

$$Re=\frac{d_i\times G_m}{\mu}=\frac{0.016\times 333}{1.56\times 10^{-5}}=341\ 538$$

$$h_i = 0.023\left(\frac{\lambda}{d_i}\right)(Re)^{0.8}(Pr)^{0.4}$$

$$=0.023\times\frac{0.055}{0.016}\times 341\ 538^{0.8}\times 2.19^{0.4}=2\ 889\ [\text{W/(m}^2\cdot\text{s)}]$$

⑤ 管外换热系数计算。

管束851根管，纵向U形管分两组：总管排数为 $851\times2=1\ 702$(排)，管外水平管束凝结换热系数由式(1.6)计算，则

$$h=0.007\ 7\times\left(\frac{\lambda_l^3\rho_l^2 g}{\mu_l^2}\right)^{1/3}\left(\frac{4G}{\mu_l}\right)^{0.4}$$

总管数：$N=1\ 702$ 排，凝结液流的股数，对三角形错列管束为

$$n_s=2.08N^{0.495}=2.08\times1\ 702^{0.495}=84.54$$

单位宽度上的冷凝液量为

$$G=\frac{m}{L\times n_s}=\frac{74.7\ \text{kg/s}}{12\ \text{m}\times87.54}=0.073\ 6\ \text{kg/(m}\cdot\text{s)}$$

其中，初选U形管水平段长度 $L=12$ m，总凝结量 $m=74.7$ kg/s，则

$$Re=\frac{4G}{\mu_l}=\frac{4\times0.073\ 6\ \text{kg/(m}\cdot\text{s)}}{1.397\times10^{-4}\ \text{kg/(m}\cdot\text{s)}}=2\ 108.3$$

$$h=0.007\ 7\times\left(\frac{\lambda_l^3\rho_l^2 g}{\mu_l^2}\right)^{1/3}\left(\frac{4G}{\mu_l}\right)^{0.4}$$

$$=0.007\ 7\times\left[\frac{0.111\ 2^3\times542^2\times9.8}{(1.397\times10^{-4})^2}\right]^{1/3}\times2\ 108.3^{0.4}=957.2\ [\text{W/(m}^2\cdot{}^\circ\text{C)}]$$

考虑到丙烷蒸气流对凝结液膜的扰动和冲刷，取增强系数为1.1，则凝结换热系数为：$957.2\times1.1=1\ 052.9\ [\text{W/(m}^2\cdot{}^\circ\text{C)}]$

⑥ 凝结器传热计算。

计算结果见表5.2。

表5.2　凝结器传热计算结果

物理量	公式	液态段	汽态段	注
管外换热系数 h_o	式(1.6)	1 052.9	1 052.9	W/(m² · ℃)
管外热阻	$R_o=1/h_o$	0.000 949 7	0.000 949 7	(m² · ℃)/W
管内换热系数 h_i	式(1.3)	2 104	2 889	W/(m² · ℃)
管内热阻	$R_i=\frac{D_o}{D_i}\times\frac{1}{h_i}$	0.000 594 1	0.000 432 6	(m² · ℃)/W
管壁热阻	$R_w=\frac{D_o}{2k}\times\ln\left(\frac{D_o}{D_i}\right)$	0.000 111 5	0.000 111 5	(m² · ℃)/W
管内污垢热阻	R_{fi}	0.000 01	0.000 01	(m² · ℃)/W
总热阻	R	0.001 665 3	0.001 503 8	(m² · ℃)/W
传热系数	$U_o=\frac{1}{R}$	600.5	664.9	W/(m² · ℃)
最大端部温差		162 − 42 = 120	82.6 − 42 = 40.6	℃
最小端部温差		82.6 − 42 = 40.6	52 − 42 = 10	℃
传热温差	ΔT, ℃	73.3	21.8	对数平均
传热量	Q, kW	18 506.5	13 450.9	总热负荷 31 957.4 kW

续表 5.2

物理量	公式	液态段	汽态段	注
传热面积	$A=\dfrac{Q}{U_{\circ}\Delta T}$	420.4	928	m^2
设计总面积	A	1 348.4		m^2
管束展开管长	1 348.4 /53.49	25.2		m
U 形管管长	1 348.4 /106.94	12.6		m
U 形管直管长	12.6－0.6	约 12.0		m

方案比较如下。

2.1 节中的设计例题是不具有冷能发电功能的 IFV 型汽化器，其设计参数如图 2.1 所示。与具有冷能发电功能的本设计相比，二者的 LNG 流量和海水流量相近，进出口温度也接近，两个凝结器设计结果有以下区别。

①前者选取的 LNG 出口温度为－30 ℃，丙烷凝结温度为－10 ℃，而本设计 LNG 出口温度为－52 ℃，丙烷凝结温度为－42 ℃；

② 前者的传热温差分别为 108.6 ℃ 和 40.8 ℃，而本设计的传热温差分别为 73.3 ℃ 和 21.8 ℃；

③ 在冷能发电系统中，虽然凝结器的热负荷有所减少，但由于传热温差大幅下降，因此传热面积大幅增加，由前者的 854.5 m^2 增至本设计的 1 348.4 m^2。

在原有 IFV 型汽化器基础上，为了实现冷能发电，传热面积需要增加，一次性投资也会相应增加。

(4) 调温器 E_3 设计。

① 设计参数。

在冷能发电系统中，由于凝结器中 NG 出口温度的降低，将凝结器的部分热负荷转移到了调温器中，因此调温器热负荷大幅度增加。设计参数如下。

NG 进口温度：－52 ℃；NG 出口温度：1 ℃；

NG 流量：56.94 kg/s；

调温器是汽化后的天然气与海水之间的管壳式换热器，管程走海水，壳程走天然气。

海水流量：G_w＝2 358.5 kg/s＝8 490.6 t/h；

海水进口温度：T_{w1}＝8.0 ℃；

海水的出口温度：6.7 ℃；

调温器热负荷：12 225 kW。

② 传热管选型。

材质：不锈钢(TA2)；

外径：20 mm；内径：16.4 mm；

壁厚：1.8 mm；管长：3 200 mm；

管间距：28 mm；管夹角：30°。

③ 初选传热面积。

管内海水流速：$v=3.0\ \text{m/s}$；

海水质量流速：$G=v\times\rho=3.0\times1\ 020=3\ 060\ [\text{kg/(m}^2\cdot\text{s)}]$；

其中，海水密度：$\rho=1\ 020\ \text{kg/m}^3$；

海水流通面积：$(2\ 358.5\ \text{kg/s})/3\ 060\ \text{kg/(m}^2\cdot\text{s)}=0.770\ 75\ (\text{m}^2)$；

单管流通面积：$A_1=\dfrac{\pi}{4}d_i^2=0.000\ 211\ 2\ (\text{m}^2)$；

传热管数目：$N=0.770\ 75/0.000\ 211\ 2=3\ 649$（根）；

选取有效管长：3.64 m；

初设总传热面积：$A=3\ 649\times3.64\times\pi\times0.02=834.6\ (\text{m}^2)$；

壳程数：7；

单壳程纵向长度：$3.62\ \text{m}/7=0.52\ (\text{m})$；

壳程内径：1.9 m。

④ 管内海水对流换热系数。

海水平均温度：$(8+6.7)/2=7.35\ (^\circ\text{C})$。

在平均温度下的物性为

海水密度：$\rho=1\ 020\ \text{kg/m}^3$；

海水导热系数：$\lambda=0.578\ \text{W/(m}\cdot{}^\circ\text{C)}$；

海水黏度：$\mu=1\ 230\times10^{-6}\ \text{kg/(m}\cdot\text{s)}$；

比热容：$4.0\ \text{kJ/(kg}\cdot{}^\circ\text{C)}$；

$Pr=10.29$。

依据公式(1.3)可得

$$Re=\frac{d_i\times G_m}{\mu}=\frac{0.016\ 4\times3\ 060}{1\ 230\times10^{-6}}=40\ 800$$

$$h_i=0.023\left(\frac{\lambda}{d_i}\right)(Re)^{0.8}(Pr)^{0.3}$$

$$=0.023\times\frac{0.56}{0.016\ 4}\times40\ 800^{0.8}\times10.29^{0.3}=7\ 715\ [\text{W/(m}^2\cdot{}^\circ\text{C)}]$$

⑤ 壳程NG对流换热系数。

按计算公式(1.19)可得

$$h_o=0.36\left(\frac{\lambda}{d_e}\right)\left(\frac{d_e u_o\rho}{\mu}\right)^{0.55}(Pr)^{1/3}$$

当量直径为

$$d_e=\frac{1.10p_t^2}{d_o}-d_o=\frac{1.1\times0.028^2}{0.02}-0.02=0.023\ 12\ (\text{m})$$

其中，管间距 $p_t=0.028\ \text{m}$，管外径 $d_o=0.02\ \text{m}$。

最窄面流通面积为

$$A_s=l_bD_1\left(1-\frac{d_o}{p_t}\right)=0.52\times1.9\times\left(1-\frac{0.02}{0.028}\right)=0.282\ 3\ (\text{m}^2)$$

式中　折流板间距 $l_b = 0.52$ m，换热器壳体内径 $D_1 = 1.9$ m。

NG 的质量流速为

$$G_m = u_o \rho = \frac{m}{A_s} = \frac{56.94}{0.2823} = 201.7\ [\mathrm{kg/(m^2 \cdot s)}]$$

壳程 NG 换热系数为

$$h_o = 0.36\left(\frac{\lambda}{d_e}\right)\left(\frac{d_e u_o \rho}{\mu}\right)^{0.55}(Pr)^{1/3}$$

$$= 0.36 \times \left(\frac{0.0432}{0.02312}\right) \times \left(\frac{0.02312 \times 201.7}{1.331 \times 10^{-5}}\right)^{0.55} \times 1.125^{1/3} = 783.9\ [\mathrm{W/(m^2 \cdot ℃)}]$$

⑥ 调温器传热系数和传热面积的计算，见表 5.3。

表 5.3　调温器传热系数和传热面积的计算

物理量	计算式	数值	注
管内换热系数	式(1.3)	7 715	$\mathrm{W/(m^2 \cdot ℃)}$
管内热阻	$R_i = \frac{D_o}{D_i} \times \frac{1}{h_i}$	0.000 158	$\mathrm{(m^2 \cdot ℃)/W}$
管外换热系数	式(1.5)	783.9	$\mathrm{W/(m^2 \cdot ℃)}$
管外热阻	$R_o = 1/h_o$	0.001 275 6	$\mathrm{(m^2 \cdot ℃)/W}$
管壁热阻	$R_w = \frac{D_o}{2k} \times \ln\left(\frac{D_o}{D_i}\right)$	0.000 099 2	$\mathrm{(m^2 \cdot ℃)/W}$
管内污垢热阻	R_{fi}(选取)	0.000 01	$\mathrm{(m^2 \cdot ℃)/W}$
总热阻	R	0.001 542 8	$\mathrm{(m^2 \cdot ℃)/W}$
传热系数	$U_o = \frac{1}{R}$	648.17	$\mathrm{W/(m^2 \cdot ℃)}$
大端部温差	ΔT_1	$6.7 - (-52) = 58.7$	℃
小端部温差	ΔT_2	$8 - 1 = 7$	℃
对数平均温差	ΔT_{ln}	24.31	℃
传热温差	ΔT，℃	23.09	温差修正系数取 0.95
传热量	Q	12 225	kW
计算传热面积	$A = \frac{Q}{U_o \Delta T}$	816.8	管外面积 $\mathrm{m^2}$
初设面积	A	834.6	$\mathrm{m^2}$
面积比	834.6/816.8	1.02	

结论：初设传热面积满足设计要求，设计余量为 2%。

注：在非冷能发电系统中，如 2.1 中的设计例题，调温器的设计面积一般为 500～600 $\mathrm{m^2}$，在本设计中，调温器面积超过 800 $\mathrm{m^2}$，这是由调温器的热负荷大幅增加造成的。

(5) 丙烷蒸发器 E_1 的设计。

① 管内海水和丙烷基本参数。

蒸发器热负荷：$Q_1 = Q_2 + Q_d = 31\ 958 + 2\ 987 = 34\ 945$ (kW)；

海水流量：2 358.5 kg/s = 8 490.6 t/h；

海水在 E_1 中的进口温度：6.7 ℃；

海水在 E_1 中的出口温度：3.0 ℃；

海水在 E_1 中的温度降落：6.7 − 3 = 3.7 (℃)；

丙烷蒸发温度：−8 ℃；

丙烷的流量为 74.7 kg/s。

② 管型与结构参数的选择。

管型和材质与调温器相同，即

外径：20 mm；内径：16.4 mm；壁厚：1.8 mm；管间距：28 mm。

③ 初选传热面积。

管内海水流速：$v = 3.0$ m/s；

海水质量流速：$G = v \times \rho = 3.0 \times 1\ 020 = 3\ 060$ [kg/(m^2 · s)]

海水流通面积：(2 358.5 kg/s)/3 060 kg/(m^2 · s) = 0.77 075 (m^2)；

单管流通面积：$A_1 = \frac{\pi}{4} d_i^2 = 0.000\ 211\ 2$ (m^2)；

传热管数目：$N = 0.770\ 75/0.000\ 211\ 2 = 3\ 649$ (根)；

初设管长度：10 m；

初设总传热面积：$A = 3\ 649 \times 10 \times \pi \times 0.020 = 2\ 292.7$ (m^2)。

④ 管内海水对流换热系数计算。

海水在平均温度下的物性为

海水密度：$\rho = 1\ 020$ kg/m^3；

海水导热系数：$\lambda = 0.571$ W/(m · ℃)；

海水黏度：$\mu = 1\ 230 \times 10^{-6}$ kg/(m · s)；

比热容：4.0 kJ/(kg · ℃)；

$Pr = 11.35$。

依据公式(1.3) 可得

$$Re = \frac{d_i \times G_m}{\mu} = \frac{0.016\ 4 \times 3\ 060}{1\ 230 \times 10^{-6}} = 40\ 800$$

$$h_i = 0.023\left(\frac{\lambda}{d_i}\right)(Re)^{0.8}(Pr)^{0.3}$$

$$= 0.023 \times \frac{0.56}{0.016\ 4} \times 48\ 960^{0.8} \times 11.6^{0.3} = 7\ 997\ [\mathrm{W/(m^2 \cdot s)}]$$

⑤ 管外丙烷沸腾换热系数。

丙烷在水平管束外部的沸腾属于大容积中的泡态沸腾，应用 Mostinsk 的简化试验关联式(1.16) 可得

$$h = 0.106\ P_c^{0.69}(1.8R^{0.17} + 4R^{1.2} + 10R^{10}) \times q^{0.7}$$

饱和丙烷 −8 ℃ 的饱和压力：$P=3.687$ bar；

丙烷的临界压力：$P_c=42.42$ bar；

对比压力：$R=\dfrac{P}{P_c}=\dfrac{3.687}{42.42}=0.0869$；

热流密度：$q=\dfrac{Q}{A}=\dfrac{34\ 945\ 000\ \text{W}}{2\ 292.7\ \text{m}^2}=15\ 241.9\ (\text{W/m}^2)$。

其中，$Q=34\ 945$ kW，$A=2\ 292.7\ \text{m}^2$ 为热负荷和初选传热面积。

将上述各数值代入关联式，则

$$h=0.106\ P_c^{0.69}(1.8R^{0.17}+4R^{1.2}+10R^{10})\times q^{0.7}=1\ 671.2\ [\text{W/(m}^2\cdot ℃)]$$

考虑丙烷蒸气流和回液流对沸腾换热的促进作用，取增强系数为 1.1，则沸腾换热系数为：$1\ 671.2\times 1.1=1\ 838.3\ [\text{W/(m}^2\cdot ℃)]$。

⑥ 蒸发器传热热阻和传热系数。

蒸发器传热热阻和传热系数计算结果见表 5.4。

表 5.4　蒸发器传热热阻和传热系数计算结果

物理量	计算式和单位	计算结果	注
管内热阻	$R_i=\dfrac{D_o}{D_i}\times\dfrac{1}{h_i}$ (m² · ℃)/W	0.000 152 4	$h_i=7\ 997$ W/(m² · ℃)
管外热阻	$R_o=1/h_o$ (m² · ℃)/W	0.000 543 9	$h_o=1\ 838.3$ W/(m² · ℃)
管壁热阻	$R_w=\dfrac{D_o}{2k}\times\ln\left(\dfrac{D_o}{D_i}\right)$ (m² · ℃)/W	0.000 099 2	管材 $k=20$ W/(m · ℃)
管内污垢热阻	R_{fi}，(m² · ℃)/W	0.000 01	选取
总热阻	R，(m² · ℃)/W	0.000 805 5	
传热系数	$U_o=\dfrac{1}{R}$，W/(m² · ℃)	1 241.3	
大端部温差	ΔT_1，℃	6.7 − (−8) = 14.7	
小端部温差	ΔT_1，℃	3.0 − (−8) = 11	
传热温差	ΔT，℃	12.76	
计算传热面积	$A=\dfrac{Q}{U_o\Delta T}$，m²	2 206	$Q=34\ 945$ kW
初选面积	m²	2 292.7	
面积比	2 292.7/2 206	1.04	

结论：初选方案满足设计要求。

注：在非冷能发电系统中，如 2.1 节中的设计例题，蒸发器的设计面积为 1 788 m²，在本设计中，蒸发器面积为 2 292.7 m²，远远超过非冷能发电系统中的传热面积，这是由两个原因造成的：一是传热温差减小；二是冷能发电造成的热负荷的增加。

2. 方案 2

为了减少冷能发电系统的传热面积和投资成本，方案 2 中的发电量有所下降，为此，设计参数的变化如下。

NG 在 E_2 中的出口温度：由 -52 ℃ 降至 -56 ℃；

丙烷蒸气在透平中的出口温度：由 -42 ℃ 升为 -40 ℃；

E_3 中 NG 的出口温度：由 1 ℃ 降至 0 ℃；

其他参数与方案 1 相同。

设计过程如下。

(1) 热平衡计算。

计算参数如下。

LNG 的进口温度：$T_{g1} = -162$ ℃；

LNG 的流量：$G_2 = 205\ 000$ kg/h；

NG 在 E_2 中的出口温度：-56 ℃；

丙烷蒸气在透平中的出口温度：-40 ℃；

海水在 E_3 中的进口温度：$T_{w1} = 8.0$ ℃；

海水在 E_1 中的出口温度：$T_{w2} = 3.0$ ℃；

丙烷在 E_1 中的蒸发温度：$T_e = -8$ ℃；压力：0.368 MPa；

丙烷在 E_2 中的凝结温度：$T_c = -40$ ℃；压力：0.108 MPa。

①E_2 热负荷计算。

LNG 的流量：$G_2 = 205\ 000\ \text{kg/h} = 56.94\ \text{kg/s}$；

LNG 的进口压力：8.0 MPa；

进口温度：-162 ℃；进口焓值：10.28 kJ/kg；

出口温度：-56 ℃；出口焓值：515.4 kJ/kg；

换热量：$Q_2 = 56.94 \times (515.4 - 10.28) = 28\ 762$ (kW)；

实取热负荷：$Q_2 = 28\ 762 \times 1.05 = 30\ 200$ (kW)；

丙烷凝结温度：-40 ℃(233 K)；

丙烷汽化潜热：$r = 425.73$ kJ/kg；

丙烷凝结量：$G_g = Q_2\ /\ r = 30\ 200/425.73 = 70.94$ (kg/s)。

由此可见，与方案 1 相比，E_2 热负荷和丙烷凝结量都有所下降。

② 发电热负荷。

汽轮机丙烷蒸气进口温度：-8 ℃；压力：0.356 MPa；

焓值：$h_1 = 889.36$ kJ/kg；

汽轮机丙烷蒸气出口温度：-40 ℃；压力：0.108 MPa；

焓值：$h_2 = 851.69$ kJ/kg；

焓差：$\Delta h = 889.36 - 851.69 = 37.67$ (kJ/kg)；

丙烷流量：$G_g = 70.94$ kg/s；

发电热负荷：$Q_d = G_g \times \Delta h = 70.94 \times 37.67 = 2\ 672$ (kW)；

机组发电量：$D = Q_d \times \eta_1 \times \eta_2 = 2\ 672 \times 0.96 \times 0.98 = 2\ 514$ (kW)。

由此可见：发电量由方案 1 中的 2 810 kW 降至 2 514 kW。发电量有 10% 左右的下降。

③ 蒸发器 E_1 热平衡。

热负荷：$Q_1 = Q_2 + Q_d = 30\ 200 + 2\ 672 = 32\ 872$ (kW)；

④ 调温器 E_3 热负荷。

NG 进口温度：−56 ℃；进口焓值：515.4 kJ/kg；

NG 出口温度：0 ℃；出口焓值：757.0 kJ/kg；

NG 流量：56.94 kg/s；

NG 热负荷：$Q_3 = 56.94(757 - 515.4) = 13\ 757$ (kW)。

与方案 1 相比，E_3 的热负荷有所增加，主要是 NG 的进出口温差有所增大造成的。

⑤ 海水流量和温度。

海水总放热量：$Q = Q_1 + Q_3 = 32\ 872 + 13\ 757 = 46\ 629$ (kW)；

海水总温差：$\Delta T = 8 - 3 = 5$ (℃)；

海水流量：$G_w = \dfrac{Q}{\Delta T c_p} = 46\ 629/(5 \times 4.0) = 2\ 331.45$ (kg/s) $= 8\ 391.2$ (t/h)；

海水从 E_3 中的出口温度为

$$T_2 = T_1 - \frac{Q_3}{G_w c_p} = 8 - 13\ 757/(2\ 331.45 \times 4.0) = 6.5\ (℃)$$

海水在 E_3 中的温度降落：$8 - 6.5 = 1.5$ (℃)；

海水从 E_1 中的出口温度：3.0 ℃；

海水从 E_1 中的温度降落：$6.5 - 3 = 3.5$ (℃)。

(2) 凝结器 E_2 设计结果。

结构、管型及计算公式与方案 1 相同，凝结器的传热计算结果见表 5.5。

表 5.5　凝结器的传热计算结果

物理量	计算公式	液态段	汽态段	注
管外凝结换热系数 h_o	式(1.6)	1 156	1 156	W/(m² · ℃)
管外热阻	$R_o = 1/h_o$	0.000 864 9	0.000 864 9	(m² · ℃)/W
管内换热系数 h_i	式(1.3)	2 287	3 144	W/(m² · ℃)
管内热阻	$R_i = \dfrac{D_o}{D_i} \times \dfrac{1}{h_i}$	0.000 546 5	0.000 397 5	(m² · ℃)/W
管壁热阻	$R_w = \dfrac{D_o}{2k} \times \ln\left(\dfrac{D_o}{D_i}\right)$	0.000 111 5	0.000 111 5	(m² · ℃)/W
管内污垢热阻	R_{fi}	0.000 01	0.000 01	(m² · ℃)/W
总热阻	R	0.001 532 9	0.001 384	(m² · ℃)/W
传热系数	$U_o = \dfrac{1}{R}$	652.4	722.5	W/(m² · ℃)
最大端部温差		162 − 40 = 122	82.6 − 40 = 42.6	℃
最小端部温差		82.6 − 40 = 42.6	56 − 40 = 16	℃

续表 5.5

物理量	计算公式	液态段	汽态段	注
传热温差	ΔT,℃	75.5	27.2	对数平均
传热量	Q,kW	18 506.5	11 693	总 30 200 kW
传热面积	$A=\frac{Q}{U_o\Delta T}$	376	585	
设计总面积	A	961		
1 m 管长传热面积	A_1	48.13		
总管长		961/48.13 = 19.97		m
1 m U 形管传热面积		96.26		
U 形管管长		961/ 96.26 = 9.98		m

与方案 1 表 5.2 所示的设计结果相比，方案 2 的传热面积已大幅缩小。

(3) 调温器 E_3 设计。

① 设计参数。

管程海水流量：2 331.45 kg/s；

海水的进口温度：$T_{w1}=8.0$ ℃；

海水的出口温度：6.5 ℃；

壳程 NG 进口温度：－56 ℃；NG 出口温度：0 ℃；

NG 流量：56.94 kg/s；NG 热负荷：13 757 kW。

② 传热管选型。

外径：20 mm；内径：16.4 mm；

壁厚：1.8 mm；管间距：28 mm；管夹角：30°。

③ 初选传热面积。

管内海水流速：$v=3.0$ m/s；

海水质量流速：$G=v\times\rho=3.0\times1\ 020=3\ 060$ [kg/(m^2 · s)]；

海水流通面积：(2 331.45 kg/s)/3 060 kg/(m^2 · s) = 0.762 (m^2)；

单管流通面积：$A_1=\frac{\pi}{4}d_i^2=0.000\ 211\ 2$ (m^2)；

传热管数目：$N=0.762/0.000\ 211\ 2=3\ 608$ (根)；

有效管长度：3.78 m；

初设总传热面积：$A=3\ 608\times3.78\times\pi\times0.02=856.9$ (m^2)；

壳程数：7；

单壳程纵向长度：3.78 m/7 = 0.54 (m)；

壳程内径：1.9 m。

④ 管内海水对流换热系数计算。

物性按海水平均温度：(8 + 6.5)/2 = 7.3 (℃) 取值。

依据公式(1.3) 可得

$$Re=\frac{d_i\times G_m}{\mu}=\frac{0.0164\times 3060}{1230\times 10^{-6}}=40800$$

$$h_i=0.023\left(\frac{\lambda}{d_i}\right)(Re)^{0.8}(Pr)^{0.3}$$

$$=0.023\times\frac{0.56}{0.0164}\times 48960^{0.8}\times 11.6^{0.3}=7715\ [\mathrm{W/(m^2\cdot ℃)}]$$

⑤ 壳程 NG 对流换热系数。

按计算式(1.19) 可得

当量直径：$d_e=\frac{1.10p_t^2}{d_o}-d_o=\frac{1.1\times 0.028^2}{0.02}-0.02=0.02312\ (\mathrm{m})$；

最窄面流通面积为

$$A_s=l_bD_1\left(1-\frac{d_o}{p_t}\right)=0.54\times 1.9\times\left(1-\frac{0.02}{0.028}\right)=0.2931\ (\mathrm{m^2})$$

本设计中，$D_1=1.9$ m，$l_b=0.54$ m，$d_o=0.02$ m，$p_t=0.028$ m，

$$G_m=\frac{m}{A_s}=\frac{56.94}{0.2931}=194.3\ [\mathrm{kg/(m^2\cdot s)}]$$

$$h_o=0.36\left(\frac{\lambda}{d_e}\right)\left(\frac{d_eu_o\rho}{\mu}\right)^{0.55}(Pr)^{1/3}$$

$$=0.36\times\frac{0.0432}{0.02312}\times\left(\frac{0.02312\times 194.3}{1.331\times 10^{-5}}\right)^{0.55}\times 1.125^{1/3}=767.9\ [\mathrm{W/(m^2\cdot ℃)}]$$

⑥ 传热系数和传热面积的计算，见表 5.6：

表 5.6　传热系数和传热面积的计算

物理量	计算公式	数值	注
管内换热系数	式(1.3)	7 715	$\mathrm{W/(m^2\cdot ℃)}$
管内热阻	$R_i=\frac{D_o}{D_i}\times\frac{1}{h_i}$	0.000 158	$\mathrm{(m^2\cdot ℃)/W}$
管外换热系数	式(1.19)	767.9	$\mathrm{W/(m^2\cdot ℃)}$
管外热阻	$R_o=1/h_o$	0.001 302 2	$\mathrm{(m^2\cdot ℃)/W}$
管壁热阻	$R_w=\frac{D_o}{2k}\times\ln\left(\frac{D_o}{D_i}\right)$	0.000 099 2	$\mathrm{(m^2\cdot ℃)/W}$
管内污垢热阻	选取，R_{fi}	0.000 01	$\mathrm{(m^2\cdot ℃)/W}$
总热阻	R	0.001 569 4	$\mathrm{(m^2\cdot ℃)/W}$
传热系数	$U_o=\frac{1}{R}$	637.2	$\mathrm{W/(m^2\cdot ℃)}$
大端部温差	6.5－(－56)	62.5	℃
小端部温差	8－0	8	℃
对数平均温差	ΔT_{ln}	26.5	℃
传热温差	$\Delta T=\Delta T_{ln}\times 0.95$	25.2 ℃	温差修正系数取 0.95

续表 5.6

物理量	计算公式	数值	注
传热量	Q	13 757	kW
计算传热面积	$A=\frac{Q}{U_o\Delta T}$	857.7	m^2
初设面积	A	856.9	m^2
面积比	856.9/857.7	1.0	

结论：初设传热面积等于设计面积。方案1的初设面积为 834.6 m^2，稍小于方案2的传热面积，主要是由方案2的热负荷稍大引起的。

(4) 丙烷蒸发器 E_1 的设计。

① 管内海水基本参数。

海水进口温度：$T_{w1}=6.5$ ℃；

海水出口温度：$T_{w2}=3.0$ ℃ ；

海水流量：2 331.45 kg/s；

热负荷：$Q_1=Q_2+Q_d=30\ 200+2\ 672=32\ 872$ (kW)。

② 管型与结构参数的选择：与方案1相同。

③ 初选结构参数。

管内海水流速：$v=3.0$ m/s；

海水质量流速：$G=v\times\rho=3.0\times1\ 020=3\ 060$ [kg/(m^2 · s)]；

海水流通面积：(2 331.45 kg/s)/3 060 kg/(m^2 · s) = 0.761 9 (m^2)；

单管流通面积：$A_1=\frac{\pi}{4}d_i^2=0.000\ 211\ 2$ (m^2)；

传热管数目：$N=0.761\ 9/0.000\ 211\ 2=3\ 608$(根)；

设管长度：9.0 m；

初设总传热面积：$A=3\ 608\times9.0\times\pi\times0.020=2\ 040$ (m^2)。

④ 管内海水对流换热系数计算。

依据公式(1.3)可得

$$Re=\frac{d_i\times G_m}{\mu}=\frac{0.016\ 4\times3\ 060}{1\ 230\times10^{-6}}=40\ 800$$

$$h_i=0.023\left(\frac{\lambda}{d_i}\right)(Re)^{0.8}(Pr)^{0.3}$$

$$=0.023\times\frac{0.56}{0.016\ 4}\times48\ 800^{0.8}\times11.6^{0.3}=7\ 997\ [\mathrm{W/(m^2\cdot ℃)}]$$

⑤ 管外丙烷沸腾换热系数。

依据计算式(1.16)计算。

饱和丙烷 −8 ℃ 的运行压力：$P=3.687$ bar；

丙烷的临界压力：$P_c=42.42$ bar；

对比压力：$R=\frac{P}{P_c}=\frac{3.687}{42.42}=0.0869$；

热流密度：$q=\frac{Q}{A}=\frac{32\ 872\ 000\ \mathrm{W}}{2\ 040\ \mathrm{m}^2}=16\ 114\ (\mathrm{W/m^2})$；

其中，$Q=32\ 872\ \mathrm{kW}$，$A=2\ 040\ \mathrm{m}^2$ 为热负荷和初选传热面积。

将上述各数值代入关联式，则

$h=0.106\ P_c^{0.69}(1.8R^{0.17}+4R^{1.2}+10R^{10})\times q^{0.7}=1\ 737.6\ [\mathrm{W/(m^2\cdot ℃)}]$

考虑丙烷蒸气流和回液流对沸腾换热的促进作用，取增强系数为 1.1，则沸腾换热系数为：$1\ 737.6\times 1.1=1\ 911\ [\mathrm{W/(m^2\cdot ℃)}]$。

⑥ 传热热阻和传热系数，见表 5.7。

表 5.7　蒸发器传热热阻和传热系数计算

物理量	计算式	计算结果	注
管内热阻	$R_i=\frac{D_o}{D_i}\times\frac{1}{h_i}$	0.000 152 4	$h_i=7\ 997$ W/(m² · ℃)
管外热阻	$R_o=1/h_o$	0.000 523 2	$h_o=1\ 911$ W/(m² · ℃)
管壁热阻	$R_w=\frac{D_o}{2k}\times\ln\left(\frac{D_o}{D_i}\right)$	0.000 099 2	管材 $k=20$ W/(m · ℃)
管内污垢热阻	R_{fi}	0.000 01	选取
总热阻	R	0.000 784 8	
传热系数	$U_o=\frac{1}{R}$	1 274	W/(m² · ℃)
大端部温差	6.5 − (−8)	14.5	℃
小端部温差	3.0 − (−8)	11	℃
传热温差	ΔT	12.67	℃
计算传热面积	$A=\frac{Q}{U_o\Delta T}$	2 036	$Q=32\ 872$ kW
初选面积	A	2 040	m²
面积比	2 040/2 036	1.002	

注：热阻单位为(m² · ℃)/W。

结论：初选方案满足设计要求。与方案 1 相比，由于热负荷下降，方案 2 的传热面积减少了约 6%。

3. 方案比较

为了合理地选择冷能发电的设计参数，将方案 1 和方案 2 的设计结果进行比较，见表 5.8。

表 5.8 方案比较

凝结器 E_2		
物理量	方案 1	方案 2
传热管直径	20 mm×2(U 形管)	20 mm×2(U 形管)
LNG 进口温度 /℃(压力 /MPa)	−162 ℃ (8.0)	−162 ℃ (8.0)
NG 出口温度 /℃(压力 /MPa)	−52 ℃ (8.0)	−56 ℃ (8.0)
LNG 流量	56.94 kg/s(205 t/h)	56.94 kg/s(205 t/h)
丙烷温度 /℃(压力 /MPa)	−42(0.108)	−40(0.108)
丙烷流量 /($kg \cdot s^{-1}$)	74.7	70.94
热负荷 /kW	31 958	30 200
传热面积 /m^2	1 348.4	961
U 形管数目 / 根	851	766
U 形管长度 /m	12.6	9.98
发电透平		
物理量	方案 1	方案 2
丙烷蒸气进口温度 /℃(压力 /MPa)	−8(0.356)	−8(0.356)
丙烷蒸气出口温度 /℃(压力 /MPa)	−42(0.101)	−40(0.108)
丙烷介质流量 /($kg \cdot s^{-1}$)	74.7	70.94
透平热负荷 /kW	2 987	2 672
透平发电功率 /kW	2 810	2 514
调温器 E_3		
物理量	方案 1	方案 2
结构	管壳式,壳体内径 1.9 m	管壳式,壳体内径 1.9 m
管形外径 /mm	20	20
管形内径 /mm	16.4	16.4
NG 进口温度 /℃	−52	−56
NG 出口温度 /℃	1	0
NG 流量 /($kg \cdot s^{-1}$)	56.94	56.94
海水进口温度 /℃	8	8
海水出口温度 /℃	6.7	6.5
海水流量 /($kg \cdot s^{-1}$)	2 358.5	2 331.45
热负荷 /kW	12 225	13 757

续表 5.8

调温器 E_3		
物理量	方案 1	方案 2
传热面积 /m^2	834.6	856.9
蒸发器 E_1		
物理量	方案 1	方案 2
管型外径 /mm	20	20
管型内径 /mm	16.4	16.4
丙烷液体进口温度 /℃(压力 /MPa)	−8(0.356)	−8(0.356)
丙烷蒸气出口温度 /℃(压力 /MPa)	−8(0.356)	−8(0.356)
丙烷流量 /($kg \cdot s^{-1}$)	74.7	70.94
海水进口温度 /℃	6.7	6.5
海水出口温度 /℃	3.0	3.0
海水流量 /($kg \cdot s^{-1}$)	2 358.5	2 331.45
热负荷 /kW	34 945	32 872
传热面积 /m^2	2 292.7	2 040
设计总量		
物理量	方案 1	方案 2
LNG 处理量 /($kg \cdot s^{-1}$)	56.94	56.94
总热负荷 /kW	47 170	46 628
总传热面积 /m^2	4 475.7	3 961.9
发电热负荷 /kW	2 987	2 672
发电量 /kW	2 810	2 514

两个设计方案的比较分析。

(1) 在方案 1 和方案 2 的设计参数下，冷能发电热负荷约占系统总热负荷的 6%，说明海水的热量主要应用于 LNG 的汽化。

(2) 发电量越大，对应的传热总面积就越大，表中设计表明，当发电量增加 10%，所需传热面积也增加 10% 左右。说明相关换热设备的投资也要增加。

(3) 系统中的所有参数都是互相关联的，不论系统中的结构参数或介质的运行参数，任一参数的变化都会改变运行特性和发电量的大小。

5.4 冷能发电的变工况计算

在 IFV 型汽化器系统内设置冷能发电装置，和不具备发电功能的汽化器一样，在投入运行后，其运行参数都会发生变化，尤其是海水温度会随季节发生变化，海水温度的变化或其他 LNG 进口参数的变化，都会改变汽化器和冷能发电系统的运行状态，因而有必要对其进行变工况计算。变工况计算的目的：除了给出汽化器的热负荷和 NG、海水的出口温度之外，还要求出变工况后发电量的变化。

有发电功能的汽化器由四部分组成：蒸发器 E_1、透平发电设备、凝结器 E_2 和调温器 E_3，系统的各相关参数如图 5.7 所示。

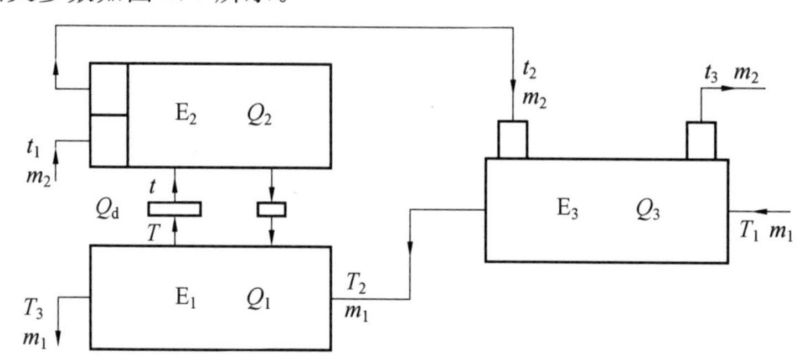

图 5.7 冷能发电系统的换热系统和相关参数

图 5.7 中，各设计参数的定义如下。

t_1、t_2——LNG/NG 在凝结器中的进出口温度；

t_2、t_3——NG 在调温器中的进出口温度；

m_2——LNG/NG 的质量流量；

T_1、T_2—— 海水在调温器中的进出口温度；

T_2、T_3—— 海水在蒸发器中的进出口温度；

m_1—— 海水的质量流量；

Q_1—— 蒸发器的换热量；

Q_2—— 凝结器的换热量；

Q_3—— 调温器的换热量；

Q_d—— 发电热负荷；

T—— 蒸发器与透平之间中间介质的饱和温度；

t—— 透平和凝结器之间中间介质的饱和温度；

U_2—— 凝结器传热系数；

U_3—— 调温器传热系数；

U_1—— 蒸发器传热系数；

A_2—— 凝结器传热面积；

A_3—— 调温器传热面积；

A_1—— 蒸发器传热面积。

在上述参数下，冷能发电系统的传热关联式如下。

(1) 凝结器中 LNG/NG 与丙烷之间的传热为

$$Q_2 = (m_2 c)(t_2 - t_1) \tag{5.1}$$

$$Q_2 = U_2 A_2 \Delta T_2 = U_2 A_2 \frac{(t - t_1) - (t - t_2)}{\ln \dfrac{t - t_1}{t - t_2}} \tag{5.2}$$

(2) 调温器中 NG 与海水之间的传热为

$$Q_3 = (m_2 c)(t_3 - t_2) \tag{5.3}$$

$$Q_3 = U_3 A_3 \Delta T_3 = U_3 A_3 F \frac{(T_1 - t_3) - (T_2 - t_2)}{\ln \dfrac{T_1 - t_3}{T_2 - t_2}} \tag{5.4}$$

式中　F—— 温差修正系数。

(3) 蒸发器中海水与丙烷之间的传热：

$$Q_1 = (m_1 c)(T_2 - T_3) \tag{5.5}$$

$$Q_1 = U_1 A_1 \Delta T_1 = U_1 A_1 \frac{(T_2 - T) - (T_3 - T)}{\ln \dfrac{T_2 - T}{T_3 - T}} \tag{5.6}$$

(4) 发电透平为

$$Q_d = M_d \times [h(T) - h(t)] \tag{5.7}$$

(5) 发电系统为

$$Q_1 = Q_2 + Q_d \tag{5.8}$$

上述 8 个公式中，有 10 个未知数：Q_1、Q_2、Q_3、Q_d 及 T_2、T_3、t_2、t_3、T、t。

进行变工况计算的方法如下。

(1) 假定丙烷介质在透平中的进出口温度 T 和 t；使 8 个公式含有 8 个未知数，从理论上进入可求解状态；

(2) 用变工况公式，由式(5.1)、式(5.2) 计算凝结器的出口温度 t_2 和热负荷 Q_2；

(3) 用变工况公式，由式(5.3)、式(5.4) 计算调温器中 NG 的出口温度 t_3 和热负荷 Q_3；

(4) 以式(5.5)、式(5.6) 为依据，用变工况公式计算蒸发器的出口温度 T_3 和热负荷 Q_1；

(5) 由式(5.7) 计算发电透平功率 Q_d；

(6) 将 Q_1、Q_2、Q_d 代入式(5.8) 中进行比较，若不满足等式要求，则重新选取温度 T 和 t，重复上述计算。直到三个热负荷的数值满足式(5.8) 为止。

应当指出，由于变工况计算的公式和采用的相关数据会存在一定的误差，因而计算结果会有一定的误差。最后，热平衡式 $Q_1 = Q_2 + Q_d$ 两侧的数值差别若能保持 5% 以内则认为合格。

应当指出，如图 5.7 所示的发电系统，其设计参数是互相关联的。在对该系统进行变工况计算之前，最好将图 5.7 所示的原有的各设计参数都标记出来，以便与变工况后的参数进行比较。以 5.3 节的设计例题为例，表 5.8 中方案 2 的设计结果见表 5.9。

表 5.9　原有的设计结果

参数	凝结器(E_2)	发电透平	蒸发器(E_1)	调温器(E_3)
放热流体	丙烷	丙烷	海水	海水
吸热流体	LNG/NG	透平	丙烷	NG
换热方式	丙烷凝结	发电	丙烷蒸发	对流
丙烷参数	$t=-40$ ℃	-8 ℃/-40 ℃	$T=-8$ ℃	
LNG/NG 进出口温度	$t_1=-162$ ℃ $t_2=-56$ ℃	$T=-8$ ℃ $t=-40$ ℃		$t_2=-56$ ℃ $t_3=0$ ℃
LNG/NG 质量流量	$m_2=56.94$ kg/s			$m_2=56.94$ kg/s
丙烷流量	70.94 kg/s	70.94 kg/s	70.94 kg/s	
换热量	$Q_2=30\ 200$ kW	$Q_d=2\ 672$ kW	$Q_1=32\ 872$ kW	$Q_3=13\ 757$ kW
海水进出口温度			$T_2=6.5$ ℃ $T_3=3.0$ ℃	$T_1=8$ ℃ $T_2=6.5$ ℃
海水流量			$m_1=2\ 331.45$ kg/s	$m_1=2\ 331.45$ kg/s
传热系数	$U_2=679.5$ W/(m^2·℃) 表观传热系数		$U_1=1\ 274$ W/(m^2·℃)	$U_3=637.2$ W/(m^2·℃)
传热面积	$A_2=961$ m^2		$A_1=2\ 040$ m^2	$A_3=856.9$ m^2

【例 5.5】　为了确认变工况计算方法和计算公式的可靠性，首先，以表 5.9 所示的原设计参数为条件，进行变工况计算。计算方法是：将原设计工况的进口温度、流量及传热面积和传热系数等相关数据输入到计算式中，最后算出冷热流体的出口温度和换热量，并与原设计数据进行比较。变工况计算中应注意的条件是：传热系数和传热面积的乘积(UA)为常数，其中传热面积 A 应选取设计值。

计算过程如下。

(1) 凝结器 E_2 的变工况计算。

因管内由液态和汽态两种流体组成，进口温度为 -162 ℃，出口温度为 -56 ℃，应求出其表观比定压热容，即

$$c_p=\frac{Q_2}{m_2\Delta T}=\frac{30\ 200}{56.94\times[-56-(-162)]}=5.0\ [\mathrm{kJ/(kg\cdot ℃)}]$$

然后，可计算出变工况的相关参数。

$$(m_2c)=56.94\times 5.0=284.7\ (\mathrm{kW/℃})=284\ 700\ (\mathrm{W/℃})$$

$$N=\frac{U_2A_2}{(m_2c)}=679.5\times 961/284\ 700=2.29$$

$$\varepsilon=1-\mathrm{e}^{-N}=0.899$$

$$t_2=t_1+\varepsilon(T-t_1)$$

其中，t_1、t_2 分别为 LNG 的进口温度和出口温度，T 为热流体丙烷的进口温度，为 -40 ℃。

$$t_2 = t_1 + \varepsilon(T - t_1) = (-162) + 0.899[(-40) - (-162)] = -52.3\ (℃)$$

原设计出口温度为 -56 ℃。

凝结器的换热量为

$$Q_2 = (mc)_{\min}(t_2 - t_1) = 284.7 \times [-52.3 - (-162)] = 31\ 231.6\ (\mathrm{kW})$$

原设计值为 30 200 kW，二者相差 3%。

(2) 调温器 E_3 的变工况计算。

调温器 NG 设计进口温度为 -56 ℃，出口温度为 0 ℃，应求出其表观比定压热容，即

$$c_p = \frac{Q_2}{m_1 \Delta T} = \frac{13\ 757}{56.94 \times [0 - (-56)]} = 4.314\ [\mathrm{kJ/(kg \cdot ℃)}]$$

NG 热容：$(m_2 c) = 56.94 \times 4.314 = 245.639\ (\mathrm{kW/℃}) = 245\ 639\ (\mathrm{W/℃})$。

海水设计进口温度：8 ℃；

海水流量：$m_1 = 2\ 331.45$ kg/s；

海水比热容：$c = 4.0$；

海水热容：$(m_1 c) = 2\ 331.45 \times 4.0 = 9\ 325.8\ (\mathrm{kW/℃}) = 9\ 325\ 800\ (\mathrm{W/℃})$；

由此可见：$(m_2 c) < (m_1 c)$，NG 侧为最小热容。

$$N = \frac{U_3 A_3}{(m_2 c)} = 637.2 \times 856.9 / 245\ 639 = 2.22$$

$$C = \frac{(mc)_{\min}}{(mc)_{\max}} = 245\ 639 / 9\ 325\ 800 = 0.026\ 3$$

$$\varepsilon = 1 - \exp\{-\frac{1}{C}[1 - \exp(-CN)]\}$$

$$= 1 - \exp\{-\frac{1}{0.026\ 3} \times [1 - \exp(-0.026\ 3 \times 2.22)]\} = 0.884$$

冷流体 NG 为最小热容量。

$$t_3 = t_2 + \varepsilon(T_1 - t_2) = -52.3 + 0.884 \times [8 - (-52.3)] = 1.0\ (℃)$$

原设计值为 0 ℃。

$$Q_3 = (mc)_{\min}(t_3 - t_2) = 245.639 \times [1 - (-52.3)] = 13\ 093\ (\mathrm{kW})$$

原设计值为 13 757 kW，二者相差 4.8%。

$$T_2 = T_1 - \frac{Q_2}{c_2 m_2} = 8 - \frac{13\ 093}{4.0 \times 2\ 331.46} = 6.6\ (℃)$$

原设计值为 6.5 ℃。

(3) 蒸发器 E_1 的变工况计算。

海水进口温度：$T_2 = 6.6$ ℃；

海水流量：$m_2 = 2\ 331.45$ kg/s；

海水比热容：$c = 4.0$ kJ/(kg · ℃)；

海水热容：$(m_1 c) = 2\ 331.45 \times 4.0 = 9\ 325.8\ (\mathrm{kW/℃}) = 9\ 325\ 800\ (\mathrm{W/℃})$

因管外为相变换热，故海水侧为最小热容。

$$N = \frac{U_1 A_1}{(m_1 c)} = \frac{1\ 274 \times 2\ 040}{9\ 325\ 800} = 0.278\ 7$$

$$\varepsilon = 1 - e^{-N} = 0.243$$

海水出口温度为

$$T_3 = T_2 - \varepsilon(T_2 - T) = 6.6 - 0.243 \times [6.6 - (-8)] = 3.05\ (℃)$$

原设计出口温度为 3.0 ℃。

蒸发器热负荷：

$$Q_1 = (m_1 c) \times (T_2 - T_3) = 9\ 325.8 \times (6.6 - 3.05) = 33\ 106.6\ (\text{kW})$$

原设计值为 32 872 kW，二者相差 0.07%。

(4) 透平热负荷。

汽轮机蒸汽进口温度：−8 ℃；压力：0.356 MPa；

焓值：$h_1 = 889.36$ kJ/kg；

汽轮机蒸汽出口温度：−40 ℃；压力：0.108 MPa；

焓值：$h_2 = 851.69$ kJ/kg；

焓差：$\Delta h = 889.36 - 851.69 = 37.67$ (kJ/kg)；

丙烷流量：70.94 kg/s；

发电供热负荷：$Q_d = G_g \times \Delta h = 70.94 \times 37.67 = 2\ 672$ (kW)。

(5) 热平衡计算。

凝结器热负荷：$Q_2 = 31\ 231.6$ kW；

发电热负荷：$Q_d = 2\ 672$ kW；

蒸发器热负荷：$Q_1 = 33\ 106.6$ kW；

$$Q_2 + Q_d = 31\ 231.6 + 2\ 672 = 33\ 903.6\ (\text{kW})$$

式 $Q_1 = Q_2 + Q_d$ 的热平衡误差为 2.4%。

结论：变工况计算结果与原设计结果接近，热平衡误差小于 5%，说明变工况的计算方法和计算公式是正确的。

具有中间介质的冷能发电系统以海水作为热源，冷能发电系统的设计是在较低的海水温度下进行的。随着季节的变化，海水温度会逐渐升高。变工况计算的目的就是确定当海水温度升高后发电系统各参数的变化，尤其是发电量的变化。

在第 5.3 节设计例题的基础上，本节计算两种变工况。

(1) 其他参数不变，当海水温度从原设计的 8 ℃ 升至 20 ℃ 时，计算发电系统各参数的变化及发电量；

(2) 其他参数不变，当海水温度从原设计的 8 ℃ 升至 30 ℃ 时，计算发电系统各参数的变化及发电量。

变工况计算的方法：先根据传热规律选择流进和流出透平的丙烷蒸气温度 T 和 t，在此基础上分别对系统的各部件进行变工况计算，求出各部件的出口温度和热负荷，最后用热平衡式 $Q_1 = Q_2 + Q_d$ 检验，若不能满足热平衡式，则需修改对 T 和 t 的假定，直到基本满足热平衡式。

以例 5.3 中所列数据作为原设计，进行上述两种海水温度下的变工况计算。

【例5.6】 海水温度升至20 ℃时的变工况计算。

透平进口丙烷温度：$T=2.5$ ℃；

透平出口丙烷温度：$t=-34$ ℃。

(1) 凝结器E_2的变工况计算。

因管内有液态和汽态两种流体，进口温度为−162 ℃，出口温度为−56 ℃，应求出其表观比定压热容，即

$$c_p=\frac{Q_2}{m_2\Delta T}=\frac{30\,200}{56.94\times[-56-(-162)]}=5.0\ [\mathrm{kJ/(kg\cdot ℃)}]$$

然后，可计算出变工况的相关参数，即

$$(m_2c)=56.94\times5.0=284.7\ (\mathrm{kW/℃})=284\,700\ (\mathrm{W/℃})$$

$$N=\frac{U_2A_2}{(m_2c)}=679.5\times961/284\,700=2.29$$

$$\varepsilon=1-\mathrm{e}^{-N}=0.899$$

$$t_2=t_1+\varepsilon(T-t_1)$$

其中，t_1、t_2分别为LNG的进口温度和出口温度，t为热流体丙烷的进口温度，初设为−34 ℃。

NG出口温度为

$$t_2=t_1+\varepsilon(t-t_1)=(-162)+0.899\times[(-34)-(-162)]=-46.9\ (℃)$$

凝结器的换热量为

$$Q_2=(mc)_{\min}(t_2-t_1)=284.7\times[-46.9-(-162)]=32\,769\ (\mathrm{kW})$$

(2) 调温器E_3的变工况计算。

原设计调温器NG的进口温度为−56 ℃，出口温度为0 ℃，应求出其表观比定压热容，即

$$c_p=\frac{Q_2}{m_1\Delta T}=\frac{13\,757}{56.94\times[0-(-56)]}=4.314\ [\mathrm{kJ/(kg\cdot ℃)}]$$

NG热容：$(m_2c)=56.94\times4.314=245.639\ (\mathrm{kW/℃})=245\,639\ (\mathrm{W/℃})$

海水比热容：$c=4.0\ \mathrm{kJ/(kg\cdot ℃)}$；

海水流量：$m_2=2\,331.45\ \mathrm{kg/s}$；

海水热容：$(m_1c)=2\,331.45\times4.0=9\,325.8\ (\mathrm{kW/℃})=9\,325\,800\ (\mathrm{W/℃})$。

由此可见：$(m_2c)<(m_1c)$，NG侧为最小热容。

$$N=\frac{U_3A_3}{(m_2c)}=637.2\times856.9/245\,639=2.22$$

$$C=\frac{(mc)_{\min}}{(mc)_{\max}}=245\,639/9\,325\,800=0.026\,3$$

$$\begin{aligned}\varepsilon&=1-\exp\{-\frac{1}{C}[1-\exp(-CN)]\}\\&=1-\exp\{-\frac{1}{0.026\,3}[1-\exp(-0.026\,3\times2.22)]\}=0.884\end{aligned}$$

冷流体NG的出口温度为

$t_3 = t_2 + \varepsilon(T_1 - t_2) = -46.9 + 0.884 \times [20 - (-46.9)] = 12.24$ (℃)

调温器热负荷为

$Q_3 = (mc)_{\min}(t_3 - t_2) = 254.639 \times [12.24 - (-46.9)] = 14\ 527$ (kW)

调温器海水出口温度为

$$T_2 = T_1 - \frac{Q_2}{c_2 m_2} = 20 - \frac{14\ 527}{4.0 \times 2\ 331.45} = 18.44 \text{ (℃)}$$

(3) 蒸发器 E_1 的变工况计算。

海水进口温度：$T_2 = 18.442$ ℃；

海水流量：$m_2 = 2\ 331.45$ kg/s；

海水比热容：$c = 4.0$ kJ/(kg·℃)；

海水热容：$(m_1 c) = 2\ 331.45 \times 4.0 = 9\ 325.8$ (kW/℃) $= 9\ 325\ 800$ (W/℃)

因管外为相变换热，故海水侧为最小热容。

$$N = \frac{U_1 A_1}{(m_1 c)} = \frac{1\ 274 \times 2\ 040}{9\ 325\ 800} = 0.278\ 7$$

$$\varepsilon = 1 - \mathrm{e}^{-N} = 0.243$$

海水出口温度为

$T_3 = T_2 - \varepsilon(T_2 - T) = 18.44 - 0.243 \times (18.44 - 2.5) = 14.566$ (℃)

选择丙烷蒸发温度为 $T = 2.5$ ℃。

蒸发器热负荷为

$Q_1 = (m_1 c) \times (T_2 - T_3) = 9\ 325.8 \times (18.44 - 14.566) = 36\ 128$ (kW)

(4) 透平热负荷。

汽轮机丙烷蒸气进口温度：$T = 2.5$ ℃；压力：0.510 7 MPa；

焓值：$h_1 = 901.12$ kJ/kg；

汽轮机丙烷蒸气出口温度：$t = -34$ ℃；压力：0.120 3 MPa；

焓值：$h_2 = 858.87$ kJ/kg；

焓差：$\Delta h = 901.12 - 858.87 = 42.25$ (kJ/kg)；

丙烷温度在 −34 ℃ 时汽化潜热：$r = 419.12$ kJ/kg；

丙烷流量：$G_g = Q_2 / r = 32\ 769/421.2 = 77.8$ (kg/s)；

发电热负荷：$Q_d = G_g \times \Delta h = 77.8 \times 42.25 = 3\ 287$ (kW)。

(5) 热平衡计算。

凝结器热负荷：$Q_2 = 32\ 769$ kW；

调温器热负荷：$Q_3 = 14\ 527$ kW；

蒸发器热负荷：$Q_1 = 36\ 128$ kW；

LNG 汽化热负荷：$Q_2 + Q_3 = 32\ 769 + 14\ 527 = 47\ 296$ (kW)；

海水总供热负荷：$Q_1 + Q_3 = 36\ 128 + 14\ 527 = 50\ 655$ (kW)；

发电热负荷：$Q_d = 3\ 287$ kW；

$$Q_2 + Q_d = 32\ 769 + 3\ 287 = 36\ 056 \text{ (kW)}$$

$Q_2 + Q_d$ 与 Q_1 的热平衡误差为 0.2%，说明选择 $T = 2.5$ ℃ 和 $t = -34$ ℃ 是正确的。

【例 5.7】 海水温度升至 30 ℃ 时的变工况计算。

透平进口丙烷温度 $T=11.5$ ℃；透平出口丙烷温度 $t=-26$ ℃。

(1) 凝结器 E_2 的变工况计算。

$$(m_2c)=56.94\times 5.0=284.7\ (\text{kW/℃})=284\ 700\ (\text{W/℃})$$

$$N=\frac{U_2A_2}{(m_2c)}=679.5\times 961/284\ 700=2.29$$

$$\varepsilon=1-e^{-N}=0.899$$

$$t_2=t_1+\varepsilon(T-t_1)$$

其中，t_1、t_2 分别为 LNG 的进口温度和出口温度，t 为热流体丙烷的进口温度，选择为 -26 ℃。

NG 出口温度为

$$t_2=t_1+\varepsilon(t-t_1)=(-162)+0.899\times[(-26)-(-162)]=-39.736\ (℃)$$

凝结器的换热量为

$$Q_2=(mc)_{\min}(t_2-t_1)=284.7\times[-39.736-(-162)]=34\ 808.6\ (\text{kW})$$

(2) 调温器 E_3 的变工况计算。

表观比定压热容为

$$c_p=\frac{Q_2}{m_1\Delta T}=\frac{13\ 757}{56.94\times[0-(-56)]}=4.314\ [\text{kJ/(kg}\cdot℃)]$$

NG 热容：$(m_2c)=56.94\times 4.314=245.639$ (kW/℃) $=245\ 639$ (W/℃)

海水比热容：$c=4.0$ kJ/(kg·℃)；

海水流量：$m_2=2\ 331.45$ kg/s；

海水热容：$(m_1c)=2\ 331.45\times 4.0=9\ 325.8$ (kW/℃) $=9\ 325\ 800$ (W/℃)。

由此可见：$(m_2c)<(m_1c)$，NG 侧为最小热容。

$$N=\frac{U_3A_3}{(m_2c)}=637.2\times 856.9/245\ 639=2.22$$

$$C=\frac{(mc)_{\min}}{(mc)_{\max}}=245\ 639/9\ 325\ 800=0.026\ 3$$

$$\varepsilon=1-\exp\{-\frac{1}{C}[1-\exp(-CN)]\}$$

$$=1-\exp\{-\frac{1}{0.026\ 3}[1-\exp(-0.026\ 3\times 2.22)]\}=0.884$$

NG 的出口温度为

$$t_3=t_2+\varepsilon(T_1-t_2)=-39.736+0.884\times[30-(-39.736)]=21.91\ (℃)$$

调温器热负荷为

$$Q_3=(mc)_{\min}(t_3-t_2)=254.639\times[21.91-(-39.736)]=15\ 142.66\ (\text{kW})$$

调温器海水出口温度为

$$T_2=T_1-\frac{Q_2}{c_2m_2}=30-\frac{15\ 142.66}{4.0\times 2\ 331.45}=28.376\ (℃)$$

(3) 蒸发器 E_1 的变工况计算。

海水进口温度 $T_2=28.376$ ℃；

海水比热容：$c=4.0$ kJ/(kg·℃)；

海水流量：$m_2=2\ 331.45$ kg/s；

海水热容：$(m_1c)=2\ 331.45\times4.0=9\ 325.8$ (kW/℃) $=9\ 325\ 800$ (W/℃)。

因管外为相变换热，故海水侧为最小热容。

$$N=\frac{U_1A_1}{(m_1c)}=\frac{1\ 274\times2\ 040}{9\ 325\ 800}=0.278\ 7$$

$$\varepsilon=1-e^{-N}=0.243$$

海水出口温度为

$$T_3=T_2-\varepsilon(T_2-T)=28.376-0.243\times(28.376-11.5)=24.275\ (℃)$$

选择丙烷蒸发温度为 $T=11.5$ ℃。

蒸发器热负荷为

$$Q_1=(m_1c)\times(T_2-T_3)=9\ 325.8\times(28.376-24.275)=38\ 245\ (kW)$$

(4) 透平热负荷。

汽轮机蒸汽进口温度：$T=11.5$ ℃；压力：0.663 MPa；

焓值：$h_1=910.83$ kJ/kg；

汽轮机蒸汽出口温度：$t=-26$ ℃；压力：0.195 MPa；

焓值：$h_2=868.39$ kJ/kg；

焓差：$\Delta h=910.83-868.39=42.44$ (kJ/kg)；

丙烷温度在 −26 ℃ 时汽化潜热：$r=409.9$ kJ/kg；

丙烷流量：$G_g=Q_2/r=34\ 808.6/409.9=84.92$ (kg/s)；

发电供热负荷：$Q_d=G_g\times\Delta h=84.92\times42.44=3\ 604$ (kW)。

(5) 热平衡计算。

凝结器热负荷：$Q_2=34\ 808.6$ kW；

调温器热负荷：$Q_3=15\ 142.66$ kW；

蒸发器热负荷：$Q_1=38\ 245$ kW；

发电热负荷：$Q_d=3\ 604$ kW；

LNG 汽化热负荷：$Q_2+Q_3=34\ 808.6+15\ 142.66=49\ 954.26$ (kW)；

海水总供热负荷：$Q_1+Q_3=38\ 245+15\ 142.66=53\ 387.66$ (kW)；

$$Q_2+Q_d=34\ 808.6+3\ 604=38\ 412.6\ (kW)。$$

Q_2+Q_d 与 Q_1 之间的热平衡误差为 0.4%，

说明选择的 $T=11.5$ ℃ 和 $t=-26$ ℃ 是正确的。

几种变工况下的计算结果见表 5.10。

表 5.10　几种变工况下的计算结果

海水进口温度 /℃	8	20	30
海水出口温度 /℃	3.05	14.566	24.275
LNG 进口温度 /℃	−162	−162	−162
LNG 流量 /(t・h^{-1})	205	205	205
NG 出口温度 /℃	1.0	12.24	21.91
丙烷蒸发温度 /℃	−8	2.5	11.5
丙烷凝结温度 /℃	−40	−34	−26
发电热负荷 /kW	2 672	3 287	3 604
发电功率(约)/kW	2 514	3 092	3 391
LNG 汽化热负荷 /kW	43 527.6	47 296	49 951.26
海水总供热负荷 /kW	46 199.6	50 655	53 387.66

由表 5.10 所示的变工况数据可以得出如下结论。

(1) 随着海水进口温度的升高，LNG 汽化热负荷和海水总供热负荷都会随之升高，同时，发电热负荷和发电功率也会随之升高。

(2) 发电热负荷占海水总供热负荷的 6% 左右，占 LNG 汽化热负荷的 7% 左右，说明在具有冷能发电的汽化器系统中，取自海水的热量主要还是应用于 LNG 的汽化，冷能发电所占的份额很小。主要原因在于：可用于冷能发电的温差(或焓差) 较小造成的。

(3) 由表 5.10 可知，仅仅改变了热流体海水的进口温度，LNG 的流量和进口温度保持不变。当 LNG 的流量发生变化时，会导致凝结器的管内换热系数及传热系数发生变化，变工况计算式 $N=\dfrac{U_2A_2}{(m_2c)}$ 已不能应用原有的数值，需要对传热系数重新计算，计算过程可参阅第 4 章的相关例题。

(4) 应当指出，表中的“发电功率”要小于“发电热负荷”，主要是考虑到透平效率和发电机效率的存在，会使实际发电量有所下降。此外，考虑到系统中凝液加压泵的耗电和其他设备的耗电，最后对外供应的电力会更小一些。

5.5　新型高效冷能发电系统

1. 新型高效冷能发电系统的特点

本节介绍的冷能发电系统源自参考文献[4] 提出的专利：“LNG 汽化器的新型高效冷能发电系统”。在第 5 章上述各节讲述的冷能发电系统中，以丙烷作为海水和 LNG 之间传输热量的中间介质，同时，利用丙烷介质在蒸发器 E_1 和凝结器 E_2 之间的温差(即焓差) 推动透平而发电。传统的冷能发电的热力学过程可以用中间介质的朗肯循环来表示，朗肯循环的温－熵($T-S$ 图) 如图 5.8 所示。

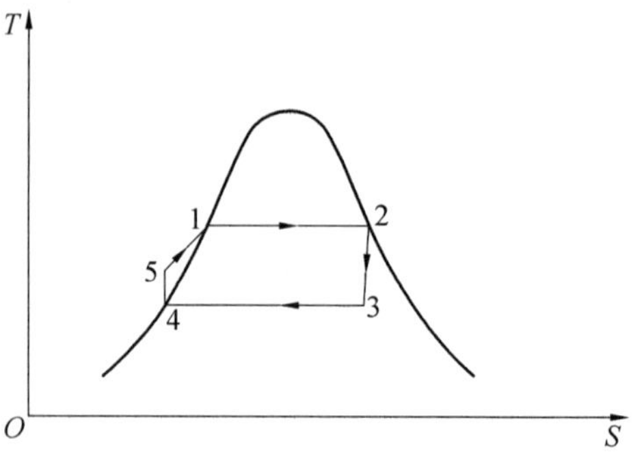

图 5.8　冷能发电的朗肯循环 $T-S$ 图

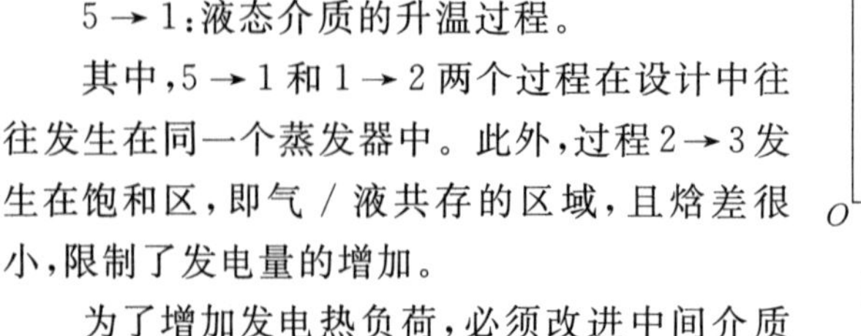

图中，1 → 2：中间介质的蒸发过程；

2 → 3：透平中的降温降压过程；

3 → 4：在凝结器中的凝结过程；

4 → 5：增压泵中的增压过程；

5 → 1：液态介质的升温过程。

其中，5 → 1 和 1 → 2 两个过程在设计中往往发生在同一个蒸发器中。此外，过程 2 → 3 发生在饱和区，即气 / 液共存的区域，且焓差很小，限制了发电量的增加。

为了增加发电热负荷，必须改进中间介质的朗肯循环，为此，参考文献[4]提出一个具有较高发电能力的朗肯循环，如图 5.9 所示。图中，将 2 点所示的饱和温度继续提高，增至 3 点所示的过热温度，这样，透平中的热膨胀过程 3 → 4 就具有较大的焓差，发电量可以大幅提高。同时，膨胀结束的状态点 4 接近饱和状态，含液量很少，有利于透平的运行。

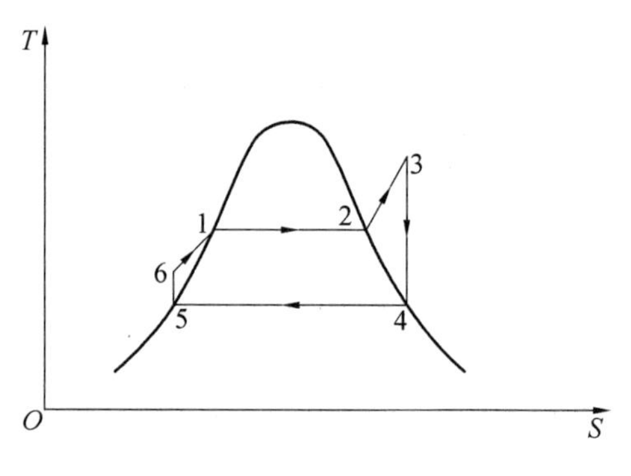

图 5.9　具有过热蒸汽的朗肯循环（$T-S$）图

在图 5.9 的基础上，为了进一步提高发电量，该新型高效冷能发电系统是将原有蒸发器 E_1 改造成为以海水为热源的特殊形式的“发电锅炉”，该“锅炉”不但具有蒸发器，而且具有过热器和回液预热器（相当于“省煤气”）。如图 5.10 所示。

该新型发电系统中标注的数字 1 → 2 → 3 → 4 → 5 → 6 → 1 与图 5.9 朗肯循环中的过程点相同。该系统的结构特点如下。

(1) 蒸汽过热器设置在原蒸发器 E_1 的上

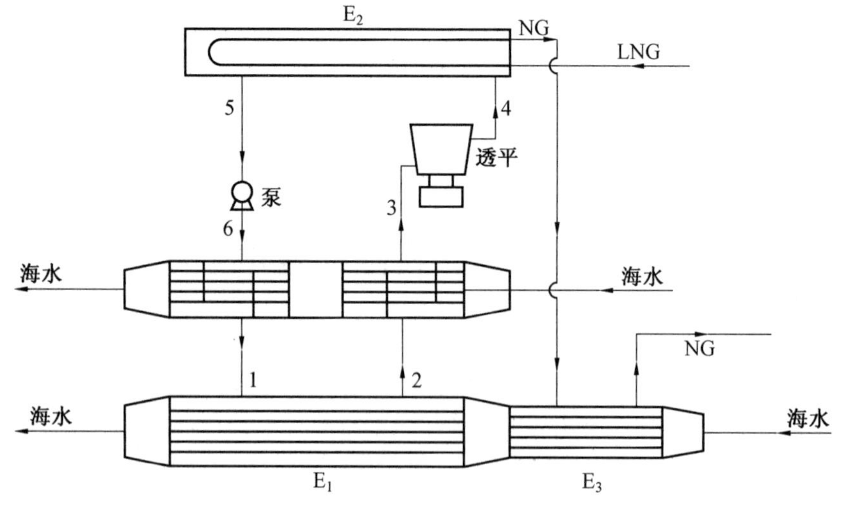

图 5.10　新型高效冷能发电系统

方,蒸发器中产生的蒸汽,由位于蒸发器上部的孔道直接进入过热器中,过热后的蒸汽由上端排出进入透平中发电;过热器与蒸发器结合在一起的结构示意图如图 5.11 所示。

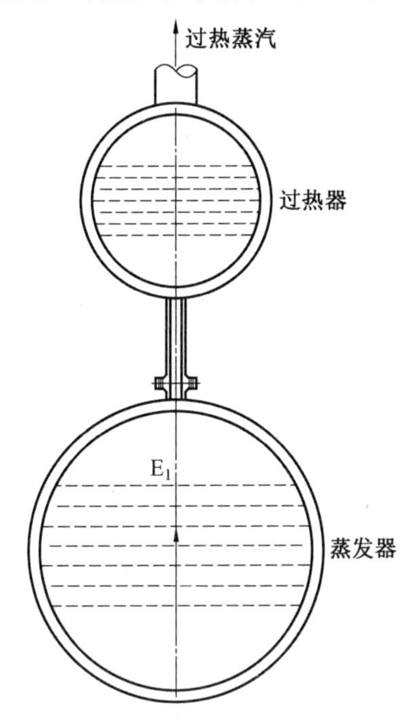

图 5.11　过热器和蒸发器结构示意图

(2) 由增压泵排出的过冷液体并不直接进入蒸发器的汽包中,而是先流入位于蒸发器上部的预热器中,在预热器中经过海水的预热升温后再由位于预热器下部的排液流道沿蒸发器汽包的内部壁面流入蒸发器中。预热器与蒸发器结合在一起的结构示意图如图 5.12 所示。

(3) 位于蒸发器汽包上部的过热器和预热器与蒸发器组成一体,且由专用的海水流道供应海水,使海水具有较高的供热温度。

(4) 过热器和预热器都采用管壳式结构,丙烷介质走壳程,海水走管程。

2. 热平衡计算

在图 5.9 所示的朗肯循环的基础上,各热力过程的热负荷计算如下:设介质流量为 M(kg/s),各点的焓值用 H 表示。在计算中,由于过程 5 → 6 → 1 难以确定,用饱和线上的 5 → 1 过程代替 5 → 6 → 1 过程,即

(1) 蒸发器过程 1 → 2:$Q_1 = M(H_2 - H_1)$;

(2) 过热器过程 2 → 3:$Q_2 = M(H_3 - H_2)$;

(3) 透平发电过程 3 → 4:$Q_3 = M(H_3 - H_4)$;

(4) 凝结器过程 4 → 5:$Q_4 = M(H_4 - H_5)$;

(5) 饱和液升压和加热过程 5 → 1:$Q_5 = M(H_1 - H_5)$;

其中,Q_1、Q_2、Q_5 为介质吸入的热量,Q_3、Q_4 为介质放出的热量,根据热平衡原则

$$Q_1 + Q_2 + Q_5 = Q_3 + Q_4$$

设置过热器的冷能发电系统与不设置过热器的冷能发电系统的发电热负荷的计算如

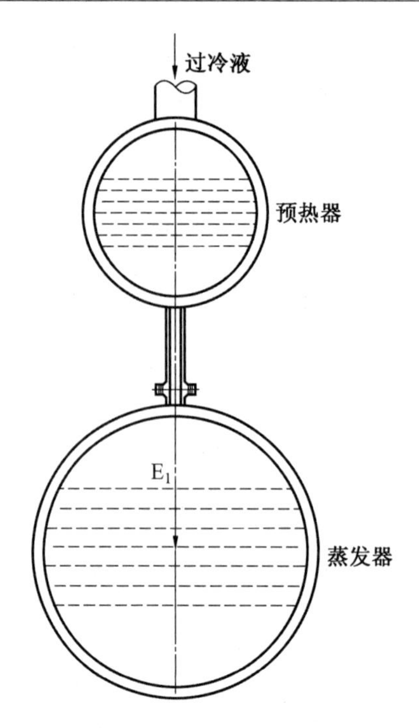

图 5.12　预热器与蒸发器结构示意图

下，假定设置过热器后，丙烷蒸气透平的进口温度由 −8 ℃（饱和蒸汽）加热至 0 ℃（过热蒸汽），丙烷蒸气透平出口温度和丙烷流量相同，冷能发电系统的发电热负荷的计算结果见表 5.11。

表 5.11　冷能发电系统的发电热负荷的计算结果

	不设置过热器	设置过热器
丙烷蒸气透平进口 /℃	−8(饱和蒸汽)	0 (过热蒸汽)
丙烷蒸气透平出口 /℃	−40 (饱和蒸汽)	−40(饱和蒸汽)
丙烷介质流量 /($kg \cdot s^{-1}$)	70.94	70.94
发电热负荷 /kW	2 640	3 637

根据图 5.9、图 5.10 和丙烷物性表，朗肯循环中各点的设计参数如下。

点 1：饱和液体，−8 ℃，0.367 8 MPa，$H_1 = 501.995$ kJ/kg；

点 2：饱和蒸汽，−8 ℃，0.367 8 MPa，$H_2 = 889.36$ kJ/kg；

点 3：过热蒸汽，0 ℃，从饱和态温升 8 ℃，近似计算为

$$H_3 = 889.36 + (1.7 \times 8) = 902.96\ (\text{kJ/kg})$$

其中，过热蒸汽在平均温度(−8＋0)/2 ＝−4 ℃ 下的比热容为 1.7 kJ/(kg·℃)；

点 4：饱和蒸汽，−40 ℃，0.110 36 MPa，$H_4 = 851.69$ kJ/kg；

点 5：饱和液体，−40 ℃，0.110 36 MPa，$H_5 = 425.96$ kJ/kg；

丙烷介质的流量 M=70.94 kg/s，与不加过热器时的流量相同。由图 5.9 所示朗肯循环中各过程的热负荷计算如下。

(1) 蒸发器过程 1 → 2 为

$$Q_1 = M(H_2 - H_1) = 70.94 \times (889.36 - 501.995) = 27\ 479.7\ (\mathrm{kW})$$

(2) 过热器过程 2 → 3 为

$$Q_2 = M(H_3 - H_2) = 70.94 \times (902.96 - 889.36) = 964.8\ (\mathrm{kW})$$

(3) 透平发电过程 3 → 4 为

$$Q_3 = M(H_3 - H_4) = 70.94 \times (902.96 - 851.69) = 3\ 637\ (\mathrm{kW})$$

(4) 凝结器过程 4 → 5 为

$$Q_4 = M(H_4 - H_5) = 70.94 \times (851.69 - 425.96) = 30\ 201.3\ (\mathrm{kW})$$

(5) 液体加热过程 5 → 1 为

$$Q_5 = M(H_1 - H_5) = 70.94 \times (501.995 - 425.96) = 5\ 393.9\ (\mathrm{kW})$$

$$Q_1 + Q_2 + Q_5 = 27\ 479.7 + 964.8 + 5\ 393.9 = 33\ 838.4\ (\mathrm{kW})$$

$$Q_3 + Q_4 = 3\ 637 + 30\ 201.3 = 33\ 838.3\ (\mathrm{kW})$$

满足热平衡原则：$Q_1 + Q_2 + Q_5 = Q_3 + Q_4$。

计算表明：在其他参数不变的情况下，由于增设了过热器（选取过热温度为 8 ℃）和预热器，可使发电热负荷从 2 640 kW 增至 3 637 kW，增加了 38%。

通过过热器和预热器的海水流量计算如下：

过热器和预热器的总热负荷：

$$Q = Q_2 + Q_5 = 964.8 + 5\ 393.9 = 6\ 358.7\ (\mathrm{kW})$$

海水进口温度：8 ℃（与通过 E_3 的进口温度相同）；

海水进出口温差：$\Delta T = 8 - 4 = 4$ (℃)；

海水流量：

$$G = \frac{Q}{c_p \Delta T} = \frac{6\ 358.7}{4.0 \times 4} = 397.4\ (\mathrm{kg/s}) = 1\ 430.64\ (\mathrm{t/h})$$

原设计海水流量为 2 321 kg/s，增设过热器后，海水流量增加量：397.4/2 321 × 100% = 17%。

应当指出，新型冷能发电系统所需外供热负荷 $Q_1 + Q_2 + Q_5$ 或 $Q_3 + Q_4$ 都需要海水提供，所以，随着发电量的提高，海水的供应量要有所提高。此外，当海水进口温度升高时，例如，从 8 ℃ 升至 20 ℃，通过变工况计算表明，发电功率会有明显的升高，可从 2 000 ~ 3 000 kW 升高至 4 000 ~ 5 000 kW，从而凸显新型冷能发电系统的优越性。

5.6　冷能发电的工艺流程和相关设备

5.6.1　冷能发电系统的工艺流程

在含有 LNG 汽化器的冷能发电系统中，一般仍保留着非发电系统的循环管路，形成一种既可“发电＋汽化”，又可“单独汽化”的复合系统，如图 5.13 所示。当热源海水的温度过低，导致发电功率大幅下降，或发电设备出现故障时，可以选择“单独汽化”功能。这时，只需关闭“发电＋汽化”系统中的阀门 7 和 5，打开“单独汽化”系统中的阀门 6 和 8，恢复到纯汽化功能。

图 5.13 中，阀门 10 和 11 用于调节海水的流量，阀门 12 用于调节 LNG 的流量，其他阀门用于调节各介质的运行参数和流量。

考虑到海水的温度会随时间发生变化，LNG 的进口流量和温度也会与原设计参数不同，因而需要开发出专用的计算程序，根据参数的变化迅速做出反应，并对系统实施及时控制。

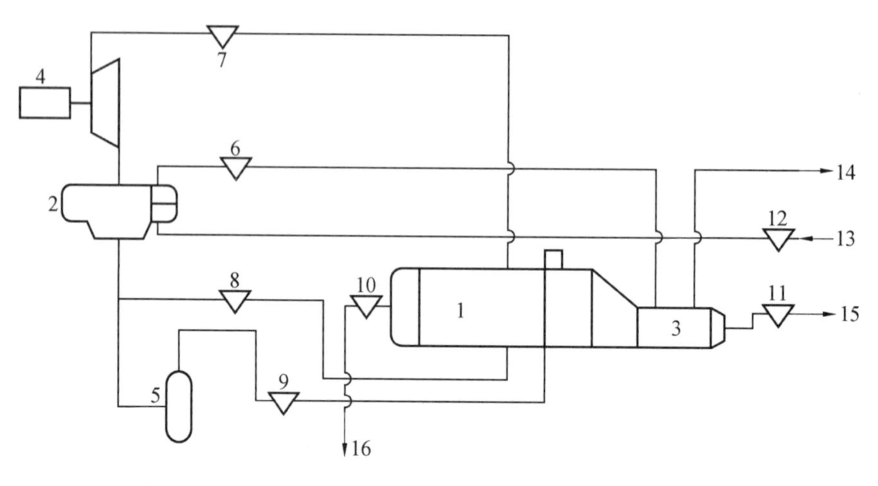

图 5.13 冷能发电的工艺流程和相关设备

1— 蒸发器；2— 凝结器；3— 调温器；4— 汽轮机；5— 加压泵；6 ～ 12— 阀门；13—LNG 进口；14—NG 出口；15— 海水进口；16— 海水出口

与图 5.13 相对应，实际系统的现场照片如图 5.14 所示。由图可见，蒸发器和调温器作为一个整体，横放在厂房外面，位于最底层，凝结器安装在蒸发器的上部。从蒸发器产生的丙烷蒸气通过蒸发器上部引出的较粗的蒸汽管道穿过上部车间壁面，引入车间内部的蒸汽透平进行冷能发电，发电后的排出的气体通过排汽管从凝结器上部流入，对 LNG 进行加热并凝结成丙烷液体。然后，如图 5.14 所示，凝液从凝结器下部排出，通过凝液加压泵排向蒸发器。

图 5.14 冷能发电系统的现场照片

该冷能发电流程的特点如下。

(1) 发电流程和非发电的纯汽化流程共用一个系统，二者可以通过阀门互相切换，便于操作和运行。当发电流程切换为非发电流程后，LNG 和海水的运行参数会自动发生变化；

(2) 各部件的安装位置和安装高度：透平应位于最上部，透平排气从凝结器的上部进入，凝结液由凝结器的下部排出；

(3) 凝液加压泵是一种浸没式垂直型潜液泵，安装在系统下部，加压后的凝结液由蒸发器的下部进入，产生的蒸汽由蒸发器的上部排出。

5.6.2　冷能发电系统的相关设备及技术要求

冷能发电系统的主要设备有：蒸发器 E_1、凝结器 E_2、换热器 E_3、涡轮机（透平）、发电机及辅助设备等，其结构特征和选型要求如下：

(1) 蒸发器 E_1。

E_1 是中间介质蒸发器，其中海水走直管管束的管内，中间换热介质在管束外蒸发。E_1 换热器的材质选择为：

① 换热管材料选用钛钢（TA2），一种防海水腐蚀、耐沙粒磨损的材料；

② 换热器壳程材料为 16MnDR。

③ 为避免海水渗漏，钛钢管与管板不采用胀管连接，而采用胀焊连接；管板与筒体焊接；管板是钛钢板与 16MnDR 板通过爆炸焊工艺制作的特殊复合钢板。

(2) 凝结器 E_2。

E_2 是 LNG 汽化器，同时是中间换热介质的凝结器，其中 LNG 走 U 形管束的管程，中间换热介质在壳程外部凝结。E_2 换热器的材质和安装要求为：

① 换热管材料选用奥氏体不锈钢；

② 换热器壳程材料也选用奥氏体不锈钢；

③ E_2 换热器需安装在凝液加压泵和 E_1 换热器上方，其中 E_2 换热器和凝液加压泵之间的高度差应提供合适的吸进口压力，以防止加压泵发生汽蚀现象。在仅汽化而不发电的运行模式下，E_2 和 E_1 之间的高度差可保证中间介质的循环。

(3) 调温器 E_3。

E_3 用于加热从 E_2 换热器出来的低温天然气，其中海水走管程，天然气走壳程。E_3 调温器的材质选择与 E_1 换热器相同。

(4) 涡轮机（透平）。

冷能发电装置选用辐射流式涡轮机，如图 5.15 所示。辐流式涡轮机是一个单级涡轮机，工作流体从径向流入，通过涡轮转子流畅地改变 90° 流向，同时给转轮叶片一个反动力，作用后由涡轮中心轴向流出。辐流式涡轮机一般适用于工质焓降相对小的状况。

辐流式透平的优点是质量轻、成本低、高效率且结构十分简单。

(5) 发电机。

针对小容量的发电机，冷能发电装置有两种选择，一种是“同步型”，另一种是“异步型”。该发电系统选择“同步型” 发电机，其优点如下：

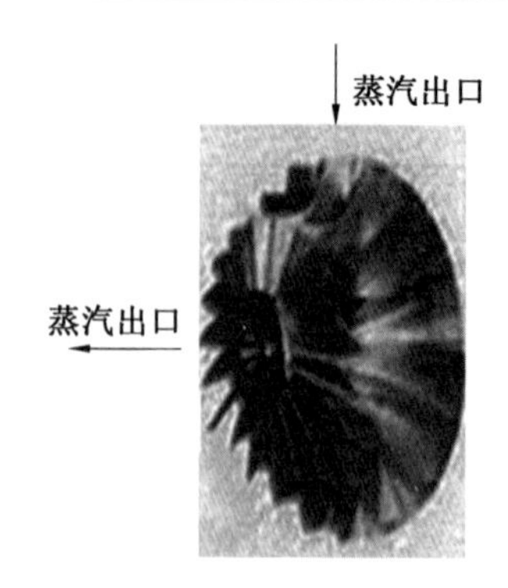

图 5.15　辐射流式涡轮机

① 发电机连接到电网时，可以防止浪涌电流发生；

② 功率因数是可控制的，因此不需要静态冷凝器；

③ 同步型发电机投资成本相对较高。

(6) 凝液加压泵。

推荐选用浸没式垂直型潜液泵。这种泵的电机完全淹没在中间换热介质(液体)中。由泵加压后的凝液通过湿润电动机的定子和转子使其降温，同时也可用作轴承的冷却剂和润滑剂。这种构造消除了泵和电动机之间的密封要求。潜液泵的典型结构如图5.16所示。

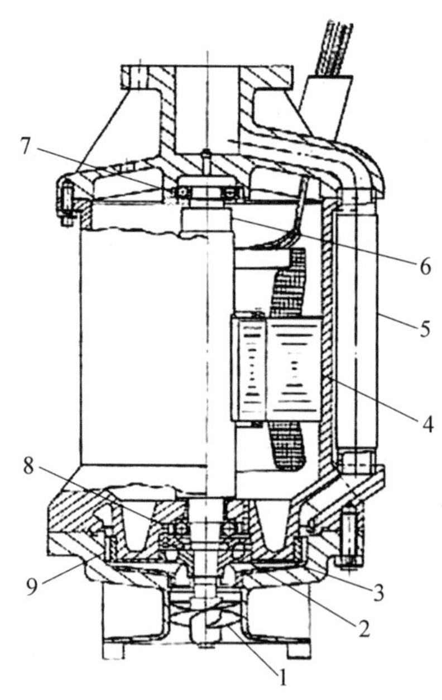

图 5.16　潜液式电动泵的典型结构

1— 螺旋导流器；2— 推力平衡结构；3— 叶轮；

4— 电动机；5— 排出管；6— 主轴；7、8— 轴承；9— 扩压器

该设备将电动泵安装在立式压力容器壳体内，在容器壁上配备介质的进口管和出口管，以及专用的接线盒及其他接口等。

浸没其中的电动机需要和中间换热介质相匹配，因此中间换热介质需要既无腐蚀性又不导电，电机浸没在中间换热介质中，与空气或氧完全隔离，从而消除了发生火灾或爆炸的危险。

(7) 中间换热介质储罐和输送泵。

在冷能发电装置定期维护期间，需要一个储罐来存储中间换热介质。E_1 换热器和中间换热介质的储罐之间由管道连接，其中需要安装一台中间换热介质输送泵。此外，在冷能发电系统中，LNG 的输入和输出需要选择专用而安全的 LNG 加压泵。

5.6.3　冷能发电系统的经济分析

(1) 投资估算。冷能发电装置并非单纯地为了发电而进行建设的项目，它是在普通 IFV 型汽化器基础上进行 LNG 冷能利用的功能扩展，因而，系统总投资应分为两部分计算：一部分为不包含发电功能的汽化器投资，另一部分是包含发电功能的汽化器投资，从而确定由于增加了发电功能而增加的投资。在此基础上，计算冷能发电带来的效益和投资回收期。

(2) 冷能发电收益估算。假定某冷能发电系统的净发电功率的平均值的 3 400 kW，年运行时间为 8 100 h，合计 1 年对外供应的发电量为 2 754 万 kW · h。电价按当地接收站外购电价 1.1 元 /(kW · h) 计算，在考虑一定的运行费用后，每年可节省电费成本约 3 000 万元。则

发电功能而增加的投资 / 发电年净收益 ＝投资回收期

第 6 章　汽化器的制造和试验

6.1　IFV 型汽化器的制造工艺

1. 设备结构特点

IFV 型汽化器由 E_1、E_2、E_3 3 台换热器通过管道及公用管壳程组装而成，其中 E_1、E_3 为固定管板式换热器，E_2 为 U 形管式换热器。设备简图和设备外形如图 6.1 所示。

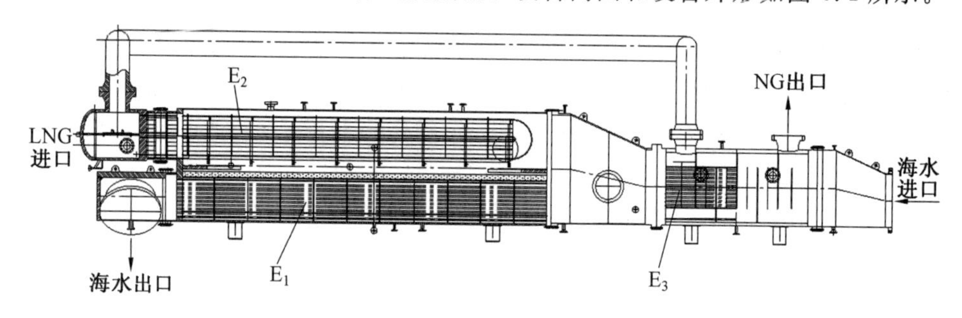

图 6.1　设备简图

IFV 型汽化器可称之为一组“高、大、精、尖”的能源领域换热设备。主要体现在：被加热的工质 LNG 具有－160 ℃左右的极低温度和 10 MPa 左右的极高压力；每小时 200 t 左右的大处理量，40 000～50 000 kW 的热负荷，用海水作为热源，每小时需要 7 000～10 000 t的海水流量，所有这些数据都说明 IFV 是应用于超低温介质的大型换热器。

此外，系统中充满了可燃性介质的相变传热过程：LNG 在 E_2 内部是液相变为气相的相变过程，中间介质丙烷是在 E_1 和 E_2 之间的气液相变过程。所有这些相变过程，都是易燃易爆介质的换热过程，不但给设计带来了一定的困难，也特别对设备的制造和运行及安全性保证提出了极高的要求。

大型 IFV 的总长度在 16～18 m，压力容器的外径在 2.0～2.8 m 之间，在这样大的压力空间内，共安装了 6 000～8 000 根传热管，而且管径只有 20 mm 左右，管壁的厚度在 1.6～2.0 mm 之间。在这样庞大的换热系统中，包含了上万条焊缝，如果有 1 根传热管发生了泄漏，或者有一个焊点出现了问题，都会造成整个系统的故障，而且故障点难以发现和维修。所以，要求 IFV 的制造必须做到“万无一失”。

为了精准而严格地保证 IFV 汽化器的制造质量，确保 25 年的使用寿命，在整个制造过程中应严格执行相关标准和制造工艺。

2. 严格执行相关标准

从选材、加工到各种检验方式，共有 54 个国家标准（参考文献[14]）需要严格执行，其中包括：

(1)GB 150—2011 钢制压力容器；

(2)GB/T 151—2014 管壳式换热器；

(3)HG/T 20584—2011 钢制化工容器制造技术要求。

3. 提高设计参数

以处理量为 175 t/h 汽化器为例，用户提出的汽化器的设计参数如下。

LNG 流量：175 t/h；

LNG 进口压力：6.35～7.2 MPa；

LNG 进口温度：－160 ℃；

NG 出口温度：大于 1 ℃；

NG 出口压力：6.3～7.15 MPa。

在加工过程中，制造方或加工方应执行的参数要高于设计参数。

LNG 管件承受压力：11.6 MPa；

LNG 管件试验压力：15.1 MPa；

LNG 管件温度范围：－165～60 ℃。

用户提出的海水设计参数如下。

海水流量：0～7 550 t/h；

海水压力：0.8 MPa；

海水进口温度：6.85 ℃；

海水出口温度：小于 5 ℃。

制造方执行的海水参数如下。

试验压力：1.04 MPa；

海水温度范围：－5～60 ℃。

丙烷设计和运行参数如下。

丙烷设计压力：2.03 MPa；

最高允许工作压力：2.24 MPa；

设备运行温度范围：－40～60 ℃。

4. 严格选择材料

(1) 蒸发器 E_1。

换热管材料选用钛钢 TA2，一种防海水腐蚀、耐沙粒磨损的材料。换热器壳程材料为 16MnDR。

为避免海水渗漏，钛钢管与管板之间采用胀焊连接；管板是钛钢板与 16MnDR 板通过爆炸焊工艺制作的特殊复合钢板。

(2) 凝结器 E_2。

LNG 换热管材料选用奥氏体不锈钢 06Cr19Ni10，换热器壳程材料也选用奥氏体不锈钢。

(3) 调温器 E_3。

海水走管程，天然气走壳程。换热管材料选用钛钢，一种防海水腐蚀、耐沙粒磨损的材料。换热器壳程材料为奥氏体不锈钢。

设备主体材料见表 6.1。

表 6.1 设备主体材料

设备主体	E_1	E_2	E_3
壳程筒体	16MnDR	16MnDR	06Cr19Ni10
管程筒体	Q345R	06Cr19Ni10	Q345R
管板	16MnDR/TA1	06Cr19Ni10	06Cr19Ni10/TA1
换热管	TA2	06Cr19Ni10	TA2
设备法兰	16Mn	06Cr19Ni10、16Mn	16Mn

选用的板材和管材都要按相关标准进行严格的检查和验收。

5. **严格制造程序**

换热器在制造过程中，严格按照规范、施工图要求及买方认可的替换标准，设备制造前应进行各种材料的焊接评定，严格按焊接工艺工序进行制造。

(1) E_1、E_2 壳体筒体。

以 175 t/h 汽化器为例：筒体厚度为 32 mm，筒体长度为 8 750 mm。整个筒体由 4 块钢板拼焊而成。每块钢板的下料尺寸为：32(厚)mm×2 200 mm×8 225 mm，排版图如图 6.2 所示。筒体周长公差应控制在±2 mm，两对角线之差≤2 mm。

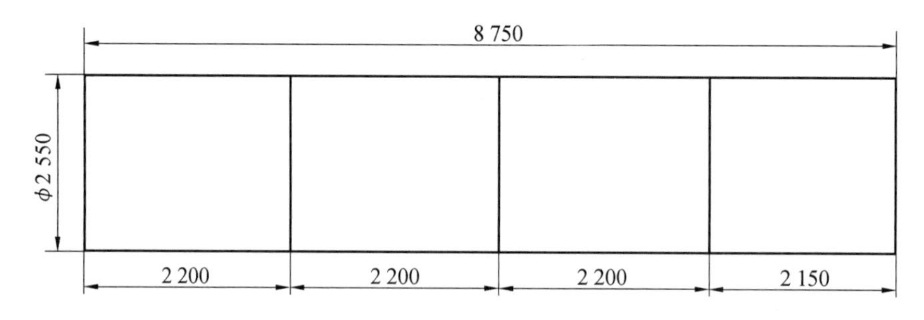

图 6.2 排版图(单位：mm)

筒体制造工艺：划线→下料→刨边→预弯→轧制→焊接→校圆→RT 检查。

(2) 封头制造。

① 成形后的封头用弦长≥$3/4D_i$的内样板检查形状偏差，最大间隙≤$1.25\%D_i$。

② 封头测厚，其值应不小于该封头的名义厚度减板厚负偏差。

(3) 管板制造。

① 不锈钢管板按 JB/T 4728—2010 锻件要求。加工工序为:粗车→超探(UT)→精车→划线→钻→配钻→成形。

② 钛－钢复合板应符合 NB/T47002.3—2009《钛—钢复合板》的规定进行验收;逐件 100%超声检查复合板贴合情况,不得有任何形式的不贴合现象出现。加工工序为:粗车→超探→车→划线→钻→配钻→成形。

③ 管板加工严格按图纸要求,管孔加工必须遵循钻→扩孔→铰孔,保证管孔的垂直度,保证管桥间距允差和管孔内表面粗糙度,不允许有影响胀接质量的缺陷存在,同时另一管板和折流板应与之配钻,按顺序做好装配标记。

注:折流板的外径应适当,应与筒体实配,不能过小,以免壳程流发生“短路”现象,影响传热效果。

(4)换热管制造。

换热管 U 形部分根据图纸尺寸制作专用模具加工成型,并严格控制模具的表面光洁度,以保证成型后的换热管 U 形部分的表面质量;换热管精度按图要求,换热管应进行扩口试验,换热管组装前管端表面进行清理,其长度应不小于二倍的管板厚度;换热管正式胀接之前管子应逐根进行水压试验。

6. 管件组装

(1) E_1、E_3 管箱组件:按图将管箱锥体与法兰组对→焊接→RT 检查→热处理→金加工(法兰密封面)→涂防海水涂料→待装。

(2)E_1、E_3 管束组件:在专用支架上固定一端管板,同时定位上拉杆、定距管、折流板,使之连为一整体→穿管(逐根穿入换热管)→将壳体与管束组装,将换热管引出另一管板,同时点牢→组对壳体与管板→PT 检查等。

(3)E_2管束组件:在专用支架上固定管板,同时上拉杆、定距管、折流板,使之连为一整体→穿管(按图将 U 形换热管穿入管板)→刮管头(按图刮平管头)→组对管子管板→PT 检查→贴胀。

(4)E_2管箱组件:按图将管箱筒体与封头组对→焊接→RT 检查→将分程隔板与封头组对(将分程隔板分段)→划线开孔→组对接管→PT 检查→待装。

7. 制定总装程序

设备总装是一个复杂的过程,为了保证产品质量,需制定一个完整的装配程序,如图 6.3 所示。

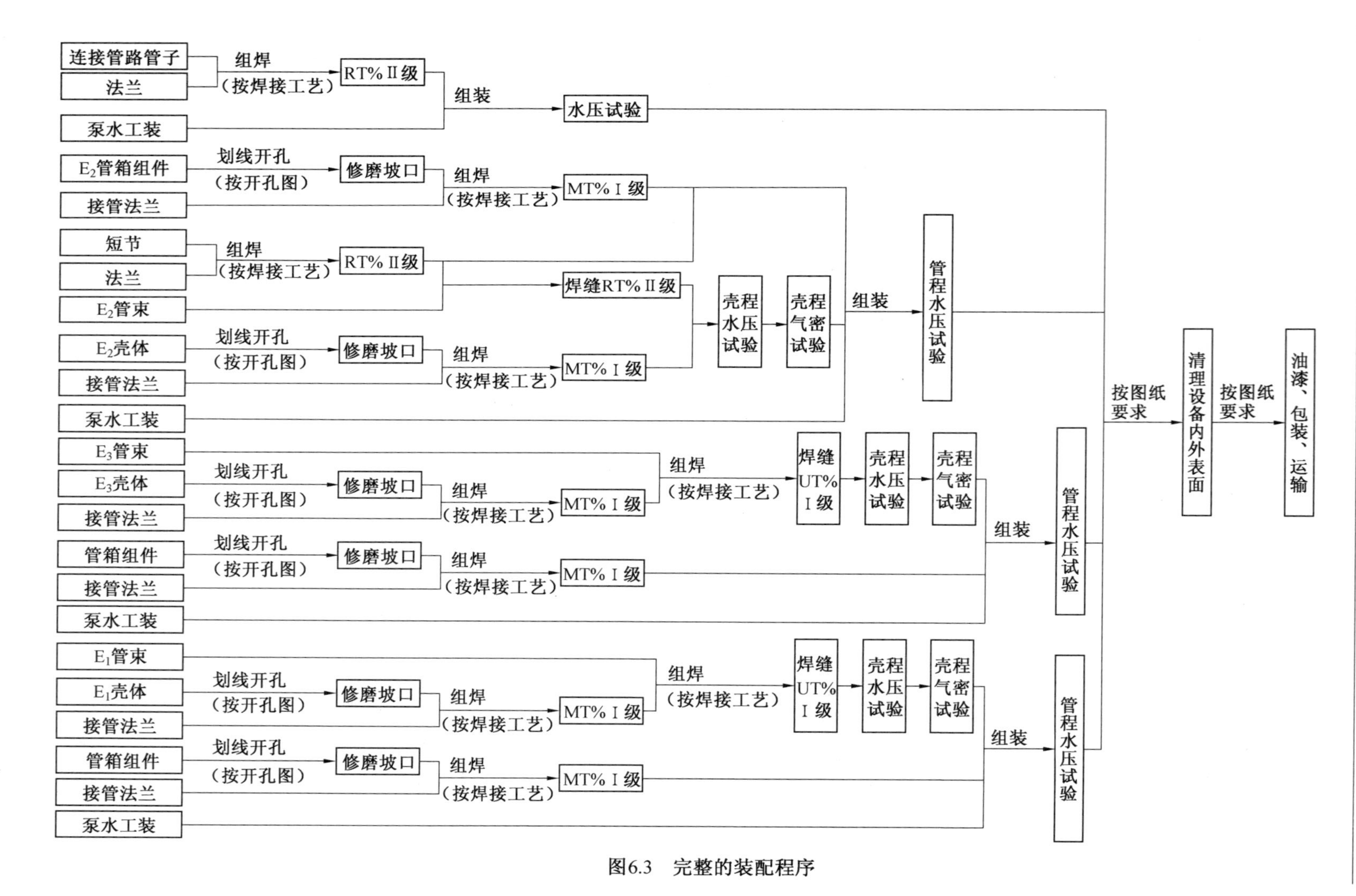
连接管路管子
法兰
组焊
（按焊接工艺）
RT% Ⅱ级
组装
泵水工装
水压试验
E_2管箱组件
接管法兰
划线开孔
（按开孔图）
修磨坡口
组焊
（按焊接工艺）
MT% Ⅰ级
短节
法兰
组焊
（按焊接工艺）
RT% Ⅱ级
E_2管束
焊缝RT% Ⅱ级
E_2壳体
接管法兰
划线开孔
（按开孔图）
修磨坡口
组焊
（按焊接工艺）
MT% Ⅰ级
壳程水压试验
壳程气密试验
组装
管程水压试验
泵水工装
E_3管束
E_3壳体
接管法兰
划线开孔
（按开孔图）
修磨坡口
组焊
（按焊接工艺）
MT% Ⅰ级
组焊
（按焊接工艺）
焊缝UT% Ⅰ级
壳程水压试验
壳程气密试验
管箱组件
接管法兰
划线开孔
（按开孔图）
修磨坡口
组焊
（按焊接工艺）
MT% Ⅰ级
组装
管程水压试验
泵水工装
E_1管束
E_1壳体
接管法兰
划线开孔
（按开孔图）
修磨坡口
组焊
（按焊接工艺）
MT% Ⅰ级
组焊
（按焊接工艺）
焊缝UT% Ⅰ级
壳程水压试验
壳程气密试验
管箱组件
接管法兰
划线开孔
（按开孔图）
修磨坡口
组焊
（按焊接工艺）
MT% Ⅰ级
组装
管程水压试验
泵水工装
按图纸要求
清理设备内外表面
按图纸要求
油漆、包装、运输
图6.3　完整的装配程序

注:水压试验用水的氯离子含量不超过 25×10^{-6},水压试验后应排尽和干燥;设备不锈钢应进行表面清理和酸洗钝化(包括焊缝处)。所有碳钢外表面应涂底漆 2 遍(无机锌底漆);中间涂一遍(环氧树脂漆);外表面漆一遍(氯化橡胶漆);与海水接触的碳钢内表面需涂防海水腐蚀涂料。

6.2　IFV 型汽化器系统的成品检验

由于 IFV 型汽化器的换热条件极其特殊:低温、高压、易燃、易爆,必须保证汽化器在使用过程中的绝对安全,因而汽化器在制造过程中和在投入使用前必须进行一系列严格的试验和测试。测试项目包括:

(1)压力试验和密封性试验,测试相关部件的抗压和密封性;

(2)水压试验后的干燥程序,清除相关部件的水分;

(3)氮的深冷试验和充氨保护(确定在低温条件下的安全性);

(4)设备在运行前一直处于充氮保护状态。

6.2.1　压力试验和密封性试验

IFV 成品出厂前的压力检验包括水压试验和气压试验:分别为 E_2 管程的水压试验,E_1 和 E_2 组装后的壳程气压试验;E_3 壳程的水压试验,总体组装后的管程水压试验。试验的压力用表压 MpaG 表示,其试验具体步骤按 GB150 的相关规定执行,压力试验的程序如图 6.4 所示。

图中　① E_2 管程的水压试验/漏泄试验;

② E_3 壳程的水压试验/漏泄试验;

③ E_1 壳程和 E_2 壳程的气压试验/漏泄试验;

④ E_1 管程和 E_3 管程的水压试验/漏泄试验。

1. 压力试验的程序

(1)设备水平放置,水压试验时使用洁净的水,水的氯离子浓度小于 40×10^{-6}、水温在 12～40 ℃;气压试验应用干空气或氮气;

(2)以 1 MPa/min 的速度缓慢提升至试验压力的 50%,所需时间不少于 10 min。在检查设备各部无不良状态后,如为水压试验,提升压力至试验值;如为气压试验,以 10% 幅度阶梯式提升压力至试验值;

(3)至试验压力且压力表指示稳定,保持 30 min;

(4)完成保压后,减小压力至设计压力,检查部件有无变形;

(5)完成所有检查后,核对压力表的读数是否仍处于保压状态;

(6)压力检查完成后继续进行气密性试验。

2. 密封性试验程序

(1) 缓慢减降低压力;

(2) 在压力降至试验压力,压力表指示稳定后保压 10 min;

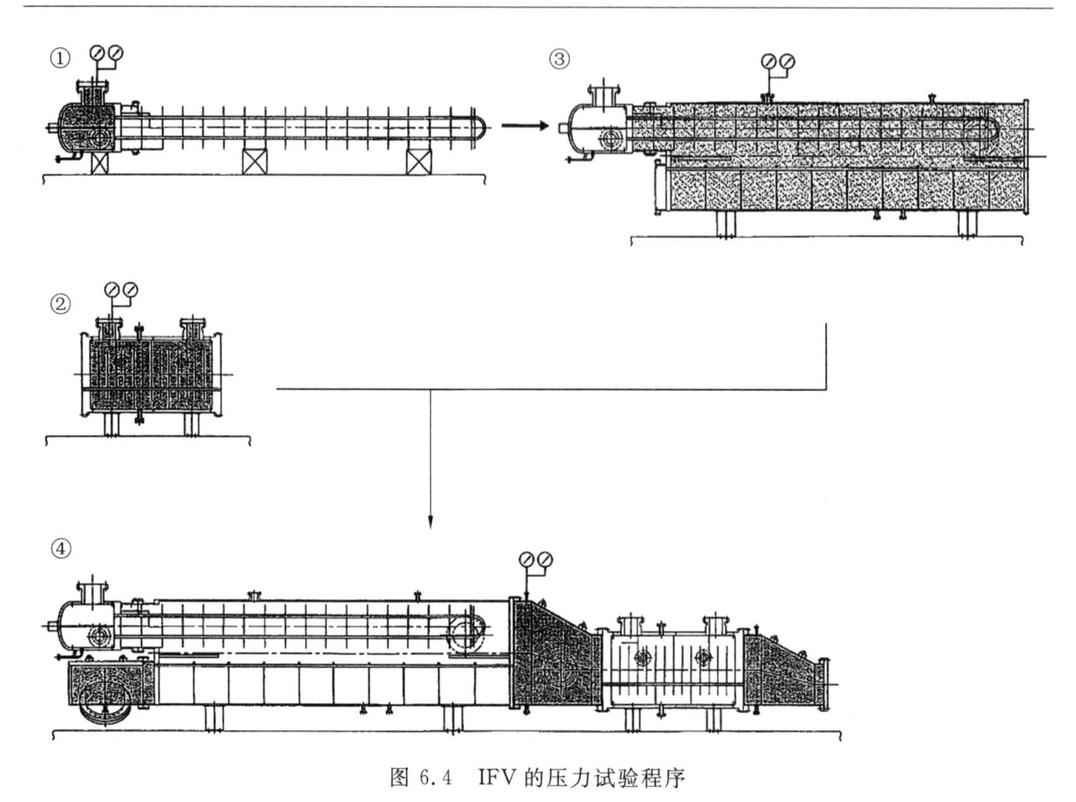

图 6.4　IFV 的压力试验程序

(3)在保压后检查焊缝或法兰处是否有渗漏(气压试验使用肥皂水检查,水压试验用目测检查);

(4)完成检查项目后,再复核压力是否仍处于保压状态;

(5)完成上述检查后,缓慢降低压力至常压;

(6)检查压力表零点正常。

完成试验后进行相关数据的记录。

6.2.2　水压试验后的干燥程序

水压试验后会在换热表面上残留一定量的水分,含有水分的表面会与 LNG、NG 或丙烷介质直接接触,残留的液体会导致结冰。因此,水压试验后的干燥程序是必不可少的。

(1)水压试验后 E_2 管程和 E_3 壳程的干燥。

(2)进行过气压试验的 E_1 壳程和 E_2 壳程的干燥。

(3)E_2 管程的干燥,其程序如下。

① 水压试验后排水。

打开分程隔板,如图 6.5 所示倾斜管束,并保持 15 min。从 N16(1#)管口排净残水。然后,把管束水平放置,从上面管的末端把高压干燥清洁的空气吹入管中,从较低部位的管的末端排水。

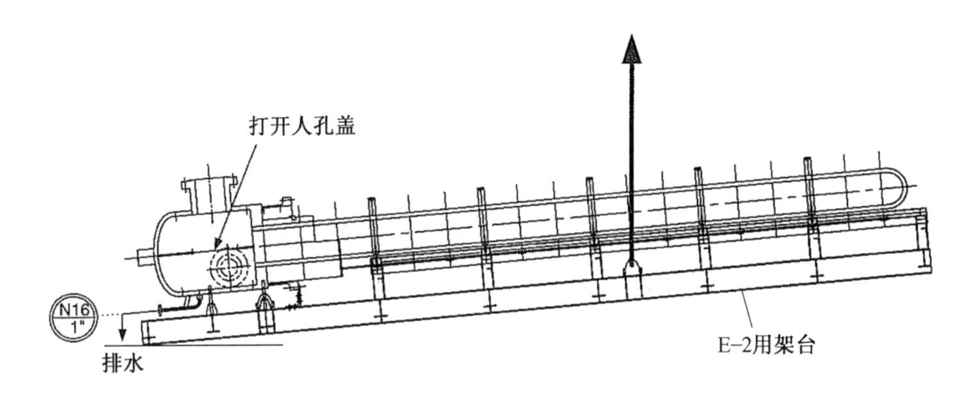

图 6.5　倾斜 E_2 管束

② 热风干燥。

如图 6.6 所示，用热风进行干燥，达到大气压强下露点温度 15 ℃。关闭分程隔板上的人孔盖，给 E－2 管口连接上合适的鼓风机和加热器。调整阀 V_1，使流量大约为 500 Nm^3/h。调整加热器，使进口温度大约为 45 ℃(最大 50 ℃)。持续干燥直到 N1 管口出口的大气压强下的露点温度是 15 ℃。

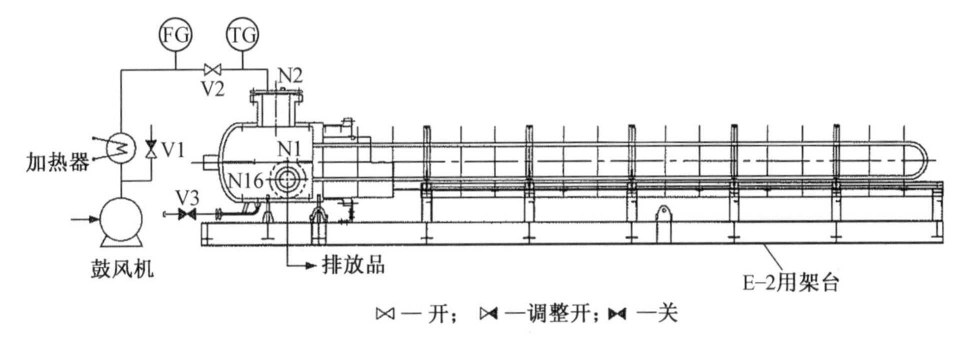

图 6.6　用热风干燥

③ 用真空法和充入氮气/抽出氮气法干燥。

用真空泵把 E_2 管程的水气排出。如图 6.7 所示，给 E_2 的 N1 管口连接上合适的真空泵。用真空泵抽吸 E_2 管程的空气直至压强为 5 Torr。然后，真空泵停止，V5 阀关闭。通过阀 V4 给氮气(N_2)管口充气。N2 的压强是 1 MPaG。测量阀 V3 出口的大气压强下露点温度。当露点温度达到－20 ℃时，干燥完成。N_2 充气结束时，管内压强应保持 0.05 MPaG，即可准备运输。

(4)E_3 壳程的干燥程序。

E_3 壳程是天然气的加热空间，空间中任何表面不允许有残留水分，与 E_2 的管程一样，必须进行彻底的烘干，与 E_2 的管程使用的烘干方法相同，首先用热风风干，然后再用真空法和充入氮气/抽出氮气法干燥。

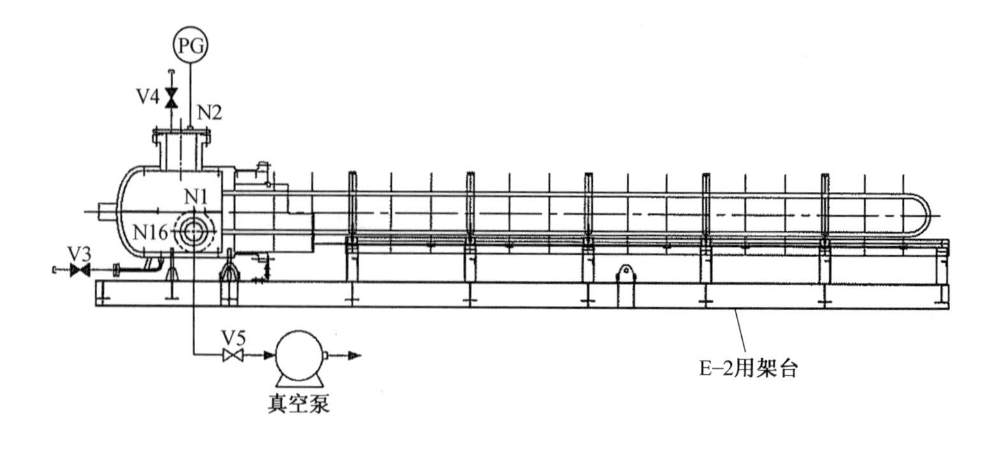

图 6.7 真空法和充入氮气/抽出氮气法干燥

E_3 壳程热风干燥系统如图 6.8 所示，真空法和充入氮气/抽出氮气法系统如图 6.9 所示。

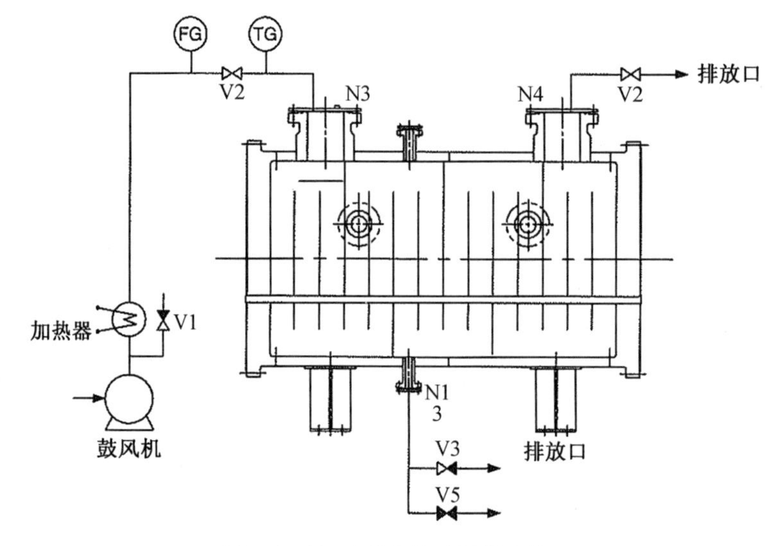

图 6.8 E_3 壳程的热风干燥系统

(5)E_1 和 E_2 壳程的干燥程序。

E_1 壳程和 E_2 壳程空间是中间换热介质丙烷的相变和传热空间，在此空间内绝不允许水分和空气的残留和存在，在进行了气体耐压试验之后，需采用真空法和充入氮气/抽出氮气法进行干燥和处理，如图 6.10 所示。操作程序和方法与 E_3 壳程相同。

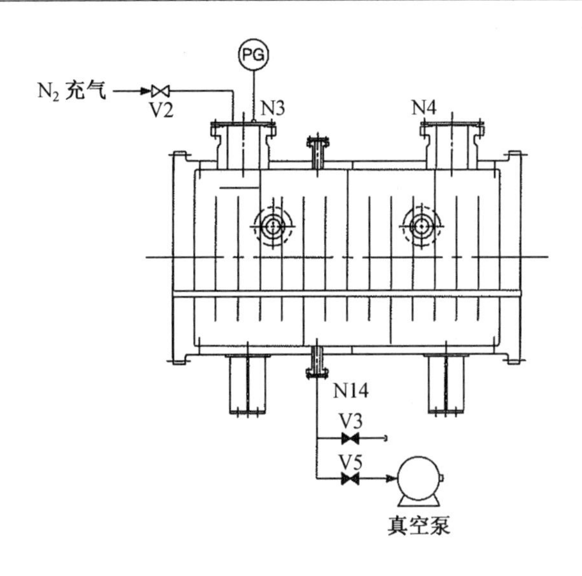

图 6.9　E_3 壳程的真空法和充入氮气/抽气氮气法系统

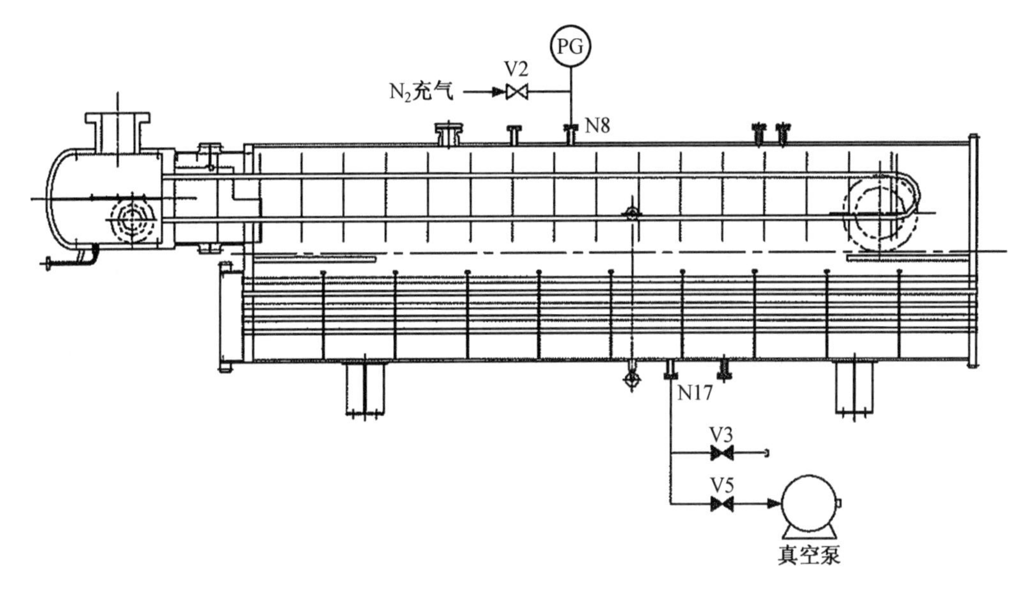

图 6.10　E_1 和 E_2 壳程的干燥系统

6.2.3　氮的深冷试验和充氮保护

E_2 部分由于工作状态为－162 ℃，E_1、E_2、E_3 的大部分处于低温状态，因此需模拟实际工况进行深冷试验。

(1)将 E_2 管程的天然气出口用法兰盲住；

(2)从 E_2 管程天然气进口充装－162 ℃的低温低压的液氮；

(3)对所有螺栓进行冷紧；

(4)按照 GB150 压力试验的方法进行加压并进行检漏。

汽化器在投入应用之前，在车间或现场需进行充氮保护，需要填充氮气的部位：E_1 和

E_2 壳程，E_2 管程和 E_3 壳程。如图 6.11～6.13 所示。图中，将压力计 CN1A (2″)、N16 (2″)、N3 (14″)分别安装在各个管口。

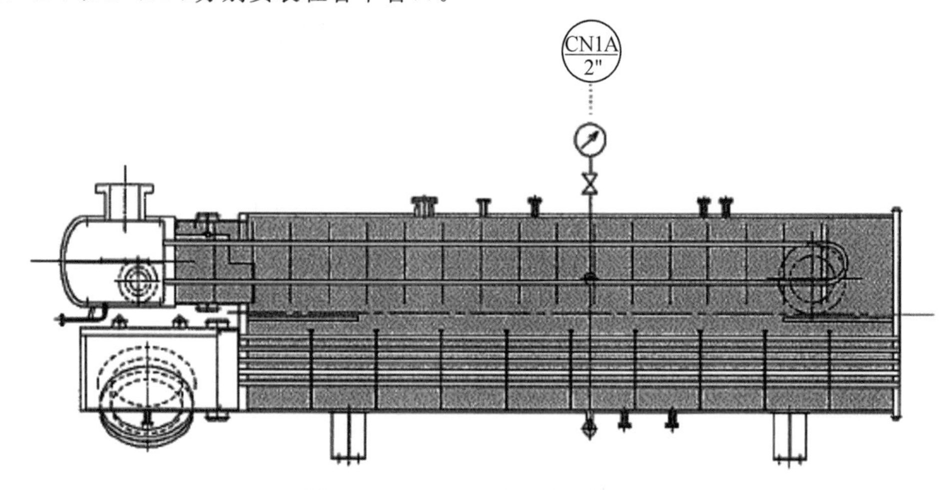

图 6.11 E_1 和 E_2 壳程的充氮保护

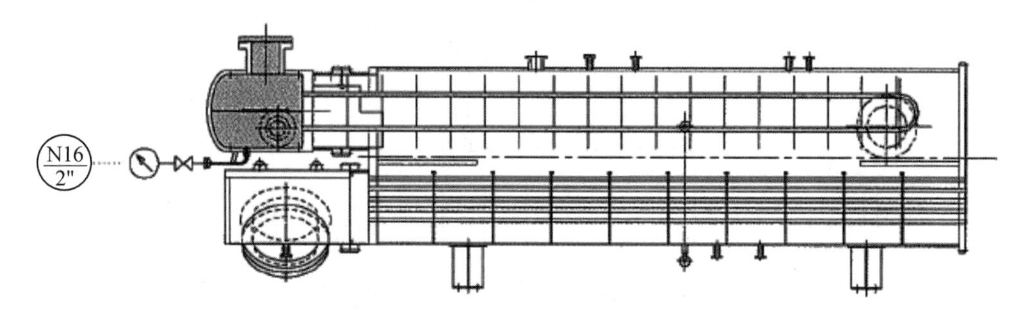

图 6.12 E_2 管程的充氮保护

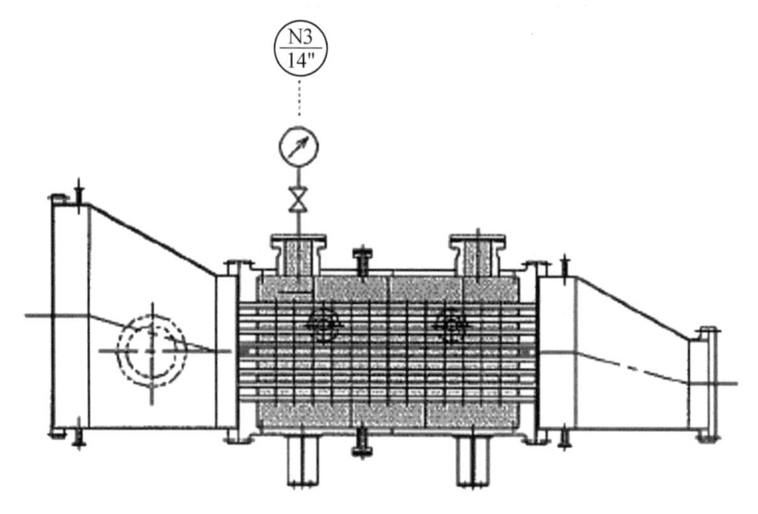

图 6.13 E_3 壳程的充氮保护

现场充入氮气的程序如下。

(1)重复进行氮气吹洗，直到目标值露点温度达到－20 ℃(大气压强下)；

(2)氮气的压强约为 0.05 MPaG；

(3)每 3 d 检查一次氮气的压强，如果压强低于 0.02 MPaG，则充入氮气至压强约为 0.05 MPaG。

注：在充入氮气和排放氮气的操作中需小心不要被氮气窒息。

6.3　汽化器的现场试验

1. 现场试验目的

IFV 设备安装在现场后，在投入运行前需要进行现场试验，现场试验有以下目的。

(1)确定设备运行的安全性和可靠性。

① 确认设备的每一个部件，包括压力容器、换热管、输送管道、测试系统等都不发生泄漏和堵塞；

② 确认系统的所有配套设备包括所有泵和储罐及各种阀门都能按设计要求正常运行。

(2)检验汽化器的热力性能。

① LNG 的进口参数在接近设计条件下，检验其出口参数能否达到设计要求，并分析原因；

② 当 LNG 的进口参数发生变化时，测定其出口参数，检验在不同运行条件下的汽化器性能。

(3)检验测试仪表的准确性和选取参数的可靠性。

2. 现场试验的测量项目和测试仪表的安装方案

(1)LNG 或 NG 的质量流量 G，kg/h 或 Nm^3/h，所有流量数据需换算成 kg/s。

测试仪器流量计安装方案：E_2 进口管道安装一台，测量 LNG 流量，单位为 kg/s 或 kg/h，E_3 出口管道安装一台，测量 NG 体积流量，单位为 Nm^3/h，换算成 kg/h。两台仪表测得的质量流量应该相等。

(2)LNG 进口和 NG 出口的压力，单位为 MPa。

测试仪器压力计的安装方案：各安装 3 台仪表，1 台用于数据显示，1 台用于低值报警，1 台用于高值报警；共 6 台仪表。

(3) LNG 的 E_2 进口温度 t_1、E_2 出口温度 t_2 和 NG 在 E_3 的出口温度 t_3。

测温仪表的安装方案：各安装 3 台仪表，1 台用于数据显示，1 台用于低值报警，1 台用于高值报警；共安装 9 台测温仪表。

(4) 海水流量 M，单位为 kg/h，换算成 kg/s。

测试仪器流量计的安装方案：安装在 E_3 进口和 E_1 出口的海水管道上，测得的海水质量流量应相等。

(5) 海水的 E_3 进口温度 T_1、E_1 进口温度 T_2 和 E_1 出口温度 T_3，单位为 ℃。

测温仪器安装方案：各安装 1 台测温仪表，共安装 3 台测温仪表。

(6)E_1 中间介质丙烷的高液位和低液位。

测试仪表液位计的安装:安装在 E_1 壳程管束的上下两侧。

(7)E_2 中间介质丙烷的运行温度(℃)和运行压力(MPa)。

测试仪器:压力计和测温仪表各 1 台,分别安装在 E_2 壳程管束的上方。

3. 现场试验数据的检验

为了检验测试数据的准确性,须将测试结果进行热平衡计算,即

E_1 海水的放热量 $=E_2$ 中 LNG/NG 的吸热量 Q_1;

E_3 海水的放热量 $=E_3$ 中 NG 的吸热量 Q_2。

海水通过 E_3 和 E_1 时的总放热量 $Q_s=$LNG/NG 的总吸热量 Q_g;

其中,$Q_g=Q_1+Q_2$;

Q_1——E_2吸热量,$Q_1=G\times(h_2-h_1)$;

Q_2——E_3吸热量,$Q_2=G\times(h_3-h_2)$;

式中　G——LNG 或 NG 的质量流量,kg/s;

h_1——E_2 进口处 LNG 的焓值,kJ/kg;

h_2——E_2 出口处 NG 的焓值,kJ/kg;

h_3——E_3 出口处 NG 的焓值,kJ/kg;

海水通过 E_3 和 E_1 时的总放热量 Q_s,$Q_s=Mc(T_1-T_3)$;

其中,M—— 海水的质量流量,kg/s;

c—— 海水的比热容,kJ/(kg·℃);

ΔT—— 海水通过 E_3 和 E_1 时的进出口温差(℃),$\Delta T=T_1-T_3$。

根据热平衡原则,$Q_s=Q_g$,由于测试数据会有误差,允许热平衡计算有 10% 左右的误差。

试验数据的绝对误差:$\Delta Q=Q_s-Q_g$ 或 $\Delta Q=Q_g-Q_s$ 取正值;

试验数据的相对误差:$\Delta Q/Q_s$ 或 $\Delta Q/Q_s$,一般取最大值。

若发现误差过大,则需检查测试数据并分析原因。造成试验误差的原因有以下几个方面。

(1) 没有达到稳定运行状态。当 LNG 的进口参数或海水的进口参数发生变化后,要经过一段时间后各运行参数才能稳定,即各运行参数不再随时间变化。对于一台大型 LNG 汽化设备,LNG/NG 流过的路径约 30 m,海水流过的管道长度约 20 m,设备的质量很大,当热流体或冷流体的参数发生变化后,需要相当长一段时间(可能 10 ~ 20 min) 才能进入稳定状态。稳定状态的判别方法是:连续测量几次,各数据基本保持不变,即认为已进入稳定状态,就可以记录读数。

(2) 海水侧产生误差的主要原因是海水的流量过大,导致海水的进出口误差 $T_1-T_3=\Delta T$ 过小,有时相差小于 1 ℃,远远低于设计值 4 ~ 5 ℃ 的温差。因为一般测温仪表的读数误差为 0.2 ℃ 左右,如果海水的进出口温差本身不到 1 ℃,则测温仪表的读数误差就占了 20% ~ 30%,从而破坏了整体的热平衡。为了降低海水侧换热量的误差,在试验中应调节海水流量,使其进出口温差至少在 2.0 ℃ 以上。

(3)对 LNG/NG 侧而言,产生测量误差的最大根源是在 LNG/NG 的质量流量的确定上。需要在 LNG 的进口管道上安装测量流量的仪器,直接给出 kg/h 或 kg/s 的测量

结果。同时，在汽化后的出口管道上，在测量出口温度和出口压力的仪表附近，安装 NG 的流量测量仪表，直接测出 NG 的体积流量 m^3/h，然后再换算成标准状况下的体积流量 Nm^3/h。因 Nm^3/h 的数值是人工换算出来的，而不是实际测得的数值，在测量和换算过程中，最容易产生误差。如果直接给出 Nm^3/h 作为 LNG 流量的数据，则可能包含难以查询的误差。

鉴于上述原因，为了提高现场测试的准确性，减少测试误差，应该制定严格的“LNG 汽化器的现场试验指导书”。

(4)在进行热平衡计算时，需要正确地查取相关物性参数：

① LNG 在进出口状态下的焓值，要根据相关物性表查取；

② 天然气在标准状况下的密度(一般取 0.71 kg/Nm^3)；

③ 海水(或淡水)的比热容，要根据进出口的平均温度选取。

因海水中盐分溶液的比热容小于水的比热容，所以海水的比热容要小于淡水的比热容。例如：8 ℃的淡水的比热容为 4.2 kJ/(kg・℃)，一般，海水的修正系数为 0.98，则海水的比热容为 4.1 kJ/(kg・℃)。

6.4　现场试验的实例和分析

位于海边的某大型汽化站，汽化器的总体结构由 E_1、E_2、E_3 三个换热部件组成，如图 6.1 所示。各换热部件的设计参数如下。

(1)LNG。

压力：6.3 MPa；

外输流量：175 t/h；

E_2 进口温度：−162 ℃；

E_2 出口温度：−32 ℃；

E_3 出口温度：1 ℃。

(2)海水。

压力：0.8 MPa；

流量：7 000 t/h；

E_3 进口温度：6.85 ℃；

E_1 出口温度：2.15 ℃。

此外，各传热部件的管型、管子根数和传热面积为

E_1：ϕ20 mm×1.2 mm，2 825 根，1 552 m^2；

E_2：ϕ16 mm×1.6 mm，863 根，765 m^2；

E_3：ϕ20 mm×2 mm，2643 根，571 m^2。

该大型汽化站在设备投入正常运行前，需要对设备进行多次现场试验。本节从该汽化器的 20 余组现场试验中介绍 5 组试验结果并加以分析。

1. 第 1 组测试数据和分析

设备在接近设计条件下运行，测试结果如下。

(1)LNG。

压力：6.3 MPa；

外输流量：175 t/h；

E_2 进口温度：−153.6 ℃；

E_2 出口温度：−17.65 ℃；

E_3 出口温度：10.05 ℃。

(2)海水。

压力：0.2 MPa；

流量：7 385 t/h；

E_3 进口温度：12.98 ℃；

E_1 出口温度：8.87 ℃。

(3)丙烷。

压力：0.41 MPa；

液位高：1 105.84 m。

热平衡分析如下。

(1)LNG。

压力：6.3 MPa；

外输流量：G =175 t/h = 48.6 kg/s；

进口温度：−153.6 ℃；焓值：h_1=36.2 kJ/kg；

E_2 出口温度：−17.65 ℃；焓值：h_2=727.5 kJ/kg；

E_3 出口温度：10.05 ℃；焓值：h_3=806.6 kJ/kg；

E_2 吸热量：$Q_1 = G \times (h_2 - h_1)$=48.6× (727.5−36.2) = 33 597 (kW)；

E_3 吸热量：$Q_2 = G \times (h_3 - h_2)$=48.6× (806.6−727.5) = 3 844 (kW)；

LNG 总吸热量：$Q = Q_1 + Q_2$=33 597+3 844=37 441 (kW)。

(2)海水。

压力：0.2 MPa；

流量：7 385 t/h = 2 051.4 kg/s；

E_3 进口温度：12.98 ℃；

E_1 出口温度：8.87 ℃；

进出口温差：12.98− 8.87= 4.11 (℃)；

海水热负荷：Q=2 051.4 kg/s×4.1 kJ/(kg · ℃)×4.11 ℃ = 34 568 (kW)；

其中，海水比热容为 4.1 kJ/(kg · ℃)。

热平衡之差：ΔQ=37 441−34 568=2 843 (kW)；

误差占比：2 843 kW/34 568 kW×100%=8.2%；

结论：热平衡误差在合理的范围之内。

存在问题：一般，海水的放热量应稍大于 LNG 的吸热量，但本测试结果是海水的放热量小于 LNG 的吸热量。可对海水和天然气的相关参数进行核查。

设计值和实测值的比较，见表 6.2。

表 6.2 设计值和实测值的比较

项目	参数	单位	设计值	实测值
LNG NG	压力	MPa	6.3	6.3
	流量	t/h	175	175
	E_2 外输进口温度	℃	−162	−153.6
	E_2 出口温度	℃	−32	−17.65
	E_3 出口温度	℃	1.0	10.05
	总吸收热量	kW	37 469	37 441
海水	压力	MPa	0.8	0.2
	流量	t/h	7 000	7 385
	进口温度	℃	6.85	12.98
	出口温度	℃	2.15	8.87
	海水放热量	kW	37 469	34 568

比较表明：(1)由于 LNG 的实际进口温度比设计进口温度高 8.4 ℃，因而 LNG 的实际出口温度也比设计值高出 10 ℃左右；

(2)实测的 LNG 及 NG 的总吸热量与设计值相同，而海水侧的放热量相差较大，实测值比设计值小 8% 左右，这可能是由水温的测量误差引起的。

2. 第 2 组测试数据和分析

在变工况下运行，LNG 流量远远小于设计流量。测试结果如下。

(1)LNG。

压力：6.3 MPa；

外输流量：25 000 Nm^3/h；

E_2 进口温度：−150 ℃；

E_2 出口温度：−1.93 ℃；

E_3 出口温度：13.1 ℃。

(2)海水。

压力：0.2 MPa；

流量：8 362.2 t/h；

E_3 进口温度：13.11 ℃；

E_1 出口温度：12.55 ℃。

(3)丙烷。

压力：0.54 MPa；

液位高：1 301.85 m。

热平衡分析如下。

(1)LNG。

压力:6.3 MPa;

外输流量换算为

G=25 000 Nm^3/h=25 000×0.71= 17 750 (kg/h)=17.75 (t/h)=4.93 (kg/s)

其中,外送气在标准状况下的密度为 0.71 kg/Nm^3;

进口温度:−150 ℃;焓值:h_1=48.77 kJ/kg;

E_2 出口温度:−1.93 ℃;焓值:h_2=773 kJ/kg;

E_3 出口温度:13.1 ℃;焓值:h_3=813.4 kJ/kg;

E_2 吸热量:$Q_1=G\times(h_2-h_1)$=4.93× (773−48.77) = 3 570 (kW)

E_3 吸热量:$Q_2=G\times(h_3-h_2)$=4.93× (813.4−773) = 199.2 (kW)

LNG 总吸热量:$Q_g=Q_1+Q_2$=3 570+199.2=3 769.2 (kW)

(2)海水。

压力:0.2 MPa;

流量:8 362.2 t/h = 2 322.8 kg/s;

E_3 进口温度:13.11 ℃;

E_1 出口温度:12.55 ℃;

进出口温差:13.11−12.55 = 0.56 (℃);

海水热负荷:$Q_s=Mc_p(t_1-t_3)$=2 322.8 ×4.1×0.56 = 5 333 (kW);
其中,取海水比热容为 4.1 kJ/(kg·℃)。

热平衡之差:ΔQ=5 333−3 769.2=1 563.8 (kW);

误差占比:1 563.8/3 769.2×100%=41%;

结论:热平衡误差过大,为 41%。

原因分析:海水流量过大,使海水温降过小,仅 0.56 ℃,最容易产生海水温度的测量误差。解决方案:减少海水流量,提高海水的进出口温差。

试验安排的不合理之处:LNG 的流量仅为设计值的 10%左右,而海水的流量却大于原设计值。

3.第 3 组测试数据和分析

运行条件:LNG 的进口压力和温度远远低于原设计值。测试结果如下。

(1)LNG。

压力:4.87 MPa;

外输流量:G=193 400 Nm^3/h=137 314 kg/h = 137.314 t/h=38.14 kg/s;

其中,外送气在标准状况下的密度为 0.71 kg/Nm^3;

进口温度:−122 ℃;焓值:h_1=147.1 kJ/kg;

E_2 出口温度:−21.4 ℃;焓值:h_2=739.4 kJ/kg;

E_3 出口温度:6.71 ℃;焓值:h_3=814.8 kJ/kg;

E_2 吸热量:$Q_1=G\times(h_2-h_1)$= 38.14 kg/s× (739.4 kJ/kg−147.1 kJ/kg) = 22 590.3 (kW);

E_3 吸热量:$Q_2=G\times(h_3-h_2)$ = 38.14 kg/s × (814.8 − 739.4) kJ/kg =

2 875.6 (kW)；

LNG 总吸热量：$Q=Q_1+Q_2$＝22 590.3＋2 875.8＝25 466.1 (kW)。

(2)海水。

压力：0.2 MPa；

流量：8 129.2 t/h ＝ 2 258.1 kg/s；

E_3 进口温度：8.63 ℃；

E_1 出口温度：6.47 ℃；

进出口温差：8.63－6.47 ＝ 2.16 (℃)；

海水热负荷：Q＝2 258.1 kg/s ×4.1 kJ/(kg・℃)×2.16 ℃＝ 19 997.7 (kW)；

在平均温度下海水比热容为 4.1 kJ/(kg・℃)；

热平衡之差：ΔQ＝ 25 466.1－19 997.7＝5 468.4 (kW)；

误差占比：5 468.4/25 466.1×100%＝21.5%；

结论：热平衡误差为 21.5% 。

原因分析：天然气的吸热量远远大于海水的放热量，是不合理的，可能是由 LNG 的流量估计误差造成的。见下一组测试数据的分析。

4. 第 4 组测试数据和分析

运行条件测试结果如下。

(1)LNG。

压力：4.87 MPa；

外输流量：G＝145 000 Nm³/h＝102 950 kg/h ＝ 102.95 t/h＝28.6 kg/s；

其中，外送气在标准状况下的密度为 0.71 kg/Nm³；

进口温度：－122.7 ℃；焓值：h_1＝144.1 kJ/kg；

E_2 出口温度：－21.6 ℃；焓值：h_2＝738.75 kJ/kg；

E_3 出口温度：6.61 ℃；焓值：h_3＝814.6 kJ/kg；

E_2 吸热量：$Q_1=G\times(h_2-h_1)$＝28.6 kg/s× (738.75－144.1) kJ/kg＝17 007 (kW)；

E_3 吸热量：$Q_2=G\times(h_3-h_2)$＝28.6 kg/s× (814.6－738.75) kJ/kg＝2 169.3 (kW)；

LNG 总吸热量：$Q=Q_1+Q_2$＝17 007＋2 169.3＝19 176.3 (kW)。

(2)海水。

压力：0.2 MPa；

流量：8 077.3 t/h ＝ 2 243.7 kg/s；

E_3 进口温度：8.63 ℃；

E_1 出口温度：6.44 ℃；

进出口温差：8.63－6.44 ＝ 2.19 (℃)；

海水热负荷：Q＝2 243.7 kg/s ×4.1 kJ/(kg・℃)×2.19 ℃＝ 20 146.2 (kW)；

在平均温度下海水比热容为 4.1 kJ/(kg・℃)；

热平衡之差：ΔQ＝20 146.2－19 176.3＝ 969.9 (kW)；

结论:海水输入热量大于 LNG 吸热量,数据合理。

误差占比:969.9/20 146.2×100%=4.8%。

分析第 3、4 组结果表明:除了 LNG 流量数据之外,其他数据十分接近,但第 3 组的误差为 21.5%,第 4 组的误差为 4.8%。说明第 3 组的较大热平衡误差是由 LNG 流量过大造成的,应核查其流量数据。

5. 第 5 组测试数据和分析

运动条件测试结果如下。

(1)LNG。

压力:4.89 MPa;

外输流量:G=143 000 Nm^3/h= 101 530 kg/h = 101.53 t/h=28.2 kg/s。其中,外送气在标准状况下的密度为 0.71 kg/Nm^3。

进口温度:−139 ℃;焓值: h_1=85.8 kJ/kg;

E_2 出口温度:−21 ℃;焓值:h_2=740.1 kJ/kg;

E_3 出口温度:6.59 ℃;焓值:h_1=814.3 kJ/kg;

E_2 吸热量:

$Q_1=G\times(h_2-h_1)$=28.2 kg/s× (740.1−85.8)kJ/kg=18 451.26 (kW);

E_3 吸热量:

$Q_2=G\times(h_3-h_2)$=28.2 kg/s× (814.3−740.1)kJ/kg=2 092.44 (kW);

LNG 总吸热量:$Q=Q_1+Q_2$=18 451.26+2 092.44=20 543.7 (kW)。

(2)海水。

压力:0.2 MPa;

流量:8 216.4 t/h = 2 282.3 kg/s;

E_3 进口温度:8.60 ℃;

E_1 出口温度:6.55 ℃;

进出口温差:8.60−6.55 = 2.05 (℃);

海水热负荷:Q=2 282.3 kg/s ×4.1 kJ/(kg·℃)×2.05 ℃= 18 902.28 (kW);

在平均温度下海水比热容为 4.1 kJ/(kg·℃);

热平衡之差:ΔQ=20 543.7−18 902.28=1 641.4 (kW);

热平衡误差占比:1 641.4/18 902.28×100%=8.7%。

结论:测试误差在合理的范围之内,但天然气侧吸收的热量大于海水放出热量是不合理的,很可能是由测定的天然气流量过大造成的。

6.5 其他形式汽化器的现场测试

6.5.1 具有发电功能的汽化器的现场测试

冷能发电系统如图 5.1 所示。发电的介质是丙烷,中间介质丙烷在与海水换热的蒸发器中蒸发吸热，所产生的蒸汽具有较高的焓值，在蒸发器中产生的蒸汽先输入汽轮机中进行发电，发电后排出的蒸汽温度和压力都有所下降，然后再进入冷凝器中凝结，将热量传给 LNG 或 NG。从冷凝器排出的丙烷液体通过泵加压后回流到蒸发器中，继续进行上述传递热量的循环。

图 5.1 中，汽轮机依靠中间介质丙烷在蒸发器和凝结器之间的压差（焓差）发电，为此，需要将蒸发器和凝结器分成上下两个换热器即 E_1 和 E_2，将发电设备安装在中间，其中 E_1 为中间介质蒸发器，E_2 为中间介质冷凝器，E_3 为天然气加热器（即调温器）。在 E_1 和 E_2 中间有透平发电机和凝液加压泵。

1. 现场试验需要测试的数据

(1) LNG 或 NG 的质量流量 G，单位为 kg/h 或 Nm^3/h，所有流量数据需换算成 kg/s；

(2) LNG 进口和 NG 出口的压力，MPa；

(3) LNG 进口温度 t_1 和 NG 出口温度 t_3；

(4) 海水流量 M，单位为 kg/h，换算成 kg/s；

(5) 海水 E_3 进口温度 T_1，E_1 进口温度 T_2，E_1 出口温度 T_3，单位为℃；

(6) 中间介质丙烷的充液量，单位为 kg；

(7) 中间介质丙烷在进入透平之前的温度（℃）和压力（MPa）及从透平流出时的温度（℃）和压力（MPa）；

(8) 发电机组的输出功率（kW），发电机组效率 η（可假定为 0.9）；

(9) 凝液泵的运行功率（kW）。

2. 热平衡计算和误差分析

为了检验测试数据的准确性，须将测试结果进行热平衡计算，即

E_1 海水的放热量 $=E_2$ 中 LNG/NG 的吸热量 Q_1+ 发电耗热

E_3 海水的放热量 $=E_3$ 中 NG 的吸热量 Q_2

海水通过 E_3 和 E_1 时的总放热量 Q_s- 泵消耗能量 $=$ LNG/NG 的总吸热量 Q_g+ 发电耗热

其中，发电耗能 $Q_d=D/\eta$，D 为发电功率（kW），$\eta\approx 0.9$ 为发电机组效率。凝液泵消耗能量 Q_b（kW）为泵功率。

LNG/NG 的总吸热量为 Q_g，$Q_g=Q_1+Q_2$。

$Q_1=G\times(h_2-h_1)$，为 E_2 吸热量；

$Q_2=G\times(h_3-h_2)$，为 E_3 吸热量。

式中　G——LNG 或 NG 的质量流量，kg/s；

　　h_1——E_2 进口处 LNG 的焓值，kJ/kg；

　　h_2——E_2 出口处 LNG 的焓值，kJ/kg；

　　h_3——E_3 出口处 NG 的焓值，kJ/kg。

海水通过 E_3 和 E_1 时的总放热量为 Q_s，$Q_s=Mc_p(T_1-T_3)$。

式中　M——海水的质量流量，kg/s；

　　c_p——海水的比热容，kJ/(kg·℃)；

　　$(T_1-T_3)=\Delta T$ 为海水通过 E_3 和 E_1 时的进出口温差，℃。

根据热平衡原则，$Q_s-Q_b=Q_g+Q_d$。

一般，发电耗能 Q_d 约占 LNG/NG 的总吸热量 Q_g 的 10%，泵消耗能量 Q_b 约占发电耗能 Q_d 的 10%。

将测试数据代入上述各热平衡式中进行计算，热平衡误差应控制在 10%以内，如热平衡误差过大，应检查相应数据的准确性，并加以更正。

6.5.2 小型汽化器的现场测试

小型汽化器因为热负荷小，每小时只汽化 1 t 左右的 LNG，为了降低成本，其结构特点是 LNG 与水直接换热，不使用中间介质，如图 6.14 所示。图中，汽化器采用立式管束结构，天然气走管内，由下部联箱管进入，从上部联箱管流出。水在管束外部的多个壳程横向冲刷，从管束上部流入，下部流出，也可从下部流入，从上部流出。在设计中应该保证的是：LNG 的流量足够小，而水的流量足够大，以保证水流不会在管束表面冻结。

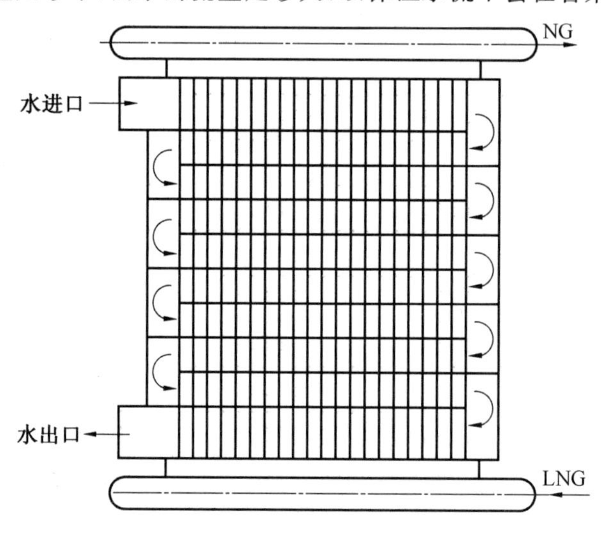

图 6.14 小型管壳式汽化器

由于低温 LNG 与水直接换热，不论测试还是运行，首先要保证水在管壁表面上不能结冰，尤其是在 LNG 进口处的管壁上不能结冰，为此，在进行现场试验时，应遵循下列步骤。

(1)首先驱动循环水系统，使循环水流量逐步达到设计值；

(2)小心输入 LNG 至汽化器的管线中，使其流量由小至大，缓慢增加，使其逐渐达到设计值或试验值；

(3)不断观察并记录 LNG 进口处管壁温度，确保温度大于 0 ℃，并保留一定的安全余量。若发现壁温过低，应适当增大循环水流量，确保管壁不会结冰。

1. 现场测试参数和相关仪表

(1)LNG 或 NG 的质量流量 G，单位为 kg/h 或 Nm^3/h，所有流量数据需换算成 kg/s；

(2)LNG 进口和 NG 出口的压力，单位为 MPa；

(3) LNG 进口温度 t_1 和 NG 出口温度 t_2，单位为℃；

(4)循环水流量 M,单位为 kg/h, 换算成 kg/s;

(5)循环水进口温度 T_1,进口温度 T_2,单位为℃;

(6)最低管壁温度,即 LNG 进口处的管外壁温,单位为℃。

2.热平衡计算和误差分析

为了检验测试数据的准确性,须将测试结果进行热平衡计算,即

循环水的放热量 Q_s=LNG/NG 的吸热量 Q_g

其中,LNG/NG 的吸热量 $Q_g = G\times(h_2 - h_1)$。

式中　G——LNG 或 NG 的质量流量,kg/s;

h_1——进口处 LNG 的焓值,kJ/kg;

h_2——出口处 LNG 的焓值,kJ/kg;

Q_s——循环水的放热量,$Q_s = Mc_p(T_1 - T_2)$。

其中　M——循环水的质量流量,kg/s;

c_p——循环水的比热容,kJ/(kg·℃);

$T_1 - T_3 = \Delta T$ 为循环水的进出口温差,℃。

根据热平衡原则,$Q_s = Q_g$,Q_s,Q_g 之间的热平衡误差应控制在 10%以内,并分析产生误差的原因,进而提出改进措施。

参考文献

[1] 宋坤，祝文波，裘栋. LNG中间介质汽化器[C]. 中海石油气电集团有限责任公司，航天科工哈尔滨风华有限公司，中海浙江宁波液化天然气有限公司，2016.

[2] 肖波，邱建勇，宋坤. 管壳式介质汽化器：中国，201120359587.7[P]. 2012-07-11.

[3] 祝文波，兰凤江，施晶. 一种低温发电的成套设备：中国，201420630048.6[P]. 2015-01-13.

[4] 兰凤江，刘纪福，祝文波. 一种新型的LNG冷能发电的成套设备：中国，201510582305.2[P]. 2011-06-08.

[5] 顾安忠. 液化天然气技术[M]. 北京：机械工业出版社，2009.

[6] YUNUS A. CENGEL. 传热学[M]. 北京：高等教育出版社，2006.

[7] 钱颂文. 换热器设计手册[M]. 北京：化学工业出版社，2002.

[8] 刘纪福. 翅片管换热器的原理和设计[M]. 哈尔滨：哈尔滨工业大学出版社，2013.

[9] HOLMAN J P. 传热学[M]. 北京：机械工业出版社，2005.

[10] 史美中，王中铮. 热交换器原理和设计[M]. 重庆：西南大学出版社，2006.

[11] 杨世铭，陶文铨. 传热学[M]. 3版. 北京：高等教育出版社，2005.

[12] SPEIGHT J G. 化学工程师实用数据手册[M]. 北京：化学工业出版社，2006.

[13] 刘纪福. 余热回收的原理和设计[M]. 哈尔滨：哈尔滨工业大学出版社，2016.

附　录

附录 1　饱和水的热物理性质

T/℃	P/(×10^{-15}Pa)	ρ/(kg·m^{-3})	h/(kJ·kg^{-1})	c_p/[kJ·(kg·℃)$^{-1}$]	λ/[×10^2 W·(m·℃)$^{-1}$]	μ/×10^6 [kg·(m·s)$^{-1}$]	Pr
0	0.00611	999.8	−0.05	4.212	55.1	1788	13.67
10	0.01228	999.7	42.0	4.191	57.4	1306	9.52
20	0.02338	998.2	83.9	4.183	59.9	1004	7.02
30	0.04245	995.6	125.7	4.174	61.8	801.5	5.42
40	0.07381	992.2	167.5	4.174	63.5	653.3	4.31
50	0.12345	988.0	209.3	4.174	64.8	549.4	3.54
60	0.19933	983.2	251.1	4.179	65.9	469.9	2.99
70	0.3118	977.7	293.0	4.187	66.8	406.1	2.55
80	0.4738	971.8	354.9	4.193	67.4	355.1	2.21
90	0.7012	965.3	376.9	4.208	68.0	314.9	1.95
100	1.013	958.4	419.1	4.220	68.3	282.5	1.75
110	1.41	950.9	461.3	4.233	68.5	259.0	1.60
120	1.98	943.1	503.8	4.250	68.6	237.4	1.47
130	2.70	934.9	546.4	4.266	68.6	217.8	1.36
140	3.61	926.2	589.2	4.287	68.5	201.1	1.26
150	4.76	917.0	632.3	4.313	68.4	186.4	1.17
160	6.18	907.5	675.6	4.346	68.3	173.6	1.10
170	7.91	897.5	719.3	4.380	67.9	162.8	1.05
180	10.02	887.1	763.2	4.417	67.4	153.0	1.00
190	12.54	876.6	807.6	4.459	67.0	144.2	0.96
200	15.54	864.8	852.3	4.505	66.3	136.4	0.93
210	19.06	852.8	897.6	4.555	65.5	130.5	0.91
220	23.18	840.3	943.5	4.614	64.5	124.6	0.89

续表

T/ ℃	P/ $(\times10^{-15}\text{Pa})$	ρ/ $(\text{kg}\cdot\text{m}^{-3})$	h/ $(\text{kJ}\cdot\text{kg}^{-1})$	c_p/ $[\text{kJ}\cdot(\text{kg}\cdot℃)^{-1}]$	λ/$[\times10^2$ $\text{W}\cdot(\text{m}\cdot℃)^{-1}]$	μ/$\times10^6$ $[\text{kg}\cdot(\text{m}\cdot\text{s})^{-1}]$	Pr
230	27.95	827.3	990.0	4.681	63.7	119.7	0.88
240	33.45	813.6	1037.2	4.736	62.8	114.8	0.87
250	39.74	799.0	1085.3	4.844	61.8	109.9	0.86
260	46.89	783.8	1134.3	4.949	60.5	105.9	0.87
270	55.00	767.7	1184.5	5.070	59.0	102.0	0.88
280	64.13	750.5	1236.0	5.230	57.4	98.1	0.90
290	74.37	732.2	1289.1	5.485	55.8	94.2	0.93
300	85.83	712.4	1344.0	5.736	54.0	91.2	0.97
310	98.60	691.0	1401.2	6.071	52.3	88.3	1.03
320	112.78	667.4	1461.2	6.574	50.6	85.3	1.11
330	128.51	641.0	1524.9	7.244	48.4	81.4	1.22
340	145.93	610.8	1593.1	8.165	45.7	77.5	1.39
350	165.21	574.7	1670.3	9.504	43.0	72.6	1.60
360	186.57	527.9	1761.1	13.984	39.5	66.7	2.35
370	210.33	451.5	1891.7	40.321	33.7	56.9	6.79

附录 2　甲烷的热物理性质 1

甲烷压力大于临界压力 4.6 MPa

温度 T/℃	密度 ρ/(kg·m^{-3})	焓 h/(kJ·kg^{-1})	比定压热容 c_p/[kJ·(kg·K)$^{-1}$]	导热系数 λ/[W·(m·K)$^{-1}$]	动力黏度 μ/(Pa·s)	状态
甲烷——10 MPa						
30	73.98	824.400	2.980	0.0446	1.3830×10^{-5}	汽态
20	78.50	794.600	3.072	0.0441	1.3710×10^{-5}	汽态
10	83.70	762.500	3.193	0.0438	1.3640×10^{-5}	汽态
0	90.30	729.800	3.374	0.0449	1.3654×10^{-5}	汽态
−10	98.20	694.600	3.637	0.0398	1.3740×10^{-5}	汽态
−20	107.50	656.500	4.025	0.0448	1.4030×10^{-5}	汽态
−30	122.70	615.300	4.630	0.0458	1.4620×10^{-5}	汽态
−40	139.90	563.200	5.541	0.0534	1.5820×10^{-5}	汽态
−50	175.20	502.600	6.552	0.0603	1.8300×10^{-5}	汽态
−60	237.20	437.100	6.544	0.0698	2.2520×10^{-5}	汽态
−70	256.80	376.200	5.578	0.0804	2.7800×10^{-5}	汽态
−80	287.20	324.800	4.820	0.0925	3.3500×10^{-5}	汽态
−82.59	293.92	312.600	4.686	0.0952	3.4950×10^{-5}	临界状态
−90	313.50	278.800	4.360	0.1036	3.9600×10^{-5}	液态
−100	334.20	237.800	4.025	0.1160	4.2000×10^{-5}	液态
−110	353.60	197.200	3.840	0.1274	5.4100×10^{-5}	液态
−120	372.20	159.800	3.680	0.1402	6.3400×10^{-5}	液态
−130	387.20	123.700	3.579	0.1530	7.4200×10^{-5}	液态
−140	402.90	88.000	3.499	0.1670	8.8000×10^{-5}	液态
−150	416.00	53.200	3.438	0.1792	1.0680×10^{-4}	液态
−160	428.80	19.200	3.392	0.1925	1.2800×10^{-4}	液态
−170	442.30	−14.200	3.353	0.2060	1.6200×10^{-4}	液态

续表

温度 T/℃	密度 ρ/(kg·m^{-3})	焓 h/(kJ·kg^{-1})	比定压热容 c_p/[kJ·(kg·K)$^{-1}$]	导热系数 λ/[W·(m·K)$^{-1}$]	动力黏度 μ/(Pa·s)	状态
甲烷——9.5 MPa						
30	69.67	829.320	2.928	0.0438	0.000013599	汽态
20	74.00	799.200	3.012	0.0433	0.000013441	汽态
10	78.84	768.800	3.125	0.0429	0.000013375	汽态
0	84.78	736.700	3.306	0.0428	0.000013325	汽态
−10	91.67	702.340	3.543	0.0432	0.00001359	汽态
−20	101.02	664.130	3.882	0.0444	0.00001403	汽态
−30	112.41	624.280	4.461	0.0466	0.00001415	汽态
−40	133.78	575.310	5.399	0.0501	0.00001403	汽态
−50	164.23	515.630	6.687	0.0581	0.0000171	汽态
−60	208.03	423.300	7.008	0.0676	0.00002213	汽态
−70	250.07	380.750	5.898	0.0788	0.00002703	汽态
−80	284.02	325.120	4.947	0.0901	0.00003283	汽态
−82.59	291.01	313.350	4.792	0.0934	0.0000346	临界状态
−90	310.32	279.690	4.401	0.1003	0.0000399	液态
−100	333.20	237.280	4.075	0.1149	0.0000451	液态
−110	352.43	197.550	3.851	0.1265	0.0000541	液态
−120	370.02	159.780	3.699	0.1399	0.0000624	液态
−130	386.12	123.280	3.582	0.1525	0.00007491	液态
−140	401.08	87.550	3.511	0.1652	0.0000875	液态
−150	415.00	52.650	3.445	0.1786	0.000105	液态
−160	428.88	18.860	3.399	0.1921	0.0001285	液态
−170	441.76	−15.420	3.361	0.2049	0.0001602	液态
甲烷——9.0 MPa						
30	65.70	834.000	2.890	0.0432	0.00001341	汽态
20	69.50	804.700	2.967	0.0425	0.00001324	汽态
10	74.00	774.000	3.071	0.0420	0.00001312	汽态
0	79.10	742.800	3.221	0.0418	0.00001304	汽态
−10	86.00	710.000	3.240	0.0420	0.00001305	汽态
−20	94.20	674.000	3.495	0.0428	0.00001315	汽态
−30	106.00	634.300	3.900	0.0446	0.00001348	汽态

续表

温度 T/℃	密度 ρ/(kg·m^{-3})	焓 h/(kJ·kg^{-1})	比定压热容 c_p/[kJ·(kg·K)$^{-1}$]	导热系数 λ/[W·(m·K)$^{-1}$]	动力黏度 μ/(Pa·s)	状态
甲烷——9.0 MPa						
−40	123.00	587.500	4.617	0.0483	0.00001424	汽态
−50	150.60	528.900	6.070	0.0552	0.00001602	汽态
−60	195.10	455.000	8.800	0.0651	0.00002	汽态
−70	243.50	385.000	7.750	0.0762	0.000026	汽态
−80	280.00	328.800	5.620	0.0888	0.000032	汽态
−82.59	288.00	315.000	5.308	0.0897	0.0000325	临界状态
−90	307.80	280.000	4.690	0.1013	0.000038	液态
−100	330.05	237.200	4.215	0.1140	0.000045	液态
−110	350.10	197.200	3.933	0.1260	0.000053	液态
−120	369.00	160.000	3.752	0.1390	0.000062	液态
−130	385.00	122.500	3.622	0.1520	0.0000732	液态
−140	400.00	87.000	3.527	0.1650	0.000087	液态
−150	415.00	52.500	3.462	0.1774	0.000104	液态
−160	428.50	18.200	3.410	0.1910	0.0001275	液态
−170	440.60	−15.500	3.367	0.2040	0.00016	液态
甲烷——8.5 MPa						
30	61.70	839.000	2.852	0.0425	0.00001326	汽态
20	65.20	810.000	2.918	0.0417	0.00001304	汽态
10	69.20	780.500	3.012	0.0412	0.00001289	汽态
0	74.06	749.800	3.142	0.0408	0.00001278	汽态
−10	80.00	717.500	3.340	0.0409	0.000012437	汽态
−20	87.70	682.870	3.630	0.0414	0.000012425	汽态
−30	97.90	644.800	4.100	0.0427	0.000012524	汽态
−40	112.70	600.000	4.920	0.0457	0.000012887	汽态
−50	137.10	543.400	6.480	0.0484	0.00001385	汽态
−60	181.20	468.500	8.320	0.0628	0.0000168	汽态
−70	236.10	390.300	6.860	0.0750	0.0000234	汽态
−80	276.00	330.000	5.322	0.0875	0.000030325	汽态
−82.59	280.60	316.800	5.091	0.0897	0.0000321	临界状态
−90	303.00	281.200	4.570	0.1000	0.000037	液态

续表

温度 T/℃	密度 ρ/(kg·m^{-3})	焓 h/(kJ·kg^{-1})	比定压热容 c_p/[kJ·(kg·K)$^{-1}$]	导热系数 λ/[W·(m·K)$^{-1}$]	动力黏度 μ/(Pa·s)	状态
甲烷——8.5 MPa						
−100	327.70	237.100	4.155	0.1125	0.000044	液态
−110	348.50	198.500	3.900	0.1250	0.0000519	液态
−120	366.70	159.000	3.738	0.1380	0.000061	液态
−130	383.00	122.400	3.622	0.1510	0.0000721	液态
−140	398.80	86.600	3.527	0.1640	0.0000859	液态
−150	413.00	52.500	3.462	0.1780	0.0001031	液态
−160	428.10	17.500	3.410	0.1910	0.000124	液态
−170	440.30	−16.600	3.367	0.2030	0.0001572	液态
甲烷——8.0 MPa						
30	57.69	843.420	2.809	0.0418	1.3050×10^{-5}	汽态
20	60.82	815.700	2.867	0.0410	1.2837×10^{-5}	汽态
10	64.61	786.000	2.952	0.0400	1.2650×10^{-5}	汽态
0	69.00	757.000	3.068	0.0399	1.2524×10^{-5}	汽态
−10	74.20	725.000	3.240	0.0398	1.2437×10^{-5}	汽态
−20	81.10	692.000	3.495	0.0400	1.2425×10^{-5}	汽态
−30	90.00	654.300	3.900	0.0409	1.2524×10^{-5}	汽态
−40	102.50	612.000	4.617	0.0433	1.2887×10^{-5}	汽态
−50	124.00	559.500	6.070	0.0485	1.3850×10^{-5}	汽态
−60	164.80	486.000	8.800	0.0559	1.6800×10^{-5}	汽态
−70	226.20	398.300	7.750	0.0705	2.3400×10^{-5}	汽态
−80	271.50	333.000	5.620	0.0860	3.0325×10^{-5}	汽态
−82.59	280.60	319.820	5.308	0.0897	3.2100×10^{-5}	临界状态
−90	303.00	282.000	4.690	0.0985	3.7000×10^{-5}	液态
−100	327.70	237.800	4.215	0.1120	4.4000×10^{-5}	液态
−110	348.50	197.000	3.933	0.1240	5.1900×10^{-5}	液态
−120	366.70	158.800	3.752	0.1370	6.1000×10^{-5}	液态
−130	383.00	121.850	3.622	0.1500	7.2100×10^{-5}	液态
−140	398.80	86.000	3.527	0.1640	8.5900×10^{-5}	液态
−150	413.00	51.500	3.462	0.1771	1.0310×10^{-4}	液态
−160	428.10	17.100	3.410	0.1904	1.2400×10^{-4}	液态

续表

温度 T/℃	密度 ρ/(kg·m^{-3})	焓 h/(kJ·kg^{-1})	比定压热容 c_p/[kJ·(kg·K)$^{-1}$]	导热系数 λ/[W·(m·K)$^{-1}$]	动力黏度 μ/(Pa·s)	状态
甲烷——8.0 MPa						
−170	440.30	−17.000	3.367	0.203 2	1.5720×10^{-4}	液态
甲烷——7.5 MPa						
30	53.80	848.000	2.752	0.0412	0.00001287	汽态
20	56.60	820.800	2.762	0.0403	0.00001266	汽态
10	60.10	792.000	2.779	0.0397	0.00001247	汽态
0	64.00	762.500	3.000	0.0392	0.0000123	汽态
−10	68.75	731.500	3.162	0.0389	0.0000122	汽态
−20	75.00	698.000	3.395	0.0390	0.000012166	汽态
−30	83.00	662.500	3.758	0.0396	0.000012197	汽态
−40	93.96	622.000	4.380	0.0414	0.000012425	汽态
−50	111.87	573.000	5.672	0.0456	0.0000132	汽态
−60	147.70	503.000	8.772	0.0559	0.0000155	汽态
−70	216.20	406.700	8.782	0.0705	0.0000221	汽态
−80	267.70	335.000	5.880	0.0843	0.0000296	汽态
−82.59	277.32	320.820	5.505	0.0883	0.00003135	临界状态
−90	300.00	283.000	4.785	0.0972	0.0000364	液态
−100	326.20	238.000	4.260	0.1102	0.0000435	液态
−110	347.30	197.000	3.960	0.1232	0.0000512	液态
−120	366.00	158.000	3.767	0.1363	0.0000606	液态
−130	382.80	121.600	3.635	0.1495	0.0000717	液态
−140	398.30	85.600	3.540	0.1630	0.0000853	液态
−150	413.00	50.500	3.469	0.1765	0.0001026	液态
−160	427.00	16.600	3.401	0.1898	0.000125	液态
−170	440.20	−17.800	3.369	0.2027	0.0001564	液态
甲烷——7.0 MPa						
30	49.80	853.200	2.727	0.040 6	1.2764×10^{-5}	汽态
20	52.45	826.500	2.770	0.039 7	1.2566×10^{-5}	汽态
10	55.48	797.500	2.834	0.038 8	1.2270×10^{-5}	汽态
0	59.20	768.000	2.925	0.038 2	1.2079×10^{-5}	汽态
−10	63.28	738.500	3.055	0.037 8	1.1915×10^{-5}	汽态

续表

温度 T/℃	密度 ρ/(kg·m^{-3})	焓 h/(kJ·kg^{-1})	比定压热容 c_p/[kJ·(kg·K)$^{-1}$]	导热系数 λ/[W·(m·K)$^{-1}$]	动力黏度 μ/(Pa·s)	状态
甲烷——7.0 MPa						
−20	68.50	707.600	3.250	0.0376	1.1840×10^{-5}	汽态
−30	75.30	674.500	3.550	0.0378	1.1583×10^{-5}	汽态
−40	84.50	630.180	4.068	0.0389	1.1820×10^{-5}	汽态
−50	98.19	592.000	5.060	0.0418	1.2240×10^{-5}	汽态
−60	125.78	529.700	7.865	0.0498	1.3580×10^{-5}	汽态
−70	196.22	424.200	11.388	0.0674	1.9760×10^{-5}	汽态
−80	262.00	339.800	6.419	0.0822	2.8480×10^{-5}	汽态
−82.59	271.62	324.860	5.898	0.0863	3.0250×10^{-5}	临界状态
−90	297.80	284.500	4.940	0.0955	3.5850×10^{-5}	液态
−100	324.00	233.000	4.331	0.1090	4.2320×10^{-5}	液态
−110	347.80	196.000	3.998	0.1222	5.0800×10^{-5}	液态
−120	360.80	157.300	3.785	0.1370	6.0400×10^{-5}	液态
−130	382.50	120.400	3.600	0.1490	7.1200×10^{-5}	液态
−140	397.80	84.000	3.549	0.1622	8.4800×10^{-5}	液态
−150	413.00	49.100	3.475	0.1760	1.0210×10^{-4}	液态
−160	427.00	14.200	3.418	0.1892	1.2400×10^{-4}	液态
−170	440.30	−19.210	3.372	0.2025	1.5620×10^{-4}	液态
甲烷——6.5 MPa						
30	46.00	859.000	2.690	0.0400	0.00001257	汽态
20	48.30	831.000	2.725	0.0390	0.00001237	汽态
10	51.10	804.000	2.780	0.0382	0.0000121	汽态
0	54.20	776.000	2.853	0.0374	0.000011873	汽态
−10	57.80	747.000	2.961	0.0364	0.000011375	汽态
−20	62.10	716.700	3.120	0.0364	0.00001151	汽态
−30	68.05	684.500	3.371	0.0368	0.00001157	汽态
−40	75.60	648.500	3.775	0.0368	0.00001167	汽态
−50	87.00	607.500	4.568	0.0370	0.000011875	汽态
−60	106.50	554.000	6.585	0.0444	0.00001228	汽态
−70	165.60	454.000	12.600	0.0635	0.00001657	汽态
−80	253.10	346.000	7.200	0.0799	0.0000272	汽态

续表

温度 T/℃	密度 ρ/(kg·m^{-3})	焓 h/(kJ·kg^{-1})	比定压热容 c_p/[kJ·(kg·K)$^{-1}$]	导热系数 λ/[W·(m·K)$^{-1}$]	动力黏度 μ/(Pa·s)	状态
甲烷——6.5 MPa						
−82.59	265.80	328.150	6.400	0.0845	0.0000292	临界状态
−90	294.10	286.100	5.130	0.0938	0.000035	液态
−100	322.10	239.000	4.408	0.1076	0.000042	液态
−110	345.00	196.700	3.814	0.1212	0.00005	液态
−120	363.00	157.800	3.665	0.1346	0.000059	液态
−130	381.50	120.400	3.560	0.1480	0.0000705	液态
−140	398.00	84.200	3.482	0.1616	0.000084	液态
−150	412.00	49.000	3.423	0.1752	0.000101	液态
−160	426.00	14.600	3.377	0.1886	0.0001234	液态
−170	440.00	−19.500	3.340	0.2018	0.0001542	液态
甲烷——6.0 MPa						
30	42.20	862.800	2.646	0.0395	1.2420×10^{-5}	汽态
20	45.21	836.600	2.675	0.0384	1.2168×10^{-5}	汽态
10	46.58	809.800	2.719	0.0375	1.1916×10^{-5}	汽态
0	49.28	782.200	2.783	0.0366	1.1670×10^{-5}	汽态
−10	52.65	753.000	2.877	0.0359	1.1488×10^{-5}	汽态
−20	56.60	724.500	3.020	0.0354	1.1247×10^{-5}	汽态
−30	62.10	692.900	3.224	0.0352	1.1120×10^{-5}	汽态
−40	67.60	659.800	3.550	0.0354	1.1036×10^{-5}	汽态
−50	76.72	622.000	4.160	0.0365	1.1072×10^{-5}	汽态
−60	91.55	574.200	5.585	0.0401	1.1436×10^{-5}	汽态
−70	129.60	495.600	12.765	0.0549	1.3432×10^{-5}	汽态
−80	244.30	352.330	8.468	0.0778	2.5810×10^{-5}	汽态
−82.59	280.60	333.100	7.114	0.0824	2.8000×10^{-5}	临界状态
−90	291.48	287.400	5.332	0.0924	3.4100×10^{-5}	液态
−100	320.40	239.200	4.472	0.1067	4.1600×10^{-5}	液态
−110	343.00	197.000	4.074	0.1208	4.9600×10^{-5}	液态
−120	362.90	157.000	3.830	0.1338	5.8900×10^{-5}	液态
−130	380.90	119.000	3.680	0.1475	7.0100×10^{-5}	液态
−140	397.00	83.000	3.572	0.1613	8.3700×10^{-5}	液态

续表

温度 T/℃	密度 ρ/(kg·m^{-3})	焓 h/(kJ·kg^{-1})	比定压热容 c_p/[kJ·(kg·K)$^{-1}$]	导热系数 λ/[W·(m·K)$^{-1}$]	动力黏度 μ/(Pa·s)	状态
甲烷——6.0 MPa						
−150	411.70	48.500	3.492	0.1748	1.0090×10^{-4}	液态
−160	425.80	13.000	3.432	0.1884	1.2310×10^{-4}	液态
−170	439.20	−20.720	3.383	0.2015	1.5380×10^{-4}	液态
甲烷——5.5 MPa						
30	38.1	868.7	2.606	0.03849	1.228×10^{-5}	汽态
20	40	842.1	2.63	0.03767	1.201×10^{-5}	汽态
10	42.4	810.1	2.667	0.03675	1.175×10^{-5}	汽态
0	44.9	789	2.719	0.03591	1.149×10^{-5}	汽态
−10	47.5	760	2.797	0.03512	1.123×10^{-5}	汽态
−20	50.1	732.5	2.904	0.03447	1.101×10^{-5}	汽态
−30	54.9	702.6	3.062	0.03395	1.081×10^{-5}	汽态
−40	60	670.3	3.369	0.03392	1.063×10^{-5}	汽态
−50	67.3	635.1	3.775	0.03446	1.058×10^{-5}	汽态
−60	78.1	593.2	3.744	0.03667	1.063×10^{-5}	汽态
−70	100.1	532.9	8.36	0.04491	1.171×10^{-5}	汽态
−80	230	363.6	11.71	0.0367	0.0000238	汽态
−82.59	250	340	8.48	0.0785	0.0000271	临界状态
−90	286.7	289.1	5.602	0.0804	0.0000331	液态
−100	318.2	240	4.575	0.0901	0.0000408	液态
−110	341.5	197.3	4.162	0.1052	0.000049	液态
−120	361.5	156.7	3.848	0.1196	0.0000582	液态
−130	380	119.3	3.7	0.1383	0.0000691	液态
−140	396.5	80.42	3.587	0.1461	0.0000832	液态
−150	411	44.2	3.495	0.1601	0.0001001	液态
−160	425.2	12.1	3.441	0.1749	0.0001225	液态
−170	438.6	−21.2	3.382	0.201	0.000153	液态
甲烷——5.0 MPa						
30	34.6	873	2.568	0.0385	1.213×10^{-5}	汽态
20	36.2	847.5	2.584	0.03735	1.188×10^{-5}	汽态
10	38.1	821.8	2.612	0.03625	1.16×10^{-5}	汽态

续表

温度 T/℃	密度 ρ/(kg·m^{-3})	焓 h/(kJ·kg^{-1})	比定压热容 c_p/[kJ·(kg·K)$^{-1}$]	导热系数 λ/[W·(m·K)$^{-1}$]	动力黏度 μ/(Pa·s)	状态
甲烷——5.0 MPa						
0	40.12	795.4	2.655	0.03525	1.131×10^{-5}	汽态
−10	42.5	768.5	2.71	0.03432	1.105×10^{-5}	汽态
−20	45	740.1	2.801	0.0336	1.08×10^{-5}	汽态
−30	48	712.5	2.93	0.0329	1.057×10^{-5}	汽态
−40	53	681.3	3.13	0.03266	1.035×10^{-5}	汽态
−50	58	649.5	3.47	0.0325	1.032×10^{-5}	汽态
−60	66.52	611.9	4.11	0.0338	1.018×10^{-5}	汽态
−70	80.5	564.1	6	0.0376	1.012×10^{-5}	汽态
−80	183	415.2	55.3	0.085	0.0000182	汽态
−82.59	235	351.52	13	0.0785	0.00002423	临界状态
−90	281.6	293.1	6	0.0885	0.000032	液态
−100	315.5	240	4.65	0.104	0.0000398	液态
−110	340	196.9	4.175	0.118	0.0000487	液态
−120	360.5	156.8	3.88	0.132	0.0000575	液态
−130	379	118.88	3.704	0.146	0.000069	液态
−140	397	82.42	3.583	0.16	0.0000825	液态
−150	410.2	47	3.5	0.174	0.0001	液态
−160	425	12.3	3.438	0.187	0.000121	液态
−170	438.5	−21.7	3.383	0.201	0.000151	液态

附录 3　甲烷的热物理性质 2

甲烷压力小于临界压力 4.6 MPa

温度 T/℃	状态	密度 ρ/(kg·m^{-3})	比定压热容 c_p/[kJ·(kg·K)$^{-1}$]	焓 h/(kJ·kg^{-1})	动力黏度 μ/(Pa·s)	Pr 数
甲烷——4.5 MPa						
−180	过冷液	451.18	3.3513	−56.284	0.00019506	3.08
−170	过冷液	437.99	3.3904	−22.588	0.00014989	2.543
−160	过冷液	424.28	3.4426	11.566	0.00012029	2.22
−150	过冷液	409.87	3.5097	46.312	0.000098562	2.0018
−140	过冷液	394.54	3.5993	81.834	0.000081694	1.8501
−130	过冷液	377.98	3.7251	118.42	0.000068168	1.7509
−120	过冷液	359.66	3.9124	156.54	0.000057045	1.7023
−110	过冷液	338.66	4.2176	197.05	0.000047628	1.7169
−100	过冷液	312.96	4.8076	241.8	0.000039265	1.8456
−90	过冷液	276.02	6.6059	296.68	0.000030904	2.3761
−83.28	饱和液	203.77	74.901	375.26	0.000020681	17.289
−83.28	饱和气	122.33	112.21	462.49	0.000012017	12.256
−80	过热气	86.399	9.4274	527.07	0.000010055	2.1763
−70	过热气	65.622	4.5596	587.78	9.6154×10^{-6}	1.3229
−60	过热气	56.428	3.6233	627.94	9.6826×10^{-6}	1.1163
−50	过热气	50.483	3.2027	661.85	9.8632×10^{-6}	1.0138
−40	过热气	46.12	2.9635	692.58	0.000010091	0.9511
−30	过热气	42.699	2.8121	721.41	0.000010344	0.9084
−20	过热气	39.901	2.7107	748.99	0.000010611	0.8776
−10	过热气	37.547	2.641	775.73	0.000010886	0.8543
0	过热气	35.523	2.5929	801.88	0.000011167	0.8361
10	过热气	33.756	2.5605	827.64	0.000011452	0.8215
20	过热气	32.192	2.5398	853.13	0.000011738	0.8097
30	过热气	30.794	2.5283	878.46	0.000012025	0.7999

续表

温度 T/℃	状态	密度 ρ/(kg·m^{-3})	比定压热容 c_p/[kJ·(kg·K)$^{-1}$]	焓 h/(kJ·kg^{-1})	动力黏度 μ/(Pa·s)	Pr数
甲烷——4.0 MPa						
−180	过冷液	450.85	3.354	−57.096	0.00019339	3.0625
−170	过冷液	437.61	3.3941	−23.368	0.00014884	2.5341
−160	过冷液	423.83	3.4477	10.829	0.00011951	2.2153
−150	过冷液	409.32	3.517	45.637	0.0000979	1.9995
−140	过冷液	393.87	3.6102	81.249	0.000081084	1.8498
−130	过冷液	377.13	3.7421	117.97	0.000067574	1.7528
−120	过冷液	358.53	3.9412	156.31	0.000056439	1.7084
−110	过冷液	337.02	4.274	197.23	0.000046977	1.7326
−100	过冷液	310.23	4.9549	242.89	0.00003849	1.8929
−90	过冷液	268.79	7.6156	301.6	0.000029595	2.709
−87.04	饱和液	244.17	13.129	329.71	0.000025778	4.3929
−87.04	饱和气	86.337	16.723	505.74	9.5242×10^{-6}	3.2643
−80	过热气	64.908	5.392	562.8	9.0811×10^{-6}	1.4438
−70	过热气	54.043	3.8255	607.13	9.1508×10^{-6}	1.1546
−60	过热气	47.72	3.2776	642.3	9.3521×10^{-6}	1.031
−50	过热气	43.272	2.9915	673.51	9.5993×10^{-6}	0.9598
−40	过热气	39.863	2.8174	702.49	9.8683×10^{-6}	0.9129
−30	过热气	37.115	2.7033	730.06	0.000010149	0.8797
−20	过热气	34.826	2.6256	756.68	0.000010437	0.855
−10	过热气	32.873	2.5721	782.65	0.000010729	0.836
0	过热气	31.177	2.5357	808.18	0.000011024	0.8209
10	过热气	29.683	2.512	833.41	0.000011319	0.8086
20	过热气	28.354	2.498	858.45	0.000011615	0.7986
30	过热气	27.159	2.4917	883.39	0.000011909	0.7902
甲烷——3.5 MPa						
−180	过冷液	450.52	3.3567	−57.906	0.00019173	3.0449
−170	过冷液	437.23	3.3978	−24.147	0.00014778	2.5251
−160	过冷液	423.37	3.453	10.095	0.00011872	2.2105
−150	过冷液	408.77	3.5246	44.967	0.000097234	1.9972
−140	过冷液	393.19	3.6215	80.671	0.000080469	1.8494

续表

温度 T/℃	状态	密度 ρ/(kg·m^{-3})	比定压热容 c_p/[kJ·(kg·K)$^{-1}$]	焓 h/(kJ·kg^{-1})	动力黏度 μ/(Pa·s)	Pr 数
甲烷——3.5 MPa						
−130	过冷液	376.26	3.7599	117.53	0.000066973	1.755
−120	过冷液	357.35	3.972	156.11	0.000055823	1.7151
−110	过冷液	335.31	4.3365	197.47	0.000046309	1.7504
−100	过冷液	307.24	5.1353	244.19	0.000037673	1.9518
−91.21	过冷液	267.63	8.2482	298.38	0.000029403	2.9366
−91.21	饱和液	67.716	9.0439	526.37	8.4622×10^{-6}	2.0953
−90	饱和气	64.382	7.3439	536.19	8.4491×10^{-6}	1.7916
−80	过热气	50.951	4.0596	587.46	8.5715×10^{-6}	1.1765
−70	过热气	44.349	3.3438	623.93	0.000008811	1.0414
−60	过热气	39.917	3.0088	655.53	9.0858×10^{-6}	0.964
−50	过热气	36.596	2.8138	684.56	0.000009376	0.9142
−40	过热气	33.957	2.6888	712.03	0.000009674	0.8794
−30	过热气	31.778	2.6047	738.47	9.9764×10^{-6}	0.8538
−20	过热气	29.931	2.5469	764.21	0.000010281	0.8342
−10	过热气	28.336	2.5075	789.47	0.000010586	0.8189
0	过热气	26.936	2.4813	814.41	0.000010891	0.8065
10	过热气	25.694	2.4654	839.13	0.000011196	0.7964
20	过热气	24.581	2.4575	863.74	0.000011499	0.7879
30	过热气	23.576	2.4562	888.31	0.000011801	0.7808
甲烷——3.0 MPa						
−180	过冷液	450.2	3.3594	−58.716	0.00019006	3.0272
−170	过冷液	436.85	3.4016	−24.924	0.00014672	2.5161
−160	过冷液	422.91	3.4583	9.3635	0.00011793	2.2058
−150	过冷液	408.22	3.5324	44.3	0.000096563	1.9949
−140	过冷液	392.5	3.6332	80.1	0.000079848	1.8492
−130	过冷液	375.37	3.7786	117.11	0.000066363	1.7574
−120	过冷液	356.15	4.005	155.94	0.000055196	1.7225
−110	过冷液	333.51	4.4064	197.77	0.000045621	1.7708
−100	过冷液	303.92	5.3638	245.76	0.000036804	2.0279
−95.88	过冷液	286.93	6.4129	269.74	0.000032985	2.36

续表

温度 T/℃	状态	密度 ρ/(kg·m^{-3})	比定压热容 c_p/[kJ·(kg·K)$^{-1}$]	焓 h/(kJ·kg^{-1})	动力黏度 μ/(Pa·s)	Pr 数
甲烷——3.0 MPa						
−95.88	饱和液	53.878	6.2463	539.93	7.7447×10^{-6}	1.59
−90	饱和气	46.863	4.3059	569.61	7.9355×10^{-6}	1.2155
−80	过热气	40.221	3.382	607.18	8.2403×10^{-6}	1.0328
−70	过热气	35.965	3.0047	638.9	8.5522×10^{-6}	0.9603
−60	过热气	32.84	2.795	667.82	8.8684×10^{-6}	0.9104
−50	过热气	30.382	2.6632	695.06	9.1863×10^{-6}	0.8755
−40	过热气	28.368	2.5754	721.22	9.5047×10^{-6}	0.8499
−30	过热气	26.67	2.5154	746.66	9.8227×10^{-6}	0.8305
−20	过热气	25.209	2.4743	771.6	0.00001014	0.8152
−10	过热气	23.931	2.4468	796.19	0.000010456	0.803
0	过热气	22.799	2.4298	820.57	0.000010769	0.793
10	过热气	21.788	2.4209	844.81	0.000011081	0.7847
20	过热气	20.875	2.4186	869.01	0.000011391	0.7778
30	过热气	20.047	2.4217	893.2	0.000011698	0.7719
甲烷——2.5 MPa						
−180	过冷液	449.87	3.3622	−59.525	0.00018839	3.0094
−170	过冷液	436.46	3.4055	−25.7	0.00014566	2.507
−160	过冷液	422.45	3.4639	8.6341	0.00011713	2.201
−150	过冷液	407.66	3.5404	43.637	0.000095886	1.9926
−140	过冷液	391.8	3.6453	79.536	0.000079221	1.849
−130	过冷液	374.46	3.7983	116.7	0.000065746	1.76
−120	过冷液	354.9	4.0405	155.79	0.000054558	1.7307
−110	过冷液	331.61	4.4853	198.16	0.000044914	1.7943
−101.2	过冷液	304.58	5.43	241.26	0.000036941	2.0564
−101.2	过冷液	42.498	4.805	549.18	7.1834×10^{-6}	1.3046
−100	饱和液	41.434	4.4988	554.56	7.2424×10^{-6}	1.2468
−90	饱和气	35.197	3.3631	592.58	7.6475×10^{-6}	1.0232
−80	过热气	31.342	2.9657	623.98	8.0044×10^{-6}	0.9415
−70	过热气	28.543	2.7533	652.48	8.3497×10^{-6}	0.8996
−60	过热气	26.355	2.6217	679.31	8.6892×10^{-6}	0.867

续表

温度 $T/℃$	状态	密度 $\rho/(kg \cdot m^{-3})$	比定压热容 $c_p/[kJ \cdot (kg \cdot K)^{-1}]$	焓 $h/(kJ \cdot kg^{-1})$	动力黏度 $\mu/(Pa \cdot s)$	Pr 数
甲烷——2.5 MPa						
−50	过热气	24.569	2.5346	705.06	9.0247×10^{-6}	0.8427
−40	过热气	23.066	2.4752	730.09	9.3571×10^{-6}	0.8241
−30	过热气	21.776	2.4344	754.63	9.6865×10^{-6}	0.8095
−20	过热气	20.649	2.4072	778.82	0.000010013	0.7978
−10	过热气	19.653	2.3901	802.8	0.000010337	0.7882
0	过热气	18.763	2.381	826.65	0.000010658	0.7803
10	过热气	17.962	2.3783	850.44	0.000010976	0.7737
20	过热气	17.235	2.3811	874.24	0.000011291	0.7681
30	过热气	16.572	2.3884	898.08	0.000011603	0.7632
甲烷——2.0 MPa						
−180	过冷液	449.53	3.365	−60.333	0.00018671	2.9915
−170	过冷液	436.07	3.4095	−26.475	0.0001446	2.4979
−160	过冷液	421.99	3.4695	7.9071	0.00011633	2.1961
−150	过冷液	407.09	3.5486	42.978	0.000095205	1.9903
−140	过冷液	391.09	3.658	78.979	0.000078587	1.8489
−130	过冷液	373.53	3.819	116.31	0.000065121	1.763
−120	过冷液	353.61	4.0789	155.68	0.000053908	1.7398
−110	过冷液	329.59	4.5755	198.64	0.000044183	1.8217
−107.3	过冷液	321.84	4.8055	211.39	0.000041676	1.8804
−107.3	过冷液	32.644	3.9235	554.95	6.7018×10^{-6}	1.1233
−100	饱和液	29.218	3.255	580.67	7.0519×10^{-6}	0.9987
−90	饱和气	26.017	2.8781	611.09	0.000007454	0.9216
−80	过热气	23.685	2.6811	638.8	7.8279×10^{-6}	0.8778
−70	过热气	21.858	2.5594	664.95	8.1884×10^{-6}	0.8527
−60	过热气	20.364	2.4789	690.12	8.5407×10^{-6}	0.8314
−50	过热气	19.105	2.4239	714.62	0.000008887	0.8147
−40	过热气	18.024	2.3862	738.65	9.2285×10^{-6}	0.8014
−30	过热气	17.079	2.361	762.38	9.5659×10^{-6}	0.7907
−20	过热气	16.244	2.3452	785.91	9.8994×10^{-6}	0.7819
−10	过热气	15.498	2.3369	809.31	0.000010229	0.7746

续表

温度 T/℃	状态	密度 ρ/(kg·m^{-3})	比定压热容 c_p/[kJ·(kg·K)$^{-1}$]	焓 h/(kJ·kg^{-1})	动力黏度 μ/(Pa·s)	Pr数
甲烷——2.0 MPa						
0	过热气	14.826	2.3347	832.66	0.000010555	0.7685
10	过热气	14.217	2.3377	856.02	0.000010878	0.7633
20	过热气	13.661	2.345	879.43	0.000011197	0.7588
30	过热气	13.151	2.3561	902.93	0.000011513	0.755
甲烷——1.5 MPa						
−180	过冷液	449.2	3.3679	−61.14	0.00018504	2.9736
−170	过冷液	435.67	3.4135	−27.248	0.00014353	2.4887
−160	过冷液	421.51	3.4753	7.1826	0.00011553	2.1913
−150	过冷液	406.51	3.5571	42.324	0.000094519	1.988
−140	过冷液	390.36	3.6711	78.431	0.000077947	1.8489
−130	过冷液	372.58	3.8408	115.93	0.000064487	1.7662
−120	过冷液	352.27	4.1205	155.6	0.000053244	1.75
−114.6	过冷液	339.71	4.3634	178.37	0.000047844	1.7832
−114.6	过冷液	23.818	3.3226	557.18	6.2525×10^{-6}	1.0009
−110	过冷液	22.385	3.0398	571.83	6.4857×10^{-6}	0.9509
−100	饱和液	20.039	2.7345	600.5	0.000006919	0.8935
−90	饱和气	18.291	2.5736	626.97	7.3144×10^{-6}	0.8567
−80	过热气	16.903	2.4728	652.17	0.000007692	0.8309
−70	过热气	15.757	2.4055	676.54	8.0584×10^{-6}	0.8158
−60	过热气	14.787	2.3594	700.35	8.4171×10^{-6}	0.802
−50	过热气	13.95	2.3278	723.77	8.7696×10^{-6}	0.7908
−40	过热气	13.216	2.3069	746.94	9.1169×10^{-6}	0.7815
−30	过热气	12.566	2.2942	769.94	9.4595×10^{-6}	0.7739
−20	过热气	11.984	2.2879	792.84	9.7978×10^{-6}	0.7675
−10	过热气	11.46	2.2872	815.71	0.000010132	0.7621
0	过热气	10.984	2.291	838.6	0.000010462	0.7575
10	过热气	10.549	2.2989	861.55	0.000010789	0.7535
20	过热气	10.151	2.3103	884.59	0.000011111	0.7501
30	过热气	9.7832	2.3249	907.77	0.00001143	0.7472

续表

温度 T/℃	状态	密度 ρ/(kg·m^{-3})	比定压热容 c_p/[kJ·(kg·K)$^{-1}$]	焓 h/(kJ·kg^{-1})	动力黏度 μ/(Pa·s)	Pr 数
甲烷——1.0 MPa						
−180	过冷液	448.86	3.3708	−61.947	0.00018336	2.9555
−170	过冷液	435.28	3.4177	−28.019	0.00014246	2.4795
−160	过冷液	421.04	3.4812	6.4607	0.00011472	2.1864
−150	过冷液	405.93	3.5659	41.675	0.000093827	1.9858
−140	过冷液	389.63	3.6847	77.891	0.0000773	1.8489
−130	过冷液	371.61	3.8639	115.57	0.000063844	1.7697
−124.01	过冷液	359.62	4.0227	139.16	0.000056879	1.7541
−124.01	过冷液	15.698	2.8765	554.81	5.7879×10^{-6}	0.9162
−120	过冷液	14.987	2.7348	566.04	5.9832×10^{-6}	0.8921
−110	过冷液	13.557	2.5402	592.3	6.4195×10^{-6}	0.8563
−100	饱和液	12.445	2.4314	617.12	6.8232×10^{-6}	0.8313
−90	饱和气	11.54	2.361	641.06	7.2099×10^{-6}	0.811
−80	过热气	10.781	2.3133	664.42	7.5856×10^{-6}	0.7953
−70	过热气	10.131	2.2805	687.37	7.9532×10^{-6}	0.7863
−60	过热气	9.5648	2.2582	710.06	8.3142×10^{-6}	0.7777
−50	过热气	9.0658	2.244	732.56	8.6697×10^{-6}	0.7704
−40	过热气	8.6216	2.236	754.96	9.0202×10^{-6}	0.7642
−30	过热气	8.2228	2.2333	777.3	0.000009366	0.7589
−20	过热气	7.8622	2.235	799.64	9.7074×10^{-6}	0.7544
−10	过热气	7.5343	2.2406	822.02	0.000010044	0.7506
0	过热气	7.2343	2.2497	844.46	0.000010377	0.7472
10	过热气	6.9588	2.262	867.02	0.000010706	0.7444
20	过热气	6.7046	2.2771	889.71	0.000011032	0.7419
30	过热气	6.4693	2.2947	912.57	0.000011353	0.7397

附录 4　丙烷饱和状态下的物性

温度 T/℃	饱和压力 P/(10^5Pa)	密度 ρ/(kg·m^{-3})		焓 h/(kJ·kg^{-1})		比定压热容 c_p/[kJ·(kg·K)$^{-1}$]		导热系数 λ/[W·(m·K)$^{-1}$]		动力黏度 μ/(Pa·s)	
		液	汽	液	汽	液	汽	液	汽	液 $\times10^{-4}$	汽 $\times10^{-6}$
−69	0.2588	610.93	0.6818	41.391	493.61	2.1403	1.3048	0.1009	0.0169	1.13	5.62
−68	0.2743	609.85	0.7195	43.535	494.81	2.1436	1.3092	0.1009	0.0169	1.13	5.65
−67	0.2905	608.76	0.7589	45.682	496.01	2.1470	1.3137	0.1009	0.0169	1.13	5.67
−66	0.3075	607.67	0.7999	47.832	497.22	2.1505	1.3183	0.1009	0.0169	1.13	5.70
−65	0.3253	606.57	0.8426	49.986	498.42	2.1540	1.3229	0.1009	0.0169	1.13	5.72
−64	0.3439	605.48	0.8871	52.144	499.62	2.1575	1.3275	0.1009	0.0169	1.13	5.75
−63	0.3633	604.38	0.9335	54.305	500.82	2.1611	1.3322	0.1009	0.0169	1.13	5.77
−62	0.3836	603.28	0.9817	56.470	502.03	2.1647	1.3369	0.1009	0.0169	1.13	5.80
−61	0.4048	602.18	1.0319	58.639	503.23	2.1683	1.3417	0.1009	0.0169	1.13	5.83
−60	0.4269	601.08	1.0840	60.811	504.44	2.1720	1.3465	0.1009	0.0169	1.13	5.85
−59	0.4500	599.97	1.1382	62.987	505.64	2.1758	1.3513	0.1009	0.0169	1.13	5.88
−58	0.4741	598.86	1.1945	65.167	506.85	2.1796	1.3562	0.1009	0.0169	1.13	5.90
−57	0.4992	597.75	1.2529	67.351	508.05	2.1834	1.3612	0.1009	0.0169	1.13	5.93
−56	0.5253	596.64	1.3135	69.539	509.25	2.1873	1.3662	0.1009	0.0169	1.13	5.95
−55	0.5525	595.52	1.3764	71.731	510.46	2.1912	1.3712	0.1009	0.0169	1.13	5.98
−54	0.5808	594.40	1.4417	73.927	511.66	2.1952	1.3763	0.1009	0.0169	1.13	6.00
−53	0.6102	593.28	1.5093	76.127	512.87	2.1992	1.3814	0.1009	0.0169	1.13	6.03
−52	0.6408	592.15	1.5793	78.332	514.07	2.2032	1.3866	0.1009	0.0169	1.13	6.06
−51	0.6727	591.03	1.6519	80.540	515.27	2.2074	1.3918	0.1009	0.0169	1.13	6.08
−50	0.7057	589.90	1.7270	82.753	516.48	2.2115	1.3971	0.1009	0.0169	1.13	6.11
−49	0.7700	588.76	1.8047	84.969	517.68	2.2157	1.4024	0.1009	0.0169	1.13	6.13
−48	0.7756	587.63	1.8851	87.191	518.88	2.2200	1.4078	0.1009	0.0169	1.13	6.16
−47	0.8125	586.49	1.9682	89.416	520.08	2.2243	1.4132	0.1009	0.0169	1.13	6.18
−46	0.8508	585.35	2.0542	91.647	521.29	2.2286	1.4187	0.1009	0.0169	1.13	6.21
−45	0.8905	584.20	2.1430	93.881	522.49	2.2330	1.4242	0.1009	0.0169	1.13	6.23
−44	0.9316	583.06	2.2348	96.120	523.69	2.2375	1.4298	0.1009	0.0169	1.13	6.26
−43	0.9742	581.91	2.3296	98.364	524.89	2.2420	1.4354	0.1009	0.0169	1.13	6.29

续表

温度 T/℃	饱和压力 P/(10^5Pa)	密度 ρ/(kg·m^{-3})		焓 h/(kJ·kg^{-1})		比定压热容 c_p/[kJ·(kg·K)$^{-1}$]		导热系数 λ/[W·(m·K)$^{-1}$]		动力黏度 μ/(Pa·s)	
		液	汽	液	汽	液	汽	液	汽	液 ×10^{-4}	汽 ×10^{-6}
−42	1.018	580.75	2.4274	100.61	526.08	2.2466	1.4411	0.1009	0.0169	1.13	6.31
−41	1.064	579.50	2.5284	102.87	527.28	2.2512	1.4468	0.1009	0.0169	1.13	6.34
−40	1.111	578.43	2.6326	105.12	528.48	2.2558	1.4526	0.1009	0.0169	1.13	6.36
−39	1.160	577.27	2.7401	107.39	529.67	2.2605	1.4584	0.1009	0.0169	1.13	6.39
−38	1.211	576.10	2.8509	109.65	530.87	2.2653	1.4643	0.1009	0.0169	1.13	6.41
−37	1.263	574.93	2.9652	111.93	532.06	2.2701	1.4702	0.1009	0.0169	1.13	6.44
−36	1.317	573.76	3.0829	114.20	533.26	2.2750	1.4762	0.1009	0.0169	1.13	6.47
−35	1.372	572.58	3.2042	116.49	534.45	2.2799	1.4822	0.1009	0.0169	1.13	6.49
−34	1.430	571.40	3.3292	118.77	535.64	2.2849	1.4883	0.1009	0.0169	1.13	6.52
−33	1.489	570.22	3.4578	121.07	536.83	2.2899	1.4945	0.1009	0.0169	1.13	6.54
−32	1.550	569.03	3.5903	123.36	538.01	2.2950	1.5007	0.1009	0.0169	1.13	6.57
−31	1.613	567.84	3.7266	125.67	539.20	2.3002	1.5070	0.1009	0.0169	1.13	6.60
−30	1.678	566.64	3.8669	127.97	540.38	2.3054	1.5133	0.1009	0.0169	1.13	6.62
−29	1.7454	565.44	4.0112	130.29	541.57	2.3107	1.5197	0.1009	0.0169	1.13	6.65
−28	1.8144	564.23	4.1596	132.61	542.75	2.3160	1.5262	0.1009	0.0169	1.13	6.67
−27	1.8856	563.03	4.3122	134.93	543.93	2.3214	1.5327	0.1009	0.0169	1.13	6.70
−26	1.9589	561.81	4.4690	137.26	545.11	2.3268	1.5393	0.1009	0.0169	1.13	6.73
−25	2.0343	560.60	4.6302	139.60	546.28	2.3323	1.5460	0.1009	0.0169	1.13	6.75
−24	2.1119	559.38	4.7959	141.94	547.46	2.3379	1.5527	0.1009	0.0169	1.13	6.78
−23	2.1918	558.15	4.9661	144.29	548.63	2.3435	1.5595	0.1009	0.0169	1.13	6.81
−22	2.2739	556.92	5.1409	146.64	549.80	2.3492	1.5664	0.1009	0.0169	1.13	6.83
−21	2.3584	555.69	5.3203	149.00	550.97	2.3550	1.5733	0.1009	0.0169	1.13	6.86
−20	2.4452	554.45	5.5046	151.36	552.13	2.3608	1.5803	0.1009	0.0169	1.13	6.89
−19	2.5344	553.21	5.6938	153.73	553.30	2.3667	1.5874	0.1009	0.0169	1.13	6.91
−18	2.6261	551.96	5.8879	156.11	554.46	2.3727	1.5945	0.1009	0.0169	1.13	6.94
−17	2.7203	550.71	6.0872	158.49	555.62	2.3787	1.6018	0.1009	0.0169	1.13	6.97
−16	2.8170	549.45	6.2916	160.88	556.77	2.3848	1.6091	0.1009	0.0169	1.13	6.99
−15	2.9162	548.19	6.5012	163.28	557.93	2.3910	1.6165	0.1009	0.0169	1.13	7.02
−14	3.0181	546.92	6.7162	165.68	559.08	2.3972	1.6240	0.1009	0.0169	1.13	7.05

续表

温度 T/℃	饱和压力 P/(10^5Pa)	密度 ρ/(kg·m^{-3})		焓 h/(kJ·kg^{-1})		比定压热容 c_p/[kJ·(kg·K)$^{-1}$]		导热系数 λ/[W·(m·K)$^{-1}$]		动力黏度 μ/(Pa·s)	
		液	汽	液	汽	液	汽	液	汽	液 ×10^{-4}	汽 ×10^{-6}
−13	3.1227	545.65	6.9367	168.09	560.23	2.4036	1.6315	0.1009	0.0169	1.13	7.08
−12	3.230	544.37	7.1628	170.50	561.37	2.4100	1.6392	0.1009	0.0169	1.13	7.10
−11	3.340	543.09	7.3945	172.92	562.51	2.4164	1.6469	0.1009	0.0169	1.13	7.13
−10	3.4528	541.80	7.6321	175.35	563.65	2.4230	1.6548	0.1009	0.0169	1.13	7.16
−9	3.5685	540.50	7.8755	177.78	564.79	2.4296	1.6627	0.1009	0.0169	1.13	7.19
−8	3.687	539.20	8.1249	180.22	565.92	2.4363	1.6707	0.1009	0.0169	1.13	7.22
−7	3.8085	537.90	8.3804	182.67	567.05	2.4431	1.6788	0.1009	0.0169	1.13	7.24
−6	3.9329	536.59	8.6422	185.12	568.18	2.4500	1.6871	0.1009	0.0169	1.13	7.27
−5	4.0604	535.27	8.9103	187.59	569.30	2.4570	1.6954	0.1009	0.0169	1.13	7.30
−4	4.1909	533.95	9.1849	190.05	570.42	2.4640	1.7038	0.1009	0.0169	1.13	7.33
−3	4.3245	532.62	9.4661	192.53	571.54	2.4712	1.7124	0.1009	0.0169	1.13	7.36
−2	4.4613	531.28	9.7540	195.01	572.65	2.4784	1.7210	0.1009	0.0169	1.13	7.39
−1	4.6013	529.94	10.049	197.50	573.76	2.4857	1.7298	0.1009	0.0169	1.13	7.42
0	4.7446	528.59	10.351	200.00	574.87	2.4932	1.7387	0.1009	0.0169	1.13	7.45
1	4.8911	527.24	10.659	202.50	575.97	2.5007	1.7477	0.1009	0.0169	1.13	7.48
2	5.041	525.88	10.975	205.02	577.06	2.5083	1.7569	0.1009	0.0169	1.13	7.50
3	5.1943	524.51	11.299	207.54	578.16	2.5160	1.7662	0.1009	0.0169	1.13	7.54
4	5.351	523.13	11.630	210.06	579.24	2.5239	1.7756	0.1009	0.0169	1.13	7.57
5	5.5112	521.75	11.969	212.60	580.33	2.5318	1.7852	0.1009	0.0169	1.13	7.60
6	5.6749	520.36	12.315	215.14	581.41	2.5399	1.7949	0.1009	0.0169	1.13	7.63
7	5.8422	518.96	12.670	217.69	582.48	2.5480	1.8048	0.1009	0.0169	1.13	7.66
8	6.0131	517.56	13.032	220.25	583.55	2.5563	1.8148	0.1009	0.0169	1.13	7.69
9	6.1877	516.15	13.403	222.82	584.61	2.5647	1.8249	0.1009	0.0169	1.13	7.72
10	6.366	514.73	13.783	225.40	585.67	2.5733	1.8353	0.1009	0.0169	1.13	7.75
11	6.5481	513.30	14.171	227.98	586.73	2.5819	1.8458	0.1004	0.0171	1.12	7.79
12	6.734	511.86	14.568	230.57	587.77	2.5907	1.8565	0.0999	0.0172	1.11	7.82
13	6.9238	510.42	14.973	233.18	588.82	2.5996	1.8674	0.0995	0.0173	1.10	7.85
14	7.1175	508.97	15.388	235.79	589.85	2.6087	1.8784	0.0990	0.0174	1.09	7.88
15	7.3151	507.50	15.813	238.40	590.89	2.6179	1.8897	0.0985	0.0176	1.08	7.92

续表

温度 T/℃	饱和压力 P/(10^5Pa)	密度 ρ/(kg·m^{-3})		焓 h/(kJ·kg^{-1})		比定压热容 c_p/[kJ·(kg·K)$^{-1}$]		导热系数 λ/[W·(m·K)$^{-1}$]		动力黏度 μ/(Pa·s)	
		液	汽	液	汽	液	汽	液	汽	液 ×10^{-4}	汽 ×10^{-6}
16	7.5168	506.03	16.247	241.03	591.91	2.6272	1.9011	0.0980	0.0177	1.06	7.95
17	7.7225	504.55	16.691	243.67	592.93	2.6367	1.9128	0.0975	0.0178	1.05	7.98
18	7.9324	503.06	17.144	246.32	593.94	2.6464	1.9247	0.0970	0.0180	1.04	8.02
19	8.1464	501.57	17.608	248.97	594.95	2.6562	1.9368	0.0966	0.0181	1.03	8.05
20	8.3646	500.06	18.082	251.64	595.95	2.6662	1.9492	0.0961	0.0182	1.02	8.09
21	8.5871	498.54	18.567	254.31	596.94	2.6764	1.9617	0.0956	0.0184	1.01	8.12
22	8.8139	497.01	19.063	256.99	597.93	2.6867	1.9746	0.0951	0.0185	1.00	8.16
23	9.0451	495.47	19.570	259.69	598.91	2.6972	1.9877	0.0947	0.0187	0.99	8.20
24	9.2807	493.92	20.088	262.39	599.88	2.7080	2.0011	0.0942	0.0188	0.98	8.23
25	9.5207	492.36	20.618	265.11	600.84	2.7189	2.0147	0.0937	0.0190	0.97	8.27
26	9.7653	490.79	21.160	267.83	601.80	2.7300	2.0287	0.0933	0.0191	0.96	8.31
27	10.014	489.21	21.713	270.56	602.74	2.7413	2.0429	0.0928	0.0193	0.95	8.34
28	10.268	487.62	22.280	273.31	603.68	2.7529	2.0575	0.0923	0.0194	0.94	8.38
29	10,527	486.01	22.859	276.07	604.62	2.7647	2.0724	0.0919	0.0196	0.93	8.42
30	10.79	484.39	23.451	278.83	605.54	2.7767	2.0877	0.0914	0.0197	0.92	8.46
31	11.058	482.76	24.056	281.61	606.45	2.7890	2.1033	0.0910	0.0199	0.91	8.50
32	11.331	481.12	24.675	284.40	607.35	2.8015	2.1193	0.0905	0.0200	0.90	8.54
33	11.608	479.46	25.308	287.20	608.25	2.8143	2.1357	0.0900	0.0202	0.89	8.58
34	11.891	477.79	25.956	290.01	609.13	2.8274	2.1525	0.0896	0.0204	0.88	8.63
35	12.179	476.10	26.618	292.84	610.01	2.8408	2.1697	0.0891	0.0205	0.87	8.67
36	12.472	474.41	27.295	295.68	610.87	2.8545	2.1874	0.0887	0.0207	0.86	8.71
37	12.769	472.69	27.988	298.52	611.72	2.8686	2.2056	0.0883	0.0209	0.85	8.76
38	13.072	470.96	28.697	301.39	612.57	2.8829	2.2243	0.0878	0.0211	0.8.4	8.80
39	13.381	469.22	29.423	304.26	613.40	2.8976	2.2435	0.0874	0.0212	0.84	8.84
40	13.694	467.46	30.165	307.15	614.21	2.9127	2.2632	0.0869	0.0214	0.83	8.89
41	14.013	465.68	30.924	310.05	615.02	2.9282	2.2836	0.0865	0.0216	0.82	8.94
42	14.337	463.89	31.701	312.96	615.81	2.9442	2.3045	0.0860	0.0218	0.81	8.98
43	14.667	462.08	32.497	315.89	616.60	2.9605	2.3261	0.0856	0.0220	0.80	9.03
44	15.002	460.25	33.312	318.83	617.36	2.9773	2.3484	0.0852	0.0222	0.79	9.08

续表

温度 T/℃	饱和压力 P/(10^5Pa)	密度 ρ/(kg·m^{-3})		焓 h/(kJ·kg^{-1})		比定压热容 c_p/[kJ·(kg·K)$^{-1}$]		导热系数 λ/[W·(m·K)$^{-1}$]		动力黏度 μ/(Pa·s)	
		液	汽	液	汽	液	汽	液	汽	液 $\times10^{-4}$	汽 $\times10^{-6}$
45	15.343	458.40	34.146	321.79	618.12	2.9946	2.3714	0.0847	0.0224	0.78	9.13
46	15.69	456.54	35.000	324.76	618.86	3.0124	2.3951	0.0843	0.0226	0.77	9.19
47	16.042	454.65	35.874	327.75	619.58	3.0307	2.4197	0.0839	0.0228	0.77	9.24
48	16.40	452.75	36.771	330.75	620.29	3.0496	2.4451	0.0835	0.0230	0.76	9.29
49	16.763	450.82	37.689	333.77	620.98	3.0691	2.4714	0.0830	0.0232	0.75	9.35
50	17.133	448.87	38.630	336.80	621.66	3.0893	2.4987	0.0826	0.0235	0.74	9.40
51	17.509	446.90	39.594	339.85	622.32	3.1101	2.5270	0.0822	0.0237	0.73	9.46
52	17.89	444.90	40.583	342.92	622.96	3.1317	2.5564	0.0817	0.0239	0.72	9.51
53	18.278	442.88	41.598	346.00	623.58	3.1541	2.5869	0.0813	0.0242	0.7.2	9.58
54	18.672	440.83	42.638	349.11	624.19	3.1773	2.6187	0.0809	0.0244	0.71	9.63
55	19.072	438.76	43.706	352.23	624.77	3.2013	2.6519	0.0805	0.0247	0.69	9.70
56	19.478	436.66	44.802	355.37	625.34	3.2263	2.6864	0.0801	0.0249	0.69	9.76
57	19.891	434.54	45.928	358.53	625.88	3.2524	2.7225	0.0796	0.0252	0.68	9.83
58	20.31	432.38	47.084	361.71	626.40	3.2795	2.7603	0.0792	0.0254	0.67	9.89
59	20.735	430.19	48.272	364.91	626.89	3.3079	2.7999	0.0788	0.0257	0.66	9.96
60	21.168	427.97	49.493	368.14	627.36	3.3375	2.8414	0.0784	0.0260	0.66	10.03
61	21.606	425.72	50.749	371.38	627.80	3.3685	2.8852	0.0780	0.0263	0.65	10.10
62	22.052	423.43	52.041	374.65	628.22	3.4010	2.9313	0.0776	0.0266	0.64	10.18
63	22.504	421.11	53.371	377.94	628.61	3.4351	2.9800	0.0772	0.0269	0.63	10.25
64	22.963	418.74	54.740	381.26	628.96	3.4710	3.0315	0.0767	0.0272	0.62	10.33
65	23.43	416.34	56.152	384.60	629.29	3.5089	3.0863	0.0763	0.0276	0.62	10.42
66	23.903	413.89	57.607	387.97	629.58	3.5489	3.1445	0.0759	0.0279	0.61	10.50
67	24.383	411.40	59.109	391.37	629.84	3.5912	3.2067	0.0755	0.0283	0.60	10.59
68	24.871	408.86	60.659	394.80	630.06	3.6362	3.2732	0.0751	0.0286	0.59	10.67
69	25.365	406.27	62.260	398.26	630.23	3.6840	3.3446	0.0747	0.0290	0.58	10.77

附录 5　氮气饱和状态下的物性

温度 T/℃	饱和压力 P/(10^5Pa)	密度 ρ/($kg \cdot m^{-3}$)		焓 h/($kJ \cdot kg^{-1}$)		比定压热容 c_p/[$kJ \cdot (kg \cdot K)^{-1}$]		导热系数 λ/[$W \cdot (m \cdot K)^{-1}$]		动力黏度 μ/($Pa \cdot s$)	
		液	汽	液	汽	液	汽	液	汽	液 $\times 10^{-4}$	汽 $\times 10^{-6}$
−180	0.467	728.38	19.353	−88.663	86.238	2.1829	1.3228	0.1136	0.0094	9.3135	1.7897
−179	0.506	722.95	20.891	−86.458	86.572	2.1984	1.3438	0.1116	0.0096	9.0315	1.7786
−178	0.546	717.43	22.523	−84.237	86.871	2.2152	1.3663	0.1097	0.0097	8.7603	1.7696
−177	0.589	711.83	24.255	−82.000	87.132	2.2333	1.3905	0.1077	0.0099	8.4992	1.7626
−176	0.635	706.13	26.093	−79.744	87.356	2.2529	1.4165	0.1057	0.0101	8.2475	1.7575
−175	0.683	700.34	28.041	−77.470	87.539	2.2740	1.4445	0.1038	0.0103	8.0044	1.7544
−174	0.733	694.45	30.107	−75.176	87.680	2.2970	1.4749	0.1018	0.0105	7.7695	1.7534
−173	0.786	688.44	32.298	−72.860	87.778	2.3218	1.5077	0.0998	0.0108	7.5421	1.7543
−172	0.842	682.33	34.621	−70.521	87.830	2.3489	1.5434	0.0978	0.0110	7.3217	1.7576
−171	0.900	676.08	37.084	−68.158	87.834	2.3785	1.5822	0.0959	0.0112	7.1078	1.7632
−170	0.962	669.70	39.696	−65.767	87.787	2.4107	1.6246	0.0939	0.0115	6.8998	1.7711
−169	1.026	663.18	42.468	−63.348	87.687	2.4461	1.6710	0.0919	0.0118	6.6973	1.7817
−168	1.094	656.50	45.412	−60.898	87.530	2.4850	1.7218	0.0900	0.0121	6.4999	1.7952
−167	1.164	649.66	48.538	−58.415	87.313	2.5279	1.7780	0.0880	0.0124	6.307	1.8116
−166	1.238	642.63	51.863	−55.895	87.032	2.5754	1.8402	0.0860	0.0127	6.1183	1.8313
−165	1.315	635.41	55.402	−53.336	86.682	2.6283	1.9095	0.0841	0.0131	5.9333	1.8548
−164	1.395	627.97	59.174	−50.734	86.258	2.6873	1.9875	0.0821	0.0135	5.7516	1.8824
−163	1.479	620.29	63.200	−48.085	85.754	2.7538	2.0758	0.0801	0.0139	5.5726	1.9148
−162	1.566	612.34	67.505	−45.385	85.164	2.8289	2.1767	0.0782	0.0144	5.3961	1.9526
−161	1.657	604.11	72.118	−42.627	84.478	2.9146	2.2932	0.0762	0.0149	5.2214	1.9968
−160	1.752	595.55	77.074	−39.805	83.688	3.0130	2.4290	0.0743	0.0154	5.0480	2.0484
−159	1.850	586.62	82.415	−36.912	82.782	3.1274	2.5891	0.0723	0.0160	4.8755	2.1092
−158	1.953	577.27	88.191	−33.937	81.747	3.2619	2.7800	0.0703	0.0167	4.7032	2.1812
−157	2.059	567.45	94.465	−30.871	80.565	3.4224	3.0109	0.0684	0.0175	4.5304	2.2674
−156	2.170	557.07	101.32	−27.697	79.217	3.6172	3.2953	0.0664	0.0183	4.3562	2.3718
−155	2.285	546.03	108.85	−24.398	77.674	3.8591	3.6531	0.0645	0.0193	4.1797	2.5005
−154	2.405	534.19	117.2	−20.947	75.900	4.1681	4.1160	0.0626	0.0205	3.9997	2.6632

续表

温度 T/℃	饱和压力 P/(10^5Pa)	密度 ρ/(kg·m^{-3})		焓 h/(kJ·kg^{-1})		比定压热容 c_p/[kJ·(kg·K)$^{-1}$]		导热系数 λ/[W·(m·K)$^{-1}$]		动力黏度 μ/(Pa·s)	
		液	汽	液	汽	液	汽	液	汽	液 ×10^{-4}	汽 ×10^{-6}
−153	2.529	521.36	126.57	−17.311	73.844	4.5773	4.7372	0.0607	0.0219	3.8143	2.8749
−152	2.659	507.27	137.23	−13.438	71.433	5.1471	5.6133	0.0589	0.0237	3.6214	3.1628
−151	2.793	491.47	149.61	−9.2492	68.553	5.9993	6.9384	0.0573	0.0260	3.4174	3.5789
−150	2.933	473.20	164.48	−4.6079	65.012	7.4205	9.1688	0.0560	0.0292	3.1965	4.2392
−149	3.078	450.95	183.31	0.7600	60.432	10.283	13.6780	0.0554	0.0340	2.9474	5.4743
−148	3.23	420.66	210.05	7.5857	53.826	19.008	27.2880	0.0570	0.0436	2.6415	8.8113